Design

职业设计师岗位技能培训系列教程

从**设计**到**印刷**

1 **DVD**
影音视频
教学光盘

InDesign CS6

◆ 平面设计师必读 ◆

高 敏 于海宝 李少勇 编著

Print

北京希望电子出版社
Beijing Hope Electronic Press
www.bhp.com.cn

内 容 简 介

本书介绍排版软件 InDesign CS6，是配合新闻出版总署教育培训中心的"职业数码出版设计师"项目开发的专业教材。

本书由 11 章组成，包括 InDesign 的基础知识和基本操作，文字的处理，设置段落文本和样式，图片的运用，图形的绘制，制表符与表的基本操作，图文混排与打印输出，颜色的定义与逃出陷阱，提高工作效率，最后是一个综合实例。

本书帮助读者迅速掌握软件在平面设计中的关键应用方法、平面设计工作的工艺流程、各种常见印刷类设计稿的设计规范，清楚了解在平面设计工作中常遇到的技术难题与易犯错误，熟练掌握正确的工作方法，以达到具有两年以上工作经验的设计师的工作水平。

本书讲解深入细致，具有很强的针对性和实用性，可作为各大、专科院校和培训学校相关专业的 InDesign 教材，也可作为排版从业人员的自学教程和参考书。

本书配套光盘内容为书中部分案例视频教学，同时还配有部分图片素材、场景和效果文件。

图书在版编目（CIP）数据

从设计到印刷 InDesign CS6 平面设计师必读/高敏，于海宝，李少勇编著.—北京：北京希望电子出版社，2013.6
（职业设计师岗位技能培训系列教程）

ISBN 978-7-83002-102-3

Ⅰ.①从… Ⅱ.①高… ②于… ③李… Ⅲ.①电子排版－应用软件－技术培训－教材 Ⅳ.①TS803.23

中国版本图书馆 CIP 数据核字（2013）第 095565 号

出版：北京希望电子出版社		封面：付　巍	
地址：北京市海淀区上地 3 街 9 号		编辑：周凤明	
金隅嘉华大厦 C 座 610		校对：黄如川	
邮编：100085		开本：787mm×1092mm　1/16	
网址：www.bhp.com.cn		印张：25.00	
电话：010-62978181（总机）转发行部		印数：1-3500	
010-82702675（邮购）		字数：581 千字	
传真：010-82702698		印刷：北京市密东印刷有限公司	
经销：各地新华书店		版次：2013 年 6 月 1 版 1 次印刷	

定价：49.80 元（配 1 张 DVD 光盘）

丛书序

职业教育是我国教育事业的重要组成部分，是衡量一个国家现代化水平的重要标志，我国一直非常重视职业教育的发展。《国务院关于大力发展职业教育的决定》中明确提出，要"推进职业教育办学思想的转变。坚持'以服务为宗旨、以就业为导向'的职业教育办学方针，积极推动职业教育从计划培养向市场驱动转变，从政府直接管理向宏观引导转变，从传统的升学导向向就业导向转变。促进职业教育教学与生产实践、技术推广、社会服务紧密结合，推动职业院校更好地面向社会、面向市场办学"。各级政府和社会各界对这种职业教育的办学思路已逐步形成共识，并引导着我国职业教育不断深化改革。

在新闻出版领域中，随着计算机技术的发展，装帧设计、排版输出的软硬件技术也得到了迅速发展。由于缺少专门的培训机构，在岗人员多采取自学的方式来掌握新技术，因此存在技术掌握不系统、不全面的问题，甚至因为错误理解、应用导致印刷错误而造成经济损失。

鉴于以上原因，新闻出版总署教育培训中心开展了"职业数码出版设计师"高级技能人才培训项目。该培训聘请资深软件技术工程师、北京印刷学院等院校的专业讲师以及来自生产一线的实战技能专家共同参与开发教育方案，参照"理论+实践"培训模式，力求切实提高学员的实际工作能力，培养掌握最新技术并具备实际工作水平的专业人才。

关于"职业数码出版设计师"培训

"职业数码出版设计师"是同时掌握设计专业知识、相关计算机软件技术以及印刷常识，能够独立完成出版社、杂志社、报社、广告公司、印刷制版中心设计工作的专业设计师。培训包括以下模块。

- Photoshop色彩管理与专业校色模块：系统介绍色彩管理的知识，包括原稿分析，图像阶调的调整，图像色彩的调整，图像清晰度的调整，重要类型图像的校正方法。
- InDesign排版技术应用模块：传授InDesign最新的排版技术，令学员能完成符合印刷要求的排版，掌握使用InDesign的各种技巧，规避排版中的各种错误。
- 印刷基础模块：主要讲解印刷基础知识，如基本概念、印刷分类，印刷品的成色原理与影响色彩还原的因素；典型工艺流程，即"设计—制作—排版—输出—印刷—印后工艺-装订与成型"完整工艺流程。
- 印刷品质量评价与事故鉴别方法：讲解各种特殊印刷品表面装饰工艺：覆膜、局部上光工艺、烫印、模切与凸凹等；以及印刷成本核算与报价方法。

关于"从设计到印刷"丛书

本丛书是配合新闻出版总署教育培训中心的"职业数码出版设计师"项目开发的教材，包括如下4本。

- 《从设计到印刷Photoshop CS6平面设计师必读》
- 《从设计到印刷InDesign CS6平面设计师必读》
- 《从设计到印刷Illustrator CS6平面设计师必读》
- 《从设计到印刷CorelDRAW X6平面设计师必读》

本丛书通过大量实际案例，结合培训中4个模块的专业知识，将软件的功能与设计、印刷专业知识精心结合并进行综合分析与介绍，贯彻"从设计到印刷"的理念，培养和提高职业数码设计师、平面设计师等相关从业人员的实际工作技能。

编著者

设计是有目的的策划，平面设计是这些策划将要采取的形式之一。在平面设计中，设计师需要用视觉元素来传播设想和计划，用文字和图形把信息传达给受众，让人们通过这些视觉元素了解设计师的设计愿望。

设计软件是设计师完成视觉传达的得力助手。在平面类设计软件中，最深入人心的当数Photoshop、Illustrator、InDesign和CorelDRAW软件，它们分工协作，相辅相成。

以商业印刷为目的的商业设计，需要设计师对印刷知识有一定的了解。商业设计印刷流程可以理解为一个"分分合合"的过程。收集客户提供的各种图文素材是"分"，在电脑中完成各种素材的设计组合为"合"；对设计好的文件进行分色输出是"分"，对分色输出的媒介（菲林片、PS版）配上不同的油墨重新组合印刷为"合"。深刻理解这个过程，有助于设计师对商业印刷设计的精确把握。

平面设计软件大致可以分为图像软件（如Photoshop）、图形软件（如Illustrator、CorelDRAW）、排版软件（如InDesign、CorelDRAW）三类。图像软件和图形软件的区别就如同给设计师一个照相机和一支画笔，设计师可以选择将物品拍下来，也可以选择将物体画出来；排版软件区别于其他两类软件的地方是能对文字进行更加高效精确的编辑，对版面的控制也更方便。

本书介绍了InDesign的基础知识及使用方法，通过一系列典型实际案例，循序渐进地讲解了界面设置、InDesign操作流程的概述、色彩调整、图层通道技术、专色版设置等内容，帮助读者迅速掌握软件在平面设计中的关键应用方法、平面设计工作的工艺流程、各种常见印刷类设计稿的设计规范，更清楚地了解在平面设计工作中经常遇到的技术难题与易犯错误，熟练掌握正确的工作方法。

本书主要由高敏、于海宝、李少勇编写。参与编写的还有刘蒙蒙、孟智青、徐文秀、吕晓梦、李茹、张林、王雄健、李向瑞、张恺、荣立峰、胡恒、王玉、刘峥、张云、贾玉印、张春燕、刘杰、罗冰、陈月娟、陈月霞、刘希林、黄健、黄永生、田冰、徐昊，北方电脑学校的温振宁、黄荣芹、刘德生、宋明、刘景君、张锋、相世强、徐伟伟、王海峰等老师，在此一并表示感谢。

在感谢您选择本书的同时，也希望您能够把对本书的意见和建议告诉我们。

编著者

CONTENTS 目 录

第1章 初识InDesign CS6

1.1 InDesign 在设计流程中的作用 2
1.2 认识界面及操作流程 2
  1.2.1 界面设置 2
  1.2.2 InDesign CS6 操作流程 5
1.3 InDesign CS6 的安装 6
  1.3.1 运行环境需求 7
  1.3.2 InDesign CS6 的安装 7
1.4 InDesign CS6 的启动与退出 9
  1.4.1 启动 InDesign CS6 9
  1.4.2 退出 InDesign CS6 9
1.5 工作区域的介绍 9
  1.5.1 工具箱 10
  1.5.2 菜单栏 11
  1.5.3 "控制"面板 12
  1.5.4 面板 13
1.6 辅助工具 14
  1.6.1 参考线 14
  1.6.2 标尺 16
  1.6.3 网格 17
1.7 版面设置 18
  1.7.1 页面和跨页 18
  1.7.2 主页 19
  1.7.3 页码和章节 19
1.8 新建文档 21
  1.8.1 工作前准备 22
  1.8.2 创建新文档 22
1.9 文档的简单操作 23
  1.9.1 打开文档 23
  1.9.2 转换用其他程序创建的文档 24
  1.9.3 导入文本文件 25
  1.9.4 恢复文档 27
1.10 保存文档和模板 27
  1.10.1 保存文档与保存模板 27
  1.10.2 以其他格式保存文件 28
1.11 视图与窗口的基本操作 29
  1.11.1 视图的显示 29
  1.11.2 新建、平铺和层叠窗口 32
  1.11.3 预览文档 32
1.12 InDesign CS6 中的预置选项 33

  1.12.1 常规 33
  1.12.2 界面 34
  1.12.3 文字 34
  1.12.4 高级文字 36
  1.12.5 排版 36
  1.12.6 单位和增量 37
  1.12.7 网格 38
  1.12.8 参考线和粘贴板 38
  1.12.9 字符网格 39
  1.12.10 词典 39
  1.12.11 拼写检查 40
  1.12.12 自动更正 40
  1.12.13 附注 41
  1.12.14 文章编辑器显示 41
  1.12.15 显示性能 42
  1.12.16 黑色外观 42
  1.12.17 文件处理 43
  1.12.18 剪贴板处理 43
  1.12.19 标点挤压选项 44
1.13 习题 44

第2章 InDesign CS6基本操作

2.1 选择对象 46
  2.1.1 选择重叠对象 46
  2.1.2 选择多个对象 46
  2.1.3 取消选择对象 48
2.2 编辑对象 48
  2.2.1 移动对象 48
  2.2.2 复制对象 49
  2.2.3 调整对象的大小 50
  2.2.4 删除对象 51
2.3 变换对象 52
  2.3.1 旋转对象 52
  2.3.2 缩放对象 53
  2.3.3 切变对象 54
2.4 对象的对齐和分布 55
  2.4.1 对齐对象 55
  2.4.2 分布对象 57
  2.4.3 对齐基准 58
  2.4.4 分布间距 60

2.5	编组	61
	2.5.1 创建编组	61
	2.5.2 取消编组	62
2.6	锁定对象	63
2.7	创建随文框架	64
	2.7.1 使用"粘贴"命令创建随文框架	64
	2.7.2 使用"置入"命令创建随文框架	64
	2.7.3 使用"定位对象"命令创建随文框架	66
2.8	定义和应用对象样式	67
	2.8.1 创建对象样式	67
	2.8.2 应用对象样式	68
	2.8.3 管理对象样式	69
2.9	"效果"面板	70
	2.9.1 混合模式	70
	2.9.2 不透明度	70
	2.9.3 向选定的目标添加对象效果	71
2.10	上机练习——咖啡画册封面	71
2.11	习题	79

第3章 文字的处理

3.1	添加文本	81
	3.1.1 输入文本	81
	3.1.2 粘贴文本	81
	3.1.3 拖放文本	83
	3.1.4 导出文本	83
3.2	编辑文本	84
	3.2.1 选择文本	84
	3.2.2 删除和更改文本	86
	3.2.3 还原文本编辑	87
	3.2.4 查找和更改文本	87
3.3	使用标记文本	92
	3.3.1 导出的标记文本文件	93
	3.3.2 导入标记文本	94
3.4	调整文本框架的外观	95
	3.4.1 设置文本框架	96
	3.4.2 使用鼠标缩放文本框架	99
3.5	在主页上创建文本框架	99
	3.5.1 创建文本框架	99
	3.5.2 串接文本框架	100
	3.5.3 剪切或删除串接文本框架	101
3.6	处理并合并数据	102
3.7	文字的设置	104
	3.7.1 修改文字大小	104
	3.7.2 基线偏移	105
	3.7.3 倾斜	106

3.8	拓展练习——音乐宣传单的制作	107
3.9	习题	111

第4章 设置段落文本和样式

4.1	段落基础	113
	4.1.1 行距	113
	4.1.2 对齐	114
	4.1.3 缩进	116
4.2	增加段落间距	117
4.3	设置首字下沉	118
4.4	添加项目符号和编号	119
	4.4.1 项目符号	119
	4.4.2 编号	120
4.5	美化文本段落	121
	4.5.1 设置文本颜色	121
	4.5.2 反白文字	122
	4.5.3 下划线和删除线	124
4.6	缩放文本	125
4.7	旋转文本	126
4.8	设置样式	126
	4.8.1 段落样式	126
	4.8.2 字符样式	128
4.9	重新定义样式	130
4.10	导入样式	130
4.11	拓展练习——制作入场券	131
4.12	习题	137

第5章 图片的运用

5.1	图片的置入和管理	139
	5.1.1 合格的印刷图片	139
	5.1.2 图片的置入	143
	5.1.3 图片的整理与存放	150
	5.1.4 管理图片链接	151
5.2	图片的编辑	155
	5.2.1 移动图片	155
	5.2.2 缩放图片的尺度	157
	5.2.3 翻转和旋转图片	159
5.3	图片效果处理	162
	5.3.1 投影	162
	5.3.2 角效果	163
	5.3.3 羽化	164
	5.3.4 剪切路径	166
5.4	拓展练习——装饰公司宣传单	172
5.5	习题	183

第6章 图形的绘制

6.1 绘制图形 185
- 6.1.1 绘制矩形 185
- 6.1.2 绘制椭圆形 185
- 6.1.3 绘制多边形 186
- 6.1.4 绘制星形 186
- 6.1.5 形状之间的转换 186

6.2 认识路径和锚点 187
- 6.2.1 路径 187
- 6.2.2 直线工具 189
- 6.2.3 铅笔工具 189
- 6.2.4 平滑工具 190
- 6.2.5 抹除工具 190

6.3 使用钢笔工具 191
- 6.3.1 直线和锯条线条 191
- 6.3.2 曲线 191
- 6.3.3 结合直线线段和曲线线段 191

6.4 编辑路径 192
- 6.4.1 选取、移动锚点 192
- 6.4.2 增加、转换、删除锚点 193
- 6.4.3 连接、断开路径 194

6.5 使用复合路径 196
- 6.5.1 创建复合路径 196
- 6.5.2 编辑复合路径 197
- 6.5.3 分解复合路径 197

6.6 复合形状 198
- 6.6.1 减去 198
- 6.6.2 添加 198
- 6.6.3 排除重叠 198
- 6.6.4 减去后方对象 199
- 6.6.5 交叉 199

6.7 拓展练习——酒店宣传页 200

6.8 习题 208

第7章 制表符与表的基本操作

7.1 制表符 210
- 7.1.1 "制表符"面板 210
- 7.1.2 设置制表符对齐方式 212
- 7.1.3 "前导符"文本框 213
- 7.1.4 "对齐位置"文本框 213
- 7.1.5 通过"X"文本框移动制表符 214
- 7.1.6 定位标尺 214
- 7.1.7 "制表符"面板菜单 214

7.2 创建表 216

7.3 文本和表之间的转换 217

- 7.3.1 将文本转换为表 218
- 7.3.2 将表转换为文本 219

7.4 在表中添加图像 220

7.5 修改表 221
- 7.5.1 选择不同的对象 221
- 7.5.2 为单元格添加对角线 224
- 7.5.3 调整行高、列宽与表的大小 225
- 7.5.4 合并和拆分单元格 227
- 7.5.5 插入行和列 229
- 7.5.6 删除行、列或表 231

7.6 设置单元格的格式 231
- 7.6.1 更改单元格的内边距 231
- 7.6.2 改变单元格中文本的对齐方式 232
- 7.6.3 旋转文本 233
- 7.6.4 更改排版方向 234

7.7 添加表头和表尾 235
- 7.7.1 将现有行转换为表头行或表尾行 235
- 7.7.2 更改表头行或表尾行选项 235

7.8 为表添加描边与填色 236
- 7.8.1 设置表的描边 236
- 7.8.2 设置单元格的描边 237
- 7.8.3 为单元格填色 239
- 7.8.4 设置交替描边与填色 241

7.9 拓展练习——制作时尚台历 242

7.10 习题 254

第8章 图文混排与打印输出

8.1 文本绕排 256
- 8.1.1 文本绕排方式 256
- 8.1.2 沿对象形状绕排 258

8.2 使用剪切路径 260
- 8.2.1 使用不规则的形状剪切图形 260
- 8.2.2 使用"剪切路径"命令 261

8.3 使用其他方法创建剪切路径 263
- 8.3.1 将文本字符作为图形框架 263
- 8.3.2 将复合形状作为图形框架 264
- 8.3.3 使用"剪刀工具" 265

8.4 脚注 266
- 8.4.1 创建脚注 266
- 8.4.2 编辑脚注 267
- 8.4.3 删除脚注 270

8.5 颜色校准 270
- 8.5.1 系统设置 270
- 8.5.2 调整屏幕显示 271
- 8.5.3 校准导入的颜色 272
- 8.5.4 改变文档的颜色设置 273

8.6 使用陷印 274
  8.6.1 阻塞与扩散的比较 274
  8.6.2 陷印预设 275
  8.6.3 指定陷印的页面 278
8.7 对打印文档检查并打包 278
8.8 选择最佳输出选项 282
  8.8.1 常规选项 282
  8.8.2 导出到 EPS 283
  8.8.3 导出到印前 PostScript 283
8.9 创建 PDF 文件 284
  8.9.1 导出 PDF 文件 284
  8.9.2 标准与兼容性 285
  8.9.3 为 PDF 文件设置密码 286
8.10 创建 EPS 文件 287
8.11 创建 PostScript 印前文件 289
8.12 拓展练习——制作杂志内页 290
8.13 习题 301

第9章 颜色的定义与逃出陷阱

9.1 专色与印刷色 303
  9.1.1 关于专色 303
  9.1.2 关于印刷色 303
9.2 设置颜色 304
  9.2.1 通过"颜色"面板设置颜色 304
  9.2.2 通过"色板"面板设置颜色 305
  9.2.3 通过"拾色器"对话框设置颜色
        306
9.3 新建色调 307
9.4 创建混合油墨 308
9.5 色板的基本操作 309
  9.5.1 储存色板 310
  9.5.2 载入色板 310
  9.5.3 复制色板 311
  9.5.4 删除色板 312
  9.5.5 更改"色板"的显示模式 312
9.6 设置描边 312
  9.6.1 设置描边颜色 313
  9.6.2 设置描边粗细 313
  9.6.3 设置描边类型 314
9.7 处理彩色图片 314
  9.7.1 处理 EPS 文件 314
  9.7.2 处理 TIFF 文件 314

9.7.3 处理 PDF 文件 315
9.8 设置渐变 315
  9.8.1 使用"色板"面板创建渐变 315
  9.8.2 使用"渐变"面板创建渐变 317
  9.8.3 编辑渐变 318
9.9 逃出陷阱 319
  9.9.1 底色的陷阱 319
  9.9.2 文字对齐文本框的陷阱 321
9.10 习题 322

第10章 提高工作效率

10.1 正确的工作习惯与流程 324
  10.1.1 正确的工作习惯 324
  10.1.2 设计制作流程 324
10.2 使用快捷键 328
  10.2.1 常用快捷键分类 328
  10.2.2 操作快捷键的方法 331
  10.2.3 定义快捷键 331
10.3 从多种操作中选择最为快捷的方法 334
  10.3.1 快速使用样式法 334
  10.3.2 快速移动文本内容 335
10.4 有效工作的界面设置 336
  10.4.1 设置"色板"面板 336
  10.4.2 设置复合字体 338
10.5 习题 340

第11章 综合案例

11.1 卡片设计 342
  11.1.1 制作名片 342
  11.1.2 制作贵宾卡 349
11.2 制作鲜奶吧菜单 360
  11.2.1 制作右侧页面 360
  11.2.2 制作左侧页面 368
  11.2.3 导出与保存 375
11.3 产品包装设计 376
  11.3.1 新建文档、创建参考线 376
  11.3.2 置入、调整素材 377
  11.3.3 创建文本 382
  11.3.4 导出、保存场景 387

习题答案 389

第 1 章

初识InDesign CS6

Chapter 01

本章要点：

    InDesign CS6 是功能极为强大的专业排版设计和制作工具，用它可以精确控制参考线、图形图像和文字等的位置。通过本章可以了解 InDesign CS6 在设计中的重要作用，以及使用 InDesign CS6 进行设计创作的正确流程，让设计师从宏观上了解 InDesign CS6 能够做什么和怎么做。了解版面设置的基本知识，熟悉 InDesign CS6 的工作环境，学习如何新建 InDesign CS6 文档和模板，打开以及保存等基本操作方法，以及如何创建一个符合自己工作习惯的界面，使设计工作更加轻松愉快。

学习目标：

- InDesign 在设计流程中的作用
- 认识界面及操作流程
- InDesign CS6 的安装
- InDesign CS6 的启动与退出
- 工作区域
- 辅助工具
- 版面设置
- 新建文档
- 文档的简单操作
- 保存文档和模板
- 视图与窗口的基本操作
- InDesign CS6 中的预置选项

1.1 InDesign 在设计流程中的作用

用 InDesign CS6 能处理如杂志和报纸版面等复杂的设计，并能制作后期文件的输出。对于来自图像处理、图形设计软件的原生文件，InDesign CS6 可以直接使用。InDesign CS6、Photoshop CS6、IIlustralor CS6 这 3 个软件分别处于设计流程的不同环节，它们之间能无缝衔接、高效地完成工作。这 3 个软件具有相似的界面，设计师在使用时不会感到陌生。

下面是整个设计工作中的流程，如图 1-1 所示，用户可以更直观地看到 InDesign CS6 在设计流程中的位置。

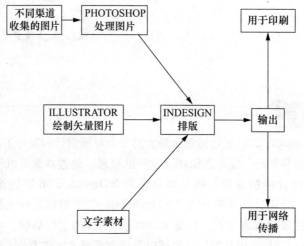

图1-1 设计工作的流程

1.2 认识界面及操作流程

InDesign CS6 的自定义化界面，可以让设计师随心所欲地对其进行调整，以适合自己的工作习惯。InDesign CS6 的操作界面与 Photoshop CS6、IIlustrator CS6 的操作界面相似，使设计师更快地掌握界面操作。

在 1.1 节讲了 InDesign CS6 在设计中的位置，使设计师在总体上认识到 InDesign CS6 的作用。下面将概述 InDesign CS6 的操作流程，规范的操作对于设计师进行繁琐的排版工作是极为重要的，同时也可为后期的校对及文件输出减少不必要的麻烦。

1.2.1 界面设置

学习 InDesign CS6 首先要学习它的工作环境，了解如何调整界面，以便得心应手地调用工具。

InDesign CS6 的操作界面如图 1-2 所示。

1. 浮动调板的运用

用鼠标拖曳选项卡，可将多个调板组合成为浮动调板，如图 1-3 所示。还可使两个或多个

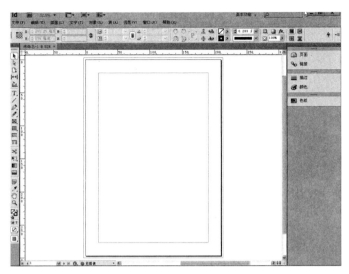

图1-2　InDesign CS6工作界面

图1-3　浮动调板

调板首尾相连，将一个调板拖到另一个调板的底部，当出现黑色粗线框时松开鼠标，如图1-4所示。

　　浮动调板分为两种视图：普通视图、折叠视图，反复双击选项卡，可完成两种视图之间的切换操作，如图1-5所示。

图1-4　首尾相连调板

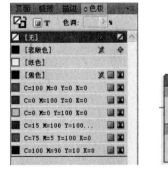

图1-5　普通视图与折叠视图

2. 掌握工具箱的操作

　　InDesign CS6 把最常用的工具都放置在工具箱中，将鼠标放在工具箱按钮上停留几秒钟，就会显示出工具的快捷键，熟记这些快捷键可以减少鼠标在工具箱和文档窗口之间来回移动的次数，提高工作效率。

工具箱底部有两种显示模式：正常显示模式和预览显示模式，反复按 W 键可在两种模式之间来回切换。当选择正常显示模式时，文档窗口显示出血、版心和文本框，如图 1-6 所示；当选择预览显示模式时，文档窗口显示成品尺寸，无出血、版心和文本框，如图 1-7 所示。预览显示模式还可分为两种：出血和辅助信息区，用户可根据需要进行选择。

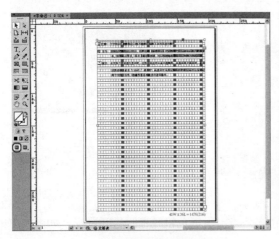

图1-6　正常模式的效果

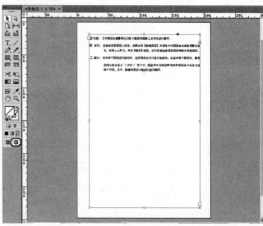

图1-7　预览模式的效果

3. 使用快捷键选择菜单命令

在设计工作中经常会使用到菜单命令，而使用菜单命令的快捷键能提高工作效率。菜单命令的快捷键分为 3 类：直接通过快捷键就可执行命令的对话框、需要通过菜单快捷键打开对话框、在菜单命令中没有设置快捷键而需要用户自己进行设置的。下面将详细说明后两类的操作。

（1）需要通过菜单快捷键打开对话框。

按住 Alt 键＋菜单快捷键，在弹出的下拉菜单中，再按住需要执行命令的快捷键。例如，按住 Alt 键＋"文件"菜单快捷键 F，在弹出的下拉菜单中按 L 键，即弹出"置入"命令对话框。

（2）在菜单命令中没有设置快捷键而需要用户自己进行设置的。

设计师在工作中会发现 InDesign CS6 的菜单命令有些没有设置快捷键，对于经常使用的命令无法快速使用。这时，设计师可以通过选择"编辑"→"键盘快捷键"命令，在弹出的"键盘快捷键"对话框中进行设置，操作步骤如下。

STEP 01 选择"编辑"→"键盘快捷键"命令，弹出的"键盘快捷键"文本框，在"命令"选项中选择需要设置快捷键的命令。如果该命令当前没有设置快捷键，在"当前快捷键"文本框中不会显示快捷键，如图 1-8 所示。

STEP 02 此时可以在"新建快捷键"文本框中设置快捷键，在键盘上输入要设置的按键即可。如果设置的快捷键与某个命令的快捷键重复了，系统将在"新建快捷键"文本框的下方给予提示，如图 1-9 所示。

STEP 03 未指定的快捷键会在"新建快捷键"文本框的下方给予提示。然后单击"指定"按钮，再单击"确定"按钮，完成设置快捷键的操作，如图 1-10 所示。

STEP 04 如果要更改快捷键设置，可以在"当前快捷键"文本框中选择快捷键，然后单击"移去"按钮即可，如图 1-11 所示。

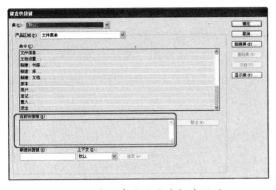

图1-8　在"命令"文本框中设置

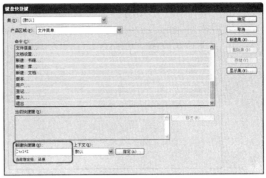

图1-9　在键盘上设置

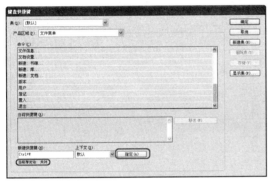

图1-10　未指定的快捷键

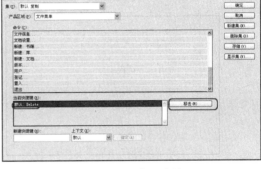

图1-11　移去快捷键

STEP 05 单击"显示集"按钮，可以看到 InDesign CS6 菜单中的全部快捷键命令。"无定义"表示该命令没有设置快捷键，如图1-12所示。

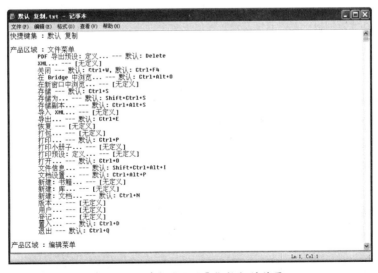

图1-12　单击"显示集"按钮的效果

1.2.2　InDesign CS6 操作流程

下面介绍 InDesign CS6 的操作流程。首先对收集的素材进行分类管理，然后启动 InDesign

CS6，按照设计要求新建文档，在主页上设计版式，将主页应用到页面中，将之前收集的素材置入到需要排版的页面。如果出版物的页数较多，最好为其设置一个样式，这样既能减轻工作量，也可以避免出错。在排版完成后，对文件进行预检，检查文件图片是否丢失链接、文字字体是否缺失等。检查无误后输出 PDF 文件。

操作流程如图 1-13 所示。

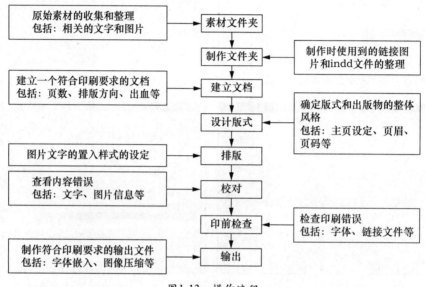

图1-13　操作流程

什么是主页、样式、预检、页眉？

技巧

主页：如果一个出版物中许多页面都有相同的元素（如页眉和页脚等），要逐一插入这些元素到每一页中非常麻烦。使用主页可以将主页上的元素快速显示到其所应用的所有页面上。

样式：将字体、字号、行距、制表符和缩排等组合在一起，使它能最快且最容易地改变文本的格式。

预检：打印文档或将文档提交给客户之前，可以对此文档进行品质检查。预检是此过程的行业标准术语。预检程序会警告可能影响文档或书籍不能正确成像的问题，例如，缺失文件或字体。预检还提供了有关文档或书籍的帮助信息，例如，使用的链接、显示字体的第一个页面和打印设置。

页眉：所谓页眉，就是在版心以外天头附近的空白处表述书名、部、章、节标题等的简单文字。

1.3　InDesign CS6 的安装

在学习 InDesign CS6 前，首先要安装 InDesign CS6 软件。下面介绍在 Microsoft Windows XP 系统中安装、启动与退出 InDesign CS6 的方法。

1.3.1　运行环境需求

InDesign CS6 简体中文版对计算机硬件的要求如下。

- 1.5GHz 或更快的处理器
- Windows XP（带有 Service Pack2，推荐 Service Pack3）或 Windows Vista Home Premium、Business、Ultimate 或 Enterprise（带有 Service Pack1，通过 32 为 Windows XP 和 Windows Vista 认证）
- 512MB 内存（推荐（1GB）
- 1.8GB 交换空间，安装过程中需要额外的可用空间（无法安装在基于闪存的设备上）
- 1024×768 分辨率屏幕（推荐 1280×800），16 位显卡
- DVD-ROM 驱动器
- 多媒体功能需要 QuickTime 7 软件
- 在线服务需要宽带 Interent

1.3.2　InDesign CS6 的安装

InDesign CS6 是专业的设计软件，其安装方法比较标准，具体安装步骤如下。

01 在相应的文件夹下选择下载后的安装文件，双击安装文件图标 ，即可初始化文件，如图 1-14 所示。

02 初始化完成后弹出"安装"界面，在该界面中，单击"安装"按钮，即可安装软件，如图 1-15 所示。

图1-14　安装InDesign CS6　　　　图1-15　进入"安装"界面

03 弹出"许可协议"对话框，单击"接受"按钮，如图 1-16 所示。

04 在弹出的"序列号"对话框中，填写序列号，如图 1-17 所示。

05 单击"下一步"按钮，进入"选项"界面，在此可以设置"语言"和"位置"，如图 1-18 所示。

06 设置完成后，单击"安装"按钮，进入"进度"界面，显示安装进度，如图 1-19 所示。

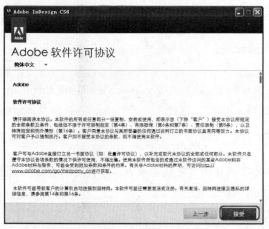

图1-16 进入"许可协议"对话框

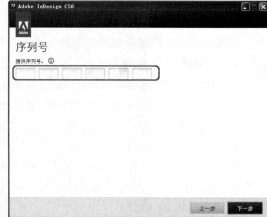

图1-17 填写序列号

图1-18 "Adobe InDesign CS6"对话框

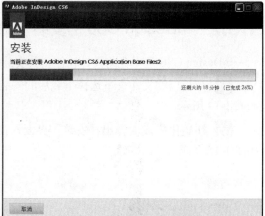

图1-19 "安装"进程界面

STEP 07 最后进入"完成"界面，显示安装完成。单击"关闭"按钮，关闭该界面。双击桌面上的 InDesign CS6 图标即可运行 InDesign CS6，如图 1-20 所示。

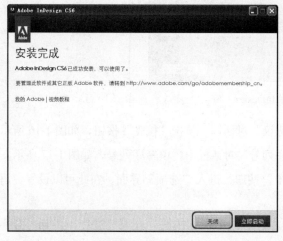

图1-20 安装完成

1.4 InDesign CS6 的启动与退出

完成 InDesign CS6 的安装后，大家是不是就迫不及待地想打开 InDesign CS6 软件了呢？下面介绍如何启动与退出 InDesign CS6 软件。

1.4.1 启动 InDesign CS6

要启动 InDesign CS6，可以执行下列操作之一。

- 选择"开始"→"程序"→"Adobe InDesign CS6"命令，即可启动 InDesign CS6。如图 1-21 所示。

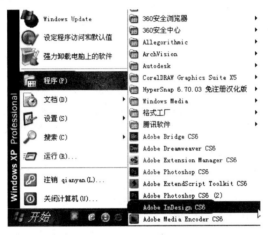

图1-21 启动InDesign CS6

- 直接在桌面上双击 ![图标] 快捷图标。
- 双击与 InDesign CS6 相关联的文档。

1.4.2 退出 InDesign CS6

要退出 InDesign CS6，可以执行下列操作之一。

- 单击 InDesign CS6 程序窗口右上角的 ![×] 按钮。
- 选择"文件"→"退出"命令。
- 双击 InDesign CS6 程序窗口左上角的 **Id** 图标。
- 按 Alt+F4 组合键。
- 按 Ctrl+Q 组合键。

1.5 工作区域的介绍

InDesign CS6 的工作区域是由工具箱、各种面板、菜单栏、控制面板和状态栏等组成的，如图 1-22 所示。

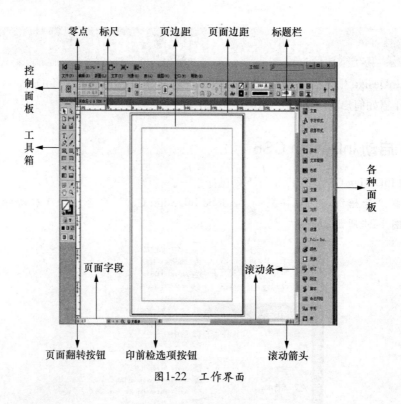

图1-22　工作界面

1.5.1　工具箱

InDesign CS6 工具箱中包含大量用于创建、选择和处理对象的工具。最初启动 InDesign CS6 时，工具箱会以 1 列的形式出现在 InDesign CS6 的工作界面左侧，单击工具箱上的双箭头按钮 ，可以将工具箱转换为两列，在菜单栏中选择"窗口"→"工具"命令，如图 1-23 所示，可以打开或者隐藏工具箱。

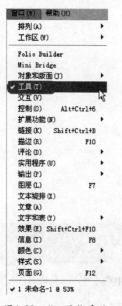

图1-23　"工具"命令　　　　　　　　图1-24　显示隐藏的工具按钮

提示　按键盘上的 Tab 键，也可以隐藏或显示工具箱，但是会将所有的面板一起隐藏。

　　用鼠标单击工具箱中的某种工具或者按键盘上的快捷键，可以选中该工具。当光标移动到工具上时，会显示出该工具的名称和相应的快捷键。

　　在工具箱中，有些工具是隐藏的，用鼠标左键按住按钮不放或在按钮上右击鼠标，可以显示隐藏的工具按钮，如图 1-24 所示。显示出隐藏工具后，将鼠标移动到要选择的工具上方，释放鼠标左键即可选中该工具。

1.5.2　菜单栏

　　InDesign CS6 的菜单栏共由 9 个命令菜单组成，分别为"文件"、"编辑"、"版面"、"文字"、"对象"、"表"、"视图"、"窗口"和"帮助"，每个菜单中都包含不同的命令。

　　单击一个菜单名称，或按 Alt 键＋菜单名称后面的字母，即可打开相应的菜单。例如，如果要选择"版面"菜单，按住 Alt 键的同时按下 L 键，即可打开"版面"菜单，如图 1-25 所示。

　　打开某些菜单后，可以发现有些命令后有三角形标记，将光标放置在该类命令上，会显示该命令的子命令，如图 1-26 所示。选择子菜单中的一个命令，即可执行该命令，有些命令后面附有快捷键，按下该快捷键可快速执行此命令。

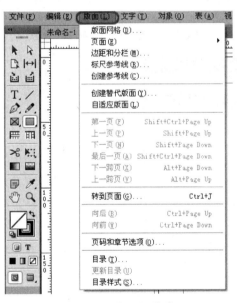
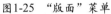

图1-25　"版面"菜单

图1-26　弹出的子菜单

　　有些命令后面只有字母，没有快捷键。要通过快捷方式执行这些的命令时，按 Alt 键＋主菜单的字母，打开主菜单，再按一下某一命令后面相应的字母，即可执行该命令。例如，按 Alt+L+C 快捷键，可弹出"创建参考线"对话框，如图 1-27 所示。

　　某些命令后带有"……"符号，如图 1-28 所示。表示执行该命令后会弹出相应的对话框，如图 1-29 所示。

图1-27 只有字母的菜单命令

图1-28 带有"……"符号的命令

图1-29 执行相应命令的对话框

1.5.3 "控制"面板

- 使用"控制"面板可以快速访问选择对象的相关选项。默认情况下，"控制"面板在工作区域的顶部。
- 所选择的对象不同，"控制"面板中显示的选项也随之不同。例如，单击工具箱中的"文字工具"T，"控制"面板中就会显示与文本有关的选项，如图1-30所示。
- 单击"控制"面板右侧的向下小箭头按钮 ，可以弹出"控制"面板菜单，如图1-31所示。用户可以根据需要在该菜单中选择相应的命令来控制该面板所在的位置。

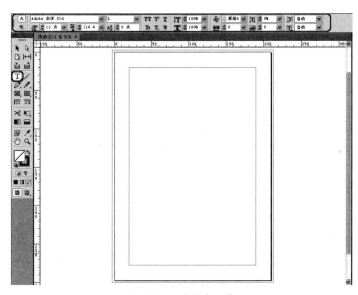

图1-30　文本控制面板　　　　　　　图1-31　控制面板菜单

1.5.4　面板

在 InDesign CS6 中，有很多快捷的设置方法，使用面板就是其中的一种。面板可以快速地设置如页面属性、控制连接与调整描边相关的属性等。

InDesign CS6 提供了多种面板，在"窗口"菜单中可以看到这些面板的名称，如图 1-32 所示。要使用一个面板时，单击这个面板即可打开面板，对其进行操作。例如，选择"窗口"→"页面"命令后，即可打开相应的面板，如图 1-33 所示，如果想要隐藏相应的面板，在"窗口"菜单中将需要隐藏的面板前方的勾选取消，或是直接单击面板右上角的"关闭"按钮 ，即可将面板隐藏。

提示　按 Shift+Tab 快捷键可以隐藏除工具箱与"控制"面板外的所有面板。

面板总是位于最前方，用户可以随时访问。面板的位置可以通过拖动标题栏的方式移动，也可以通过拖动面板的任一角调整大小。如果单击面板的标题栏，可以将面板折叠成图标，再次单击标题栏可展开面板。如果双击面板选项卡，可以在折叠、部分显示、全部显示 3 种视图之间进行切换，也可以拖动面板选项卡，将其拖放到其他组中。

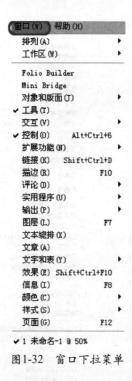

窗口(W)	帮助(H)	
排列(A)		▶
工作区(W)		▶
Folio Builder		
Mini Bridge		
对象和版面(J)		▶
✓ 工具(T)		
交互(V)		▶
✓ 控制(D)	Alt+Ctrl+6	
扩展功能(N)		▶
链接(K)	Shift+Ctrl+D	
描边(R)	F10	
评论(D)		▶
实用程序(U)		▶
输出(P)		▶
图层(L)	F7	
文本绕排(X)		
文章(A)		
文字和表(Y)		▶
效果(E)	Shift+Ctrl+F10	
信息(I)	F8	
颜色(C)		▶
样式(S)		▶
页面(G)	F12	

✓ 1 未命名-1 @ 50%

图1-32　窗口下拉菜单

图1-33　"页面"面板

1.6　辅助工具

　　在排版过程中，首先要进行页面设置。页面设置包括设置纸张大小、页边距、页眉、页脚等，还可以设置分栏和栏间距。配合页面辅助工具可以准确地放置这些元素，例如，设置标尺、参考线和网格等。

1.6.1　参考线

　　标尺参考线与网格的区别在于标尺参考线可以在页面或剪贴板上自由定位。参考线是跟标尺关系密切的辅助工具，是版面设计中用于参照的线条。参考线分为3种类型：标尺参考线、分栏参考线和出血参考线。在创建参考线之前，必须确保标尺和参考线都是可见的，并选择正确的跨页或页面作为目标，然后在"正常视图"模式中查看文档。

1. 创建标尺参考线

　　要创建页参考线，可以将指针定位到水平或垂直标尺内侧，然后拖动到跨页上的目标位置，如图1-34所示。

　　除此之外，用户还可以创建等间距的页面参考线。首先选择目标图层后，在菜单栏中选择"版面"→"创建参考线"命令，弹出"创建参考线"对话框，如图1-35所示，在该对话框中进行相应的设置，然后单击"确定"按钮，即可创建等间距的页面参考线。例如，将"行数"和"栏数"分别设置为5、4，然后单击"确定"按钮进行创建，完成后的效果如图1-36所示。

　　"创建参考线"对话框中各选项的功能如下：

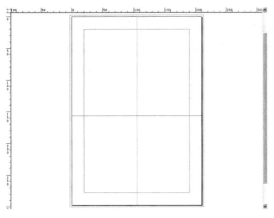

图1-34　创建的参考线

图1-35　"创建参考线"对话框

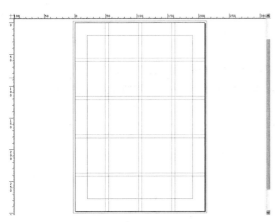

图1-36　创建等间距的参考线

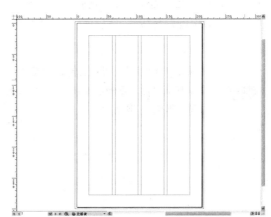

图1-37　使用"边距和分栏"命令的效果

- "行数"：指定创建参考线的行数。
- "行间距"：指定参考线与参考线之间的距离。
- "栏数"：创建参考线的栏数。
- "栏间距"：指定栏与栏之间的距离。
- "参考线适合"：选中"边距"单选按钮时，可以在页边距内的版心区域创建参考线；选中"页面"单选按钮时，将在页面边缘内创建参考线。
- "移去现有标尺参考线"：勾选该复选框时，可以将版面中现有的任何参考线删除，包括锁定或隐藏图层上的参考线。
- "预览"：勾选该复选框，可以预览页面上设置参考线的效果。

使用"创建参考线"命令创建的栏与使用"版面"→"边距和分栏"命令创建的栏不同。例如，使用"创建参考线"命令创建的栏在置入文本时不能控制文本的排列，而使用"边距和分栏"命令可以创建适用于自动排文的主栏分割线，如图 1-37 所示。创建主栏分割线后，可以再使用"创建参考线"命令创建栏、网格和其他版面辅助元素。

2. 创建跨页参考线

要创建跨页参考线，可以拖动水平或垂直标尺，将指针保留在剪贴板中，使参考线定位到跨页中的目标位置。

提示 要在剪贴板不可见时创建跨页参考线。例如在放大的情况下，按住 Ctrl 的同时从水平或垂直拖动目标跨页。要在不进行拖动的情况下创建跨页参考线，可以双击水平或垂直标尺上的目标位置。如果要将参考线与最近的刻度线对齐，可以在双击标尺时按住 Shift 键。

要同时创建水平或垂直的参考线，在按住 Ctrl 键的同时，将目标跨页的标尺交叉点拖动到目标位置即可。如图 1-38 所示为添加参考线后的效果。

要以数字方式调整标尺参考线的位置，可以在选择参考线后在"控制"面板中输入 X 值和 Y 值，除此之外，还可以在选择参考线后按键盘上的光标键调整参考线的位置。

3. 选择与移动参考线

要选择参考线，可以使用"选择工具"和"直接选择工具"选择要选取的参考线，按住 Shift 键的同时进行选择，可以选择多个参考线。

要移动跨页参考线，可以按住 Ctrl 键的同时在页面内拖动参考线。

提示 如果要删除参考线，可在选择该参考线后按 Delete 键。要删除目标跨页上的所有标尺参考线，可以右击鼠标，在弹出的快捷菜单中选择"网格和参考线"→"删除跨页上的所有参考线"命令，如图 1-39 所示。

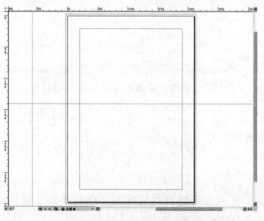

图1-38 创建跨页参考线

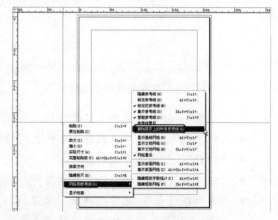

图1-39 选择"删除跨页上的所有参考线"命令

4. 使用参考线创建不等宽的栏

要创建间距不等的栏，需要先创建等间距的标尺参考线，将参考线拖动到目标位置，然后转到需要修改的主页或跨页中，使用"选择工具"拖动分栏参考线到目标位置即可。注意，不能将其拖动到超过相邻栏参考线的位置，也不能将其拖动到页面之外。

1.6.2 标尺 ···

在制作标志、包装设计等出版物时，可以利用标尺和零点，精确定位图形和文本所在的位置。标尺是带有精确刻度的量度工具，它的刻度大小随单位的改变而改变。在 InDesign CS6 中，标尺由水平标尺和垂直标尺两部分组成。默认情况下，标尺以毫米为单位，还可以根据需要将标尺的单位设置为英寸、厘米、毫米或像素。如果标尺没有打开，在菜单栏中选择"视图"→"显示标尺"命令，如图1-40所示，即可打开标尺。在标尺上单击鼠标右键，在弹出的快捷菜单中可以设置标尺的单位，如图1-41所示。

 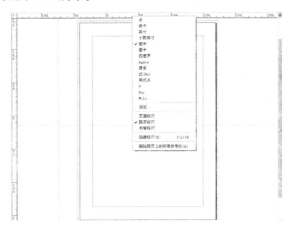

图1-40　标尺命令　　　　　　图1-41　设置标尺单位的快捷菜单

1.6.3　网格

网格是用来精确定位对象的工具，它由多个方块组成。可以将方块分成多个小方块或用大方块定位整体的排版，用小方格来精确布局版面中的元素。网格分为3种类型，即版面网格、文档网格和文档基线网格。要设置网格参数，可以在菜单栏中选择"编辑"→"首选项"→"网格"命令，如图1-42所示，弹出"首选项"对话框，用户可以在该对话框中对网格进行相关的属性设置，如图1-43所示。

图1-42　选择"网格"命令　　　　　　图1-43　"首选项"对话框

1."基线网络"选项组

在"基线网络"选项组中，可以指定基线网格的颜色、基线网格从哪里开始、每条网格线相距多少以及基线网格何时出现等。要显示文档的基线网格，在菜单栏中选择"视图"→"网格和参考线"→"显示基线网格"命令。在该选项组中有如下选项。

- "颜色"：基线网格的默认颜色是"淡蓝色"。可以从"颜色"下拉列表中选择一种不同的颜色，如果选择"自定义"选项，则会弹出"颜色"对话框，用户可以自己定义一种颜色。
- "开始"：在该文本框中可以指定网格开始处与页面顶部之间的距离。
- "相对于"：在该选项的下拉列表中可以选择网格的开始位置，包含"页面顶部"和"上边距"两个选项。
- "间隔"：在该文本框中可以指定网格线之间的距离，默认值为 5 毫米，这个值通常被修改为匹配主体文本的行距，这样文本就与网格排列在一起了。
- "视图阈值"：在减小视图比例时可以避免显示基线网格。如果使用默认设置，视图比例在 75% 以下时不会出现基线网格，可以输入 5%～4000% 之间的数值。

2."文档网格"选项组

文档网格由交叉的水平和垂直网格线组成，形成了一个可用于对象放置和绘制对象的小正方形样式。用户可以自定义网格线的颜色和间距。要显示文档网格，在菜单栏中选择"视图"→"网格和参考线"→"显示文档网格"命令。"文档网格"选项组中的各选项内容如下。

- "颜色"：文档网格的默认颜色为"淡灰色"。用户可以从"颜色"下拉列表中选择一种不同的颜色，如果选择"自定义"选项，会弹出"颜色"对话框，在其中可以自定义一种颜色。
- "网格线间隔"：颜色稍微有点深的主网格线按照此值来定位。默认值为 20 毫米，通常需要指定一个正在使用的度量单位的值。例如，如果正在使用英寸为单位，就可以在"网格线间隔"文本框中输入 1 英寸。这样，网格线就会与标尺上的主刻度符号相匹配了。
- "字网格线"：该选项主要用于指定网格线间的间距数。建立在"网格线间隔"文本框中的主网格线根据在该文本框中输入的值来划分。例如，如果在"网格线间隔"文本框中输入 1 英寸，并在"子网格线"文本框中输入 4，就可以每隔 1/4 英寸获得一条网格线。默认的子网格线数量为 10。

1.7 版面设置

在 InDesign CS6 中创建文件时，不仅可以创建多页文档，还可以将多页文档分割为单独编号的章节。下面将针对 InDesign CS6 版面的设置进行详细的讲解。

1.7.1 页面和跨页

在菜单栏中选择"文件"→"新建"→"文档"命令，弹出"新建文档"对话框，使用其

图1-44　"新建文档"对话框

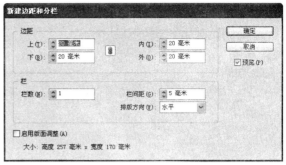

图1-45　"新建边距和分栏"对话框

默认的参数设置，如图 1-44 所示。单击"边距和分栏"按钮，再在弹出的对话框中进行设置，如图 1-45 所示，设置完成后单击"确定"按钮，即可创建一个文档。

在菜单栏中选择"窗口"→"页面"命令，打开"页面"面板，在该面板中可以看到该文档的全部页面，还可以在该面板中设置页面的相关属性。

当创建的文档超出两页时，在"页面"面板中可以看到左右对称显示的一组页面，该页面称为跨页，就如翻开图书时看到的一对页面，如图 1-46 所示。

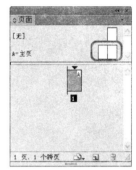

图1-46　创建两个文档后的效果

提示　如果需要创建多页文档，可以在"新建文档"对话框中的"页数"文本框中直接输入页数的数值，如果勾选"对页"复选框，InDesign 会自动将页面排列成跨页形式。

1.7.2　主页

InDesign CS6 中的主页可以作为文档中的背景页面，在印刷时主页本身是不会被打印的，使用主页的任何页面都会印刷出源自主页的内容。在主页中主要可以设置页码、页眉、页脚和标题等。在主页中还可以包含空的文本框架和图形框架，作为文档页面上的占位符。

在"状态"栏中的"页面字段"下拉列表中选择"A- 主页"选项，如图 1-47 所示。便可以进入主页编辑状态，在该状态下对主页进行编辑后，文档中的页面便会随之进行调整。

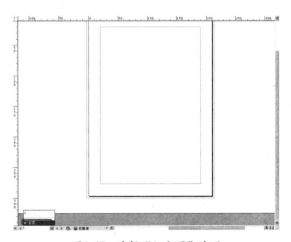

图1-47　选择"A-主页"选项

1.7.3　页码和章节

用户可以在主页或页面中添加自动更新的页码。在主页中添加的页码将在整个文档的所有页面中使用，而在页面中添加的自动更新的页码只作为章节编号使用。

1. 添加自动更新的页码

在主页中添加的页码标志符可以自动更新，这样可以确保多页出版物中的每一页上都显示正确的页码。

如果需要添加自动更新的页码，首先需要在"页码"面板中选中目标主页，然后使用"文字工具"，在要添加页码的位置拖动出一个矩形文本框架，输入需要与页面一起显示的文本，如"page"、"第 页"等，如图 1-48 所示。在菜单栏中选择"文字"→"插入特殊字符"→"标志符"→"当前页码"命令，如图 1-49 所示，即可插入自动更新的页码。自动更新页码在主页中的显示如图 1-50 所示。

图1-48　输入文本

图1-49　选择"当前页码"命令

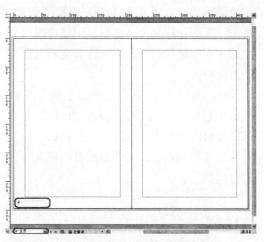

图1-50　插入页码

2. 添加自动更新的章节编码

章节编号与页码相同，也是可以自动更新的，并像文本一样可以设置其格式和样式。

章节编号变量常用于书籍的各个文档中。在 InDesign CS6 中，在一个文档中无论插入多少章节编号都是相同的，因为一个文档只能拥有一个章节编号，如果需要将单个文档划分为多个章，可以使用创建章节的方式来实现。

如果需要在显示章节编号的位置创建文本框架，使某一章节编号在若干页面中显示，可以在主页上创建文本框架，并将此主页应用于文档页面中。

在章节编号文本框架中，可以添加位于章节编号之前或之后的任何文本或变量。方法是：将插入点定位在显示章节编号的位置，然后在菜单栏中选择"文字"→"文本变量"→"插入文本变量"→"章节编号"命令即可，如图 1-51 所示。

3. 添加自动更新的章节标志符

如果需要添加自动更新的章节标志符，需要先在文档中定义章节，然后在章节中使用页面或主页。方法是：使用"文字工具"创建一个文本框架，然后在菜单栏中选择"文字"→"插入特殊字符"→"标志符"→"章节标志符"命令即可，如图 1-52 所示。

图1-51　选择"章节编号"命令

图1-52　选择"章节标志符"命令

提示　在"页面"面板中，可以显示绝对页码或章节页码，更改页码显示方式将影响 InDesign 文档中显示指示页面的方式，但不会改变页码在页面上的外观。

1.8　新建文档

在 InDesign CS6 中进行排版，首先需要新建页面，并对页面进行相应的设置。本节将介绍在 InDesign CS6 中的新建文档的操作方法。

1.8.1　工作前准备

启动 InDesign CS6 软件以后，新建或打开一个文档，首先要做好以下准备。

- 确定作品是需要打印输出还是通过 Internet 或局域网进行发布，或是要作为印刷品和 PDF 出版。
- 设置文档的尺寸，每个页面有多少栏，页边框有多宽。
- 文档的页数是否是多页出版，有没有类似图书或目录那样的对页，或者是单面出版。
- 预览允许使用的颜色。
- 出版物要如何发布，需要用什么方式阅读。
- 如果要将文档发布至 Internet，是创建一个 HTML 文件（任何 Web 浏览器都可以查看），还是 PDF 文件（需要查看者安装相应的软件或者浏览器插件）。

1.8.2　创建新文档

在菜单栏中选择"文件"→"新建"→"文档"命令，或是按 Ctrl+N 快捷键，弹出"新建文档"对话框，如图 1-53 所示。

- "用途"：设置所创建文档的用途，文档用途不同，参数也大不相同。
- "页数"：设置文档的页数。
- "对页"：如果要创建有书脊的多页文档，例如图书、目录册或杂志等，可以勾选"对页"复选框；如果要创建一个单页文档，例如名片、广告或海报等，则不需勾选此复选框。
- "主文本框架"：勾选此复选框时，InDesign CS6 会自动将一个文本框架添加到文档的主页上，并根据此主页将其添加到所有文档页面中。
- "页面大小"：设置文档尺寸的大小。可以从弹出的下拉列表中选择预定义的尺寸。
- "页面方向"：设置文档的版式。单击"纵向"按钮，可以将文档页面设置为纵向排列，单击"横向"按钮，可以将文档页面设置为横向排列。
- "更多选项"按钮：单击该按钮，在"新建文档"对话框中会添加一个选项，即"出血"和"辅助信息区"选项，如图 1-54 所示。
    - ◇ "出血"：此区域可以打印排列在已定义页面大小边缘外部的对象。对于具有固定

图1-53　"新建文档"对话框

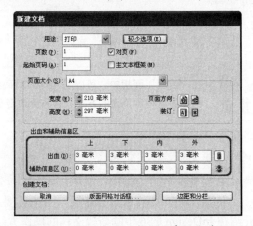

图1-54　"出血"和"辅助信息区"选项

尺寸的页面，如果对象位于其边缘处，当打印稍有偏差时，打印区域边缘便可能会出现一些白边，因此，这种固定尺寸的对象在页面边缘处应当设置得稍微超过其边缘，使打印出现偏差时仍然能够避免出现白边。出血区域在文档中由一条红线表示。可以在"打印"对话框中的"出血"中进行出血区域的设置。

◇ "辅助信息区"：其中的内容在文档裁切为最终页面时将被裁掉。辅助信息区域可以存放打印信息和自定颜色信息，还可以显示文档中其他的说明和描述。

- "版面网格对话框"按钮：当在"新建文档"对话框中单击"版面网格对话框"按钮时，将弹出"新建版面网格"对话框，如图1-55所示。
- "边框和分栏"按钮：单击该按钮可以弹出"新建边距和分栏"对话框，如图1-56所示。

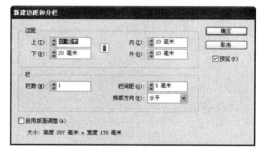

图1-55　"新建版面网格"对话框　　　　　图1-56　"新建边框和分栏"对话框

- "边距"：在"上"、"下"、"内"和"外"文本框中输入数值，可以指定边距参考线到页面各个边缘之间的距离。
- "栏数"：在文本框中输入数值，可以指定文档的栏数。
- "栏间距"：设置栏数以后，在"栏间距"文本框中输入数值可以设置栏与栏之间的间距。
- "排版方向"：选择"水平"或"垂直"选项来指定栏的方向，此选项还可以设置文档基线网格的排版方向。

提示　如果要直接创建一个新文档，可按 Ctrl+Alt+N 快捷键，按该快捷键可以跳过"新建文档"对话框的设置。使用这种方法新建的文档，会将"新建文档"对话框中的最近设置应用于该文档。

1.9　文档的简单操作

本节将介绍如何对文档进行一些简单操作。

1.9.1　打开文档

01 在菜单栏中选择"文件"→"打开"命令或按 Ctrl+O 快捷键，弹出"打开文件"对话框，如图1-57所示。浏览需要打开的文件所在的文件夹，选中一个文件，或按住 Ctrl 键选中多个文件。在"文件类型"下拉列表中提供了 9 个 InDesign 打开文件的格式选项，如图1-58所示。

图1-57 "打开文件"对话框   图1-58 文件类型

02 在"打开文件"对话框中的"打开方式"选项组中，可以设置文件打开的形式，包括 3 个选项，分别为"正常"、"原稿"和"副本"。如果选择"正常"选项，则可以打开源文档；如果选择"原稿"选项，则可以打开源文档或模板，如果选择"副本"选项，则可以在不破坏源文档的基础上打开文档的一个副本。打开文档的副本时，InDesign CS6 会自动为文档的副本分配一个默认名称，如"未命名 -1"、"未命名 -2"等。

03 选中需要打开的文件后，单击"打开"按钮，即可打开所选中的文件，并关闭"打开文件"对话框。

1.9.2 转换用其他程序创建的文档

InDesign CS6 的特点之一就是能打开其他程序的文档，并将其转换为 InDesign CS6 文档。其他程序的文档包括 QuarkXPress Passport3.3-4.1、QuarkXPress 和 PageMaker6.0-7.0 文档。

由于其他程序的格式与 InDesign CS6 有很大不同，并且其功能也不相同，因此在 InDesign CS6 中打开 QuarkXPress 和 PageMaker 文件时，均会弹出"警告"对话框。

在 InDesign CS6 中，可以打开 QuarkXPress 文件以及 QuarkXPress Passport 3.3、4.0 至 4.1 版本的文件。由于在 QuarkXPress 和 InDesign CS6 之间的区别比较大，因此在格式转换时会有很多不可预知的问题。将 QuarkXPress 文档转换为 InDesign CS6 文档时需要注意以下问题。

如果 QuarkXPress 文档是通过 XTensions 来增加其功能的，这样的 QuarkXPress 文档就不能正确转换为 InDesign CS6 格式的文档。

使用 InDesign CS6 打开 QuarkXPress 文件时，InDesign CS6 不会保留 QuarkXPress 原始文件中的字距表设置。

QuarkXPress 的行距模型与 InDesign CS6 的行距模型不同，因此转换格式后，行距会出现显著变化。

- 将 QuarkXPress 文档转换为 InDesign CS6 文档时，在 QuarkXPress 中自定义的破折号都将被转换为实线和虚线，条纹可以正确地转换。
- QuarkXPress 文档中的特殊渐变混合（如菱形模式）转换为 InDesign CS6 文档后都被转换为线性混合或环形混合。
- 在 InDesign CS6 中也支持路径上的文本，但是将 QuarkXPress 文档转换为 InDesign CS5 文档时，曲线路径上的文本将被转换为矩形框架中的规则文本。
- 库不会转换。
- 打印机样式不会转换。

提示 在 InDesign CS6 中可以打开 PageMaker 文件。因为 PageMaker 和 InDesign CS6 具有很多相同的特性，在它们之间很少有转换的问题。将 PageMaker 文档转换为 InDesign CS6 文档时需要注意以下问题。

- 在 InDesign CS6 中不支持填充模式。
- 库不会转换。
- 打印机样式不会转换。

在 InDesign CS6 中不能打开 PDF 文件，但可以将 PDF 文件作为图形置入到 InDesign CS6 文档中。在 InDesign CS6 中还可以打开 GoLive 区段文件，这是一种基于 XML 的 Web 文档格式。

1.9.3 导入文本文件

InDesign CS6 除了可以打开 InDesign CS6、PageMaker 和 QuarkXPress 文件外，还可以处理使用字处理程序创建的文本文件。在 InDesign CS6 文档中可以置入的文本文件包括 Rich Text Format（RTF）、Microsoft Word、Microsoft Excel 和纯文本文件。在 InDesign CS6 中还支持两种专用的文本格式：标签文本，即一种使用 InDesign CS6 格式信息编码文本文件的方法；InDesign CS6 交换格式，即一种允许 InDesign CS6 和 InDesign CS5 用户使用相同文件的格式。

但是，在 InDesign CS6 中不能在菜单栏中选择"文件"→"打开"命令直接打开字处理程序创建的文本文件，必须执行"文件"→"置入"命令，或者按 Ctrl+D 快捷键，置入或导入文本文件。其具体操作步骤如下。

STEP 01 首先新建一个文档，在菜单栏中选择"文件"→"新建"→"文档"命令，在弹出的"新建文档"对话框中，将"高度"设为 120，如图 1-59 所示。

STEP 02 单击"新建文档"对话框中的"边距和分栏"按钮，在弹出的"新建边距和分栏"对话框中，将"上"、"下"、"内"、"外"都设置为"6 毫米"，单击"确定"按钮，如图 1-60 所示。

STEP 03 在菜单栏中选择"文件"→"打开"命令，在弹出的对话框中打开随书附带光盘中的素材 \ 第 1 章 \001.jpg 文件，如图 1-61 所示。

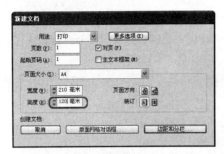

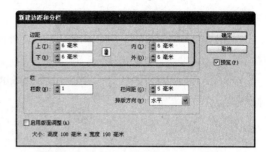

图1-59　设置"新建文档"参数　　　　　　　　图1-60　设置"新建边距和分栏"参数

STEP 04 在菜单栏中选择"文件"→"置入"命令，在弹出的对话框中打开随书附带光盘中的素材\第 1 章\002.doc 文件，如图 1-62 所示。

图1-61　打开的素材文件　　　　　　　　　图1-62　选择素材文件

STEP 05 选中该文件后，单击"打开"按钮，在文档窗口中，按住 Shift 键指定文字的位置，如图 1-63 所示。

STEP 06 在工具箱中单击 T 按钮，选中文字，并在工具选项栏中将文字的"大小"设置为 10点，然后在工具箱中单击 按钮，拖动手柄的位置，调整后的效果如图 1-64 所示。

图1-63　调整文字的位置　　　　　　　　　图1-64　效果图

在 InDesign 中，可以导入自 Word 97 和 Excel 97 以后所有版本中的文本。

提示

1.9.4　恢复文档

InDesign CS6 包含自动恢复功能，它能够在电源故障或系统崩溃的情况下保护文档。处理文档时，在对文档进行保存操作后所做的任何修改都会储存在一个单独的临时文件中。在通常情况下，每次执行"存储"操作时，临时文件中的信息都会被应用到文档中。

如果计算机遇到系统崩溃或电源故障，可以采用以下的操作步骤恢复文档。

STEP 01 重新启动计算机，并启动 InDesign CS6 程序，将会弹出一个对话框进行提示，是否要恢复之前没有保存的文件。

STEP 02 单击"是"按钮，即可恢复文档，然后对该文档进行保存即可。

提示 虽然 InDesign 软件拥有自动恢复功能，但用户还是应该有边制作边存储的习惯，随时保存文档。

有时，InDesign 不能自动为用户恢复文档，而是会在系统崩溃或电源故障后给出提示，让用户选择是在以后恢复数据还是删除恢复数据。

1.10　保存文档和模板

无论是新文件的创建，还是打开以前的文件进行编辑或修改，在操作完成之后都需要将编辑好或修改后的文件进行保存。

1.10.1　保存文档与保存模板

"文件"下拉菜单包括"存储"、"存储为"和"存储副本" 3 个命令，如图 1-65 所示。执行 3 个命令中的任意一个命令，均可保存标准的 InDesign CS6 文档和模板。

1. 使用"存储"命令

"存储"命令的快捷键为 Ctrl+S，执行该命令后，会弹出"储存为"对话框，如图 1-66 所示，单击"保存"按钮，可保存对当前活动文档所做的修改。如果当前活动的文档还没有存储过，则会弹出"存储为"对话框，用户可以在"存储为"对话框中选择需要存储文档的文件夹并输入文档名称。

2. 使用"存储为"命令

如果想要将已经保存的文档或模板保存到其他文件夹中或将其保存为其他名称，可以在菜单栏中选择"文件"→"存储为"命令，在弹出的"存储为"对话框中选择要存储到的文件夹，并输入文档名称。

将文档存储为模板时，可以在"存储为"对话框中的"保存类型"下拉列表中选择"InDesign CS6 模板"命令，如图 1-67 所示。再输入模板文件的名称，单击"保存"按钮，即可保存模板。

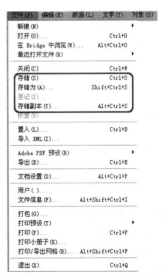

图1-65　"文件"下拉菜单

图1-66 "储存为"对话框　　　　　　图1-67 选择"InDesign模板"命令

3. 使用"存储副本"命令

"存储副本"命令的快捷键为 Ctrl+Alt+S，该命令可以将当前活动文档使用不同（或相同）的文件名在不同（或相同）的文件夹中创建副本。

 执行"存储副本"命令时，源文档保持打开并保留其初始名称。与"存储为"命令的区别在于它会使源文档保持打开状态。

1.10.2 以其他格式保存文件

如果需要将 InDesign CS6 文档保存为其他格式文件，在菜单栏中选择"文件"→"导出"命令，如图 1-68 所示，弹出"导出"对话框，在"保存类型"下拉列表中选择一种文件的导出格式，如图 1-69 所示。单击"保存"按钮，即可将 InDesign CS6 文档保存为其他格式文件。

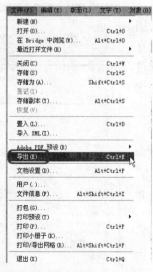 

图1-68 选择"导出"命令　　　　　　图1-69 保存类型

在导出文档之前，使用"文字工具"或"直接选择工具"选择文本，在菜单栏中选择"文件"→"导出"命令，将弹出"导出"对话框，在"保存类型"下拉列表中会出现几项文字处理格式，用户可以在此进行相应的设置，如图1-70所示。

图1-70　文字处理格式

1.11　视图与窗口的基本操作

"视图"菜单可以选择预定视图以显示页面或剪贴板。选择某个预定视图后，页面将保持此视图效果，直到再次改变视图为止。

1.11.1　视图的显示

1. 显示整页

01 首先新建一个文档，在菜单栏中选择"文件"→"文档"命令，在弹出的"新建文档"对话框中，将文档的"宽"和"高"分别设置为570毫米、450毫米，如图1-71所示。

02 单击"边距和分栏"按钮，在弹出的"新建边距和分栏"对话框中使用其默认值，单击"确定"按钮，如图1-72所示。

图1-71　设置"新建文档"参数

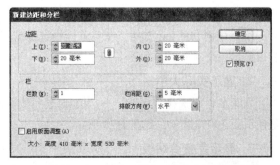

图1-72　"新建边距和分栏"对话框

在菜单栏中选择"视图"→"使页面适合窗口"命令，可以使窗口显示一个页面。

03 在菜单栏中选择"文件"→"置入"命令，在弹出的"置入"对话框中打开随书附带光盘中的素材 \ 第 1 章 \003.jpg 文件，如图 1-73 所示。

04 在菜单栏中选择"窗口"→"页面"命令，右击"页面"面板中的图像，在弹出的下拉列表中选择"插入页面"命令，在弹出的"插入页面"对话框中，将"页数"设置为 2，单击"确定"按钮，如图 1-74 所示。

图1-73 打开文件 　　　　　　　　　　　　图1-74 设置参数

05 在菜单栏中选择"文件"→"置入"命令，在弹出的"置入"对话框中打开随书附带光盘中的素材 \ 第 1 章 \004.jpg 和 005.jpg 文件，如图 1-75 所示。

06 单击 003.jpg 文件，然后在菜单栏中选择"视图"→"使页面适合窗口"命令，可以使窗口显示一个页面，如图 1-76 所示。

图1-75 "置入"文件 　　　　　　　　　图1-76 显示一个页面

07 单击 004.jpg 文件，在菜单栏中选择"视图"→"使跨页适合窗口"命令后，可以使窗口显示一个对开页，如图 1-77 所示。

2. 显示实际大小

在菜单栏中选择"视图"→"实际尺寸"命令，可以在窗口中显示页面的实际大小，也就是使页面100%显示，如图 1-78 所示。

3. 显示完整剪贴板

在菜单栏中选择"视图"→"完整剪贴板"命令，可以查找或浏览全部剪贴板上的对象，

图1-77　显示对开页面

图1-78　显示实际尺寸

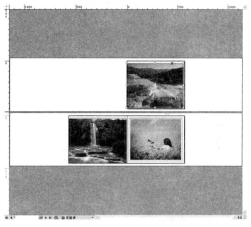

图1-79　显示完整的剪贴板

此时屏幕上显示的是缩小的页面和整个剪贴板，如图1-79所示。

4. 放大或缩小页面视图

在菜单栏中选择"视图"→"放大／缩小"命令，可以将当前页面视图放大或缩小。也可以选择"缩放工具"，当页面中的"缩放工具"图标变为 图标时，单击页面可以放大页面视图；按住 Alt 键后，页面中的"缩放工具"图标将显示为 ，单击页面可以缩小页面视图。

选择"缩放工具"，按住鼠标左键沿着想放大的区域拖动出一个虚线框，如图 1-80 所示。虚线框内的图像将被放大，效果如图 1-81 所示。

除此之外，用户还可以按 Ctrl++ 快捷键，可以对页面视图按比例进行放大；按快捷键 Ctrl+-，可以对页面视图按比例进行缩小。

图1-80　拖动出虚线框　　　　　　　　　　　　　图1-81　放大后的图像

1.11.2　新建、平铺和层叠窗口

排版文件的窗口显示主要有层叠和平铺两种。

在菜单栏中选择"窗口"→"排列"→"层叠"命令，可以将打开的几个排版文件层叠放在一起，只显示位于窗口最上面的文件，如图 1-82 所示。如果想选择需要操作的文件，单击文件名即可。

在菜单栏中选择"窗口"→"排列"→"平铺"命令，可以将打开的几个排版文件分别水平平铺显示在窗口中，如图 1-83 所示。

图1-82　层叠窗口　　　　　　　　　　　　　　图1-83　平铺窗口

在菜单栏中选择"窗口"→"排列"→"新建窗口"命令，可以将选中的窗口复制一份，如图 1-84 所示。

1.11.3　预览文档

通过工具箱中的预览工具，用户可以预览文档，如图 1-85 所示。

图1-84　复制窗口　　　　　　　　　　　　　图1-85　预览方式

- "预览"显示模式：文档将以预览显示模式显示，此模式可以显示出文档的实际效果。
- "出血"显示模式：文档将以出血显示模式显示，此模式可以显示出文档及其出血部分的效果。
- "辅助信息区"：可以显示出文档制作出成品后的效果。
- "演示文稿"：可以以演示文稿的方式进行浏览。

1.12　InDesign CS6 中的预置选项

　　InDesign CS6 允许用户自定义工作环境，以提高工作效率。执行"编辑"→"首选项"命令，其中包括 19 个命令，每个命令分别对应一种预设，下面将逐一讲解。

1.12.1　常规

　　在菜单栏中选择"编辑"→"首选项"→"常规"命令，或按 Ctrl+k 快捷键，弹出"首选项"对话框，切换到"常规"选项进行设置，如图 1-86 所示。

1."页码"选项组

包括"章节页码"和"绝对页码"两个选项。

- "章节页码"：该选项是默认设置，表示 InDesign 根据"页码和章节选项"对话框中的信息显示页码，这里需要用户输入章节页码。
- "绝对页码"：根据每页在文档中的绝对位置显示页码。

图1-86　"常规"选项卡

2. "字体下载和嵌入"选项组

设置当字体数超过多少时嵌入全部字体。

3. "缩放时"选项组

可以决定缩放框架内容的行为方式，以缩放对象在面板中的反映形式。

- "应用于内容"：缩放文本框架时，点大小会随之更改。
- "调整缩放百分比"：缩放文本时将显示原始点大小，同时在括号中显示新的点大小。需要注意，如果在缩放图形框架时选择了此选项，则框架和图像的百分比大小都将发生变化。
- "重置所有警告对话框"按钮：单击该按钮，可以重新设置所有警告对话框。

1.12.2 界面

在菜单栏中选择"编辑"→"首选项"→"界面"命令，弹出"首选项"对话框，切换到"界面"选项进行设置，如图1-87所示。

1. "光标和手动选项"选项组

- "工具提示"选项：控制显示工具提示的速度是"正常"、"无"还是"快速"。
- "置入时显示缩览图"复选框：勾选此复选框后，置入图片时图片将在光标处显示。
- "显示变换值"复选框：勾选此复选框，可以打开或关闭智能光标。

2. "面板"选项组

- "浮动工具面板"选项：可以指定默认工具箱的外观为"单栏"、"双栏"或"单行"。

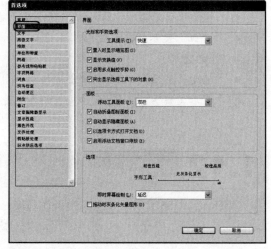

图1-87 "界面"选项卡

- "自动折叠图标面板"复选框：勾选此复选框后，单击文档窗口可以自动折叠打开的面板。
- "自动显示隐藏面板"复选框：勾选此复选框时，用户在操作时按Tab键将面板隐藏后，将鼠标指针放到文档窗口边缘还可以临时显示面板。如果未勾选此复选框，则必须再次按Tab键才能显示面板。
- "以选项卡方式打开文档"复选框：勾选此复选框，创建或打开的文档将显示为选项卡式窗口，而非浮动窗口。
- "启用浮动文档窗口停放"复选框：勾选此复选框，浮动文档窗口将自动停放。

1.12.3 文字

在菜单栏中选择"编辑"→"首选项"→"文字"命令，弹出"首选项"对话框，切换到"文字"选项进行设置，如图1-88所示。

1."文字选项"选项组

- "使用弯引号（西文）"复选框：如果用户按键盘上的引号键，会根据当前的语言类型插入正确的引号。

- "自动使用正确的视觉大小"复选框：会自动访问包括一个最佳大小轴的OpenType 和 PostScript 字体，确保了文字在任何大小时都具有最佳的可读性。

- "三击以选择整行"复选框：在一行中的任何地方通过三击鼠标都可以选择整行，取消勾选后，三击鼠标会选择整个段落。

图1-88　"文字"选项卡

- "对整个段落应用行距"复选框：将对行距的修改应用到整个段落，而不仅是当前行。

- "剪切和粘贴单词时自动调整间距"复选框：在剪切和粘贴英文单词时，自动添加或删除单词周围的间距，使单词之间不会相距太近或产生太多空格。

- "字体预览大小"复选框：在字体列表中会显示字体的预览效果。在复选框右方的选项中可以设置预览的大小。

2."拖放式文本编辑"选项组

- "在版面视图中启用"复选框：在页面区域中编辑文本时可以选取并拖放文字到适当的位置。

- "在文章编辑器中启用"复选框：在文章编辑器中编辑文本时可以选取并拖放文字到适当的位置。

3."智能文本重排"选项组

在编辑文本时，可以用来添加或删除页面。

- "将页面添加到"复选框：在该选项中可以确定是在"文章末尾"或是"章节末尾"还是在"文档末尾"添加新页面。

- "限制在主页文本框架内"复选框：勾选该复选框后，在编辑非基于主页的文本框架时，将不能对其进行添加或删除页面的操作。

- "保留对页跨页"复选框：当在文档中间重排文本时，将自动添加一个两页的新跨页。如果未勾选该复选框，将添加单个新页面，且后续页面将"随机分布"。

- "删除空白页面"复选框：当空白文本框架是页面上唯一的对象时，可以在编辑文本或隐藏条件时删除页面。

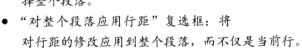

提示　由于编辑文本、显示或隐藏条件文本，或对文本排列进行其他更改，导致文本排列发生变化的情况下，可以使用"智能文本重排"功能来避免出现溢出文本或空白页面。如果使用InDesign 作为文本编辑器，当输入的文本超出当前页面的容纳能力，需要添加新页面时，也可以使用该功能。

1.12.4　高级文字

在菜单栏中选择"编辑"→"首选项"→"高级文字"命令，弹出"首选项"对话框，切换到"高级文字"选项进行设置，如图1-89所示。

1."字符设置"选项组

- "大小"："上标"和"下标"的"大小"可以定义字符的缩放比例，默认值为58.3%。可以输入1%～200%之间的数值，根据使用字号和字体的不同，通常选择60%或65%。

- "位置"：可以定义"上标"上升和"下标"下降的位置，默认值是33.3%。可选范围为-500%～500%。一般采用下标30%，上标35%。

- "小型大写字母"：可以指定小型大写字线与实际大写字母的比值。默认值为70%。可选范围为1%～200%。

图1-89　"高级文字"选项卡

2."输入法选顶"选项组

可以选择是否直接输入非拉丁文字。

- "键入时保护"：如果选中该选项，用户将无法键入当前字体不支持的字形。

- "应用字体时保护"：如果选中该选项，在将不同的字体应用到亚洲语言文本时，可以避免引入不支持的字形。

1.12.5　排版

在菜单栏中选择"编辑"→"首选项"→"排版"命令，弹出"首选项"对话框，切换到"排版"选项进行设置，如图1-90所示。

1."突出显示"选项组

该选项组中的选项可以识别排版问题并在屏幕上突出显示。

- "段落保持冲突"和"连字和对齐冲突"复选框：有问题的文本将会以黄色突出显示。由于文字排版工作涉及除字符间距及字母间距以外的诸多因素，因此有时可能无法遵循字符间距和字母字距的设置。文本的排版总是以黄色突出显示，颜色最深的表示问题最严重。

- "被替代的字体"复选框：表示因为缺失字体而被替换了字体的文本。

图1-90　"排版"选项卡

- "避头尾"复选框：使用灰色、蓝色和红色的标识提示因应用避头尾而改变了间距的字符。

2. "文本绕排"选项组

- "对齐对象旁边的文本"复选框：可以对齐绕排对象旁边的文本。
- "按行距跳过"复选框：指文本绕排时将文本移动到绕排对象下方的下一个可用行距增量。
- "文本绕排仅影响下方文本"复选框：指定文本绕排仅影响绕排对象下方的文本。

3. "标点挤压兼容性模式"选项组

- "使用新建垂直缩放"复选框：在直排情况下，通常罗马文本会被旋转，而中文文本仍然保持竖排直立。在InDesign CS6中，缩放以同样的方式影响行中所有文本，无论它发生旋转还是竖排直立。如果文本在垂直方向上并非直立，"x缩放"和"Y缩放"将会交换，这样罗马文本的缩放方向就能与直立的中文文本一致。
- "使用基于CID的标点挤压"：如果选中该选项，则InDesign将使用基于CID标准的标点挤压设置，但目前该标准的标点挤压设置仅对日文有效。

1.12.6 单位和增量

在菜单栏中选择"编辑"→"首选项"→"单位和增量"命令，弹出"首选项"对话框，切换到"单位和增量"选项进行设置，如图1-91所示。

1. "标尺单位"选项组

- "原点"选项：在该选项中选择"跨页"时，标尺原点将设在各个跨页的左上角，水平标尺可以测量整个跨页；选择"页面"时，标尺原点将设在各个页面的左上角，水平标尺将起始于跨页中的各个页面的零点；选择"书脊"时，多页跨页的标尺原点将设置在最左侧页面的左上角，以及装订书脊的顶部。水平标尺从最左侧的页面测量到装订书脊，并从装订书脊测量到最右侧的页面。选择此选项时，不能更改零点位置。

图1-91　"单位和增量"选项卡

2. "其他单位"选项组

- "排版"选项：可选单位有"点"、"齿（Ha）"、"美式点"、U、Bai和Mils，是排版用于除字体大小外的其他量度中的单位。
- "文本大小"选项：可选单位有"点"、"级（Q）"和"美式点"，用于设置字体大小的单位。
- "描边"选项：用于指定路径、框架边缘、段落线以及其他描边宽度的单位。

3. "点／派卡大小"选项组

- "点／英寸"选项：用于更改计算点的值，可以指定每英寸所需点的多少。

4. "键盘增量"选项组

- "光标键"文本框：控制使用箭头键轻移对象时的增量。
- "基线偏移"文本框：控制使用快捷键偏移基线的增量。
- "大小/行距"文本框：控制使用快捷键增加或减少点大小或行距时的增量。
- "字偶间距/字符间距"文本框：控制使用快捷键进行字间距微调的增量。

1.12.7　网格

在菜单栏中选择"编辑"→"首选项"→"网格"命令，弹出"首选项"对话框，切换到
"网格"选项进行设置，如图 1-92 所示。

1. "基线网格"选项组

- 在"基线网格"选项组中，可以在
基线起始处定义它的颜色、网格线
间距及显示时间。要显示基线网格
可以执行"视图"→"网格和参考
线"→"显示基线网格"命令或按
Ctrl+Alt+' 快捷键。
- "开始"和"相对于"选项：定义从
网格起始处到页顶部的距离，通常与
页边顶部或上边距相匹配。
- "间隔"选项：定义网格线的相隔间
距，修改其值可以使其与正文的行距
相匹配。

图1-92　"网格"选项卡

- "视图阈值"选项：当降低视图比例时，隐藏基线网络。若使用默认设置 75%，基线
网格在视图比例不低于 75% 时显示。用户可以输入 5%~4000% 的数值来改变它。

2. "文档网格"选项组

文档网格由交叉的水平网格线和垂直网格线组成，形成一个小方格的图案，它可以定位
对象和绘制对称的对象。要显示文档网格，执行"视图"→"网格和参考线"→"显示文档网
格"命令或按 Ctrl+' 快捷键。

- "网格置后"复选框：可以将网格置于对象的后面，以免影响操作。

1.12.8　参考线和粘贴板

在菜单栏中选择"编辑"→"首选项"→"参考线和粘贴板"命令，弹出"首选项"对话
框，切换到"参考线和粘贴板"选项进行设置，如图 1-93 所示。

1. "颜色"选项组

- "颜色"选项组中的各选项可以根据需要设置"边距"、"栏"、"出血"、"辅助信息区"、
"预览背景"和"智能参考线"的颜色。

2. "参考线选项"选项组

- "靠齐范围"文本框：指定一个以像素为单位的值，设置对象距离参考线或网格多近

才能自动靠齐。

- "参考线置后"复选框：勾选该复选框，可以将参考线显示在对象之后。

3. "智能参考线选项"选项组

- "对齐对象中心"和"对齐对象边缘"：这是智能对象的对齐方式，允许轻松地靠齐页面项目的中心或边缘。

- "智能尺寸"复选框：勾选该复选框，在调整页面项目大小、创建页面项目或旋转页面项目时，会显示智能尺寸反馈。

- "智能间距"复选框：勾选该复选框，可以在临时参考线的帮助下快速排列页面项目。

4. "粘贴板选项"选项组

- "最小垂直位移"文本框：输入一个数值，可以指定粘贴板从页面或跨页向垂直方向扩展多远。

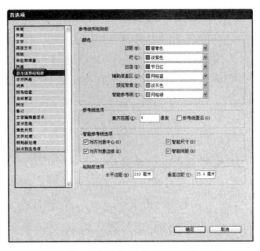

图1-93 "参考线和粘贴板"选项卡

1.12.9 字符网格

在菜单栏中选择"编辑"→"首选项"→"字符网格"命令，弹出"首选项"对话框，切换到"字符网格"选项进行设置，如图 1-94 所示。

"网络设置"选项组

- "单元形状"选项：设置网格样式，单元格有圆形或矩形两种。

- "网格单元"选项：包括"虚拟主体"和"列意字"两个选项，是单元格和文本的关系。

- "填充"选项：网格具有字符计数功能，可以在"填充"后面的文本框中输入数值，并指定是从"文本框角起"还是"每行首起"开始计数。

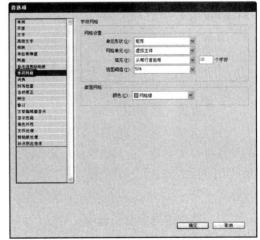

图1-94 "字符网格"选项卡

- "视图阈值"选项：在该文本框中可以指定网格放大的倍数，当低于此倍数时，网格将不显示。为了防止在较低的放大倍数下网格线过于密集，可以增加视图阈值。

1.12.10 词典

在菜单栏中选择"编辑"→"首选项"→"词典"命令，弹出"首选项"对话框，切换到"词典"选项进行设置，如图 1-95 所示。

1."语言"选项组

在该选项组中可以选择需要替换的语言，或者为该语言添加新的连字和拼写检查词典。

- "连字"选项：选择为所选语言安装的所有连字词典。
- "拼写检查"选项：选择为所选语言安装的所有拼写检查词典。
- "双引号/单引号"选项：不同的语言使用不同的引号，更改此选项，将改写默认的引号设置。

2."连字例外项"选项组

- "编排工具"选项：可以改写词典的连字规则。"用户词典"改写储存在文档中的任何例外项。"文档"忽略储存在一个外部文件中的例外项。若两者都使用，则需选择"用户词典和文档"选项。

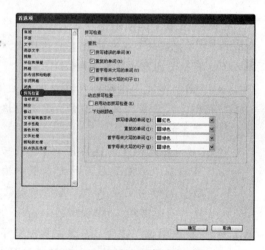

图1-95 "词典"选项卡

3."用户词典"选项组

- "将用户词典合并到文档中"复选框：勾选该复选框，可以将用户词典文件复制到文档中。若文件被发送到没有访问该词典的其他人，文档中的连字将会被保留。
- "修改词典时重排所有文章"复选框：勾选该复选框，重做文档的连字，以反映修改后的用户词典。

1.12.11 拼写检查

在菜单栏中选择"编辑"→"首选项"→"拼写检查"命令，弹出"首选项"对话框，切换到"拼写检查"选项进行设置，如图1-96所示。

1."查找"选项组

在对话框中设置检查拼写错误时，需要检查的几类拼写错误为"拼写错误的单词"、"重复的单词"、"首字母未大写的单词"和"首字母未大写的句子"。

2."动态拼写检查"选项

在该选项组中可以设置拼写检查和大写区域的颜色。

图1-96 "拼写检查"选项卡

1.12.12 自动更正

在菜单栏中选择"编辑"→"首选项"→"自动更正"命令，弹出"首选项"对话框，切换到"自动更正"选项进行设置，如图1-97所示。

- "启用自动更正"复选框：勾选该复选框，可以打开自动文本更正功能，并指定要被替换的字词。

● "添加"按钮：单击该按钮，可以添加拼写错误的单词，并将其更正。

1.12.13 附注

在菜单栏中选择"编辑"→"首选项"→"附注"命令，弹出"首选项"对话框，切换到"附注"选项进行设置，如图1-98所示。

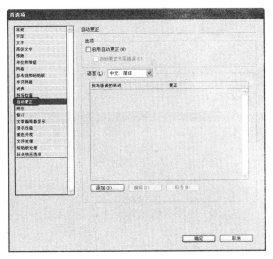

图1-97 "自动更正"选项卡

图1-98 "附注"选项卡

1. "附注颜色"选项

用于设置附注的颜色。

2. "文章编辑器中的附注"选项组

● "拼写检查时包括附注内容"复选框：在文章编辑器中进行拼写检查时包括附注内容。
● "在查找／更改操作中包括附注内容"复选框：在文章编辑器中进行查找或更改操作时包括附注内容。
● "文背景颜色"选项：用于设置文章编辑器中附注内容的背景颜色。

1.12.14 文章编辑器显示

在菜单栏中选择"编辑"→"首选项"→"文章编辑器显示"命令，弹出"首选项"对话框，切换到"文章编辑器显示"选项进行设置，如图1-99所示。

1. "文本显示选项"选项组

在此选项组中可以选择默认状态的字体、字号、行间距、文本颜色和背景颜色，还可以指定不同的主题。这些设置影响文本在文章编辑器窗口中的显示，但不会影响版面视

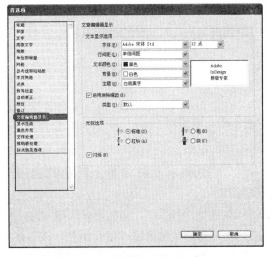

图1-99 "文章编辑器显示"选项卡

图中的显示。

- "启用消除锯齿"复选框：勾选该复选框，可以使文本显示更加平滑。
- "类型"下拉列表：在该下拉列表中选择需要的平滑类型："默认"、"为液晶显示器优化"或"柔化"，它们将使用灰色阴影来平滑文本。"为液晶显示器优化"使用非灰色的颜色阴影来平滑文本，在具有黑色文本的浅色背景上使用时效果最佳。"柔化"使用灰色阴影，但比默认设置生成的外观亮，且更模糊。

2. "光标选项"选项组

在该选项组中可以更改文本光标的外观。

1.12.15　显示性能

在菜单栏中选择"编辑"→"首选项"→"显示性能"命令，弹出"首选项"对话框，切换到"显示性能"选项进行设置，如图 1-100 所示。

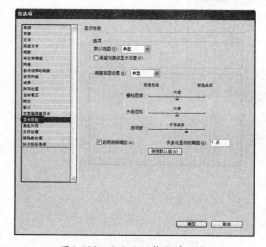

1. "选项"选项组

- "默认视图"选项：选择对象显示的 3 种方式：快速、典型和高品质。
- "保留对象级显示设置"复选框：用于指定图像的设置，改写任何全局视图设置。

2. "调整视图设置"选项组

在该选项组中可以设置 3 种视图显示方式。拖动三角滑块，可以设置"栅格图像"、"矢量图形"和"透明度"的品质级别。

图1-100　"显示性能"选项卡

- "启用消除锯齿"复选框：平滑文本显示。
- "使用默认值"按钮：单击该按钮，可以恢复此面板中的 InDesign CS6 默认设置。

3. "滚动"选项组

在该选项组中拖动"抓手工具"的三角滑块可以调整屏幕在滚动时的刷新率。

1.12.16　黑色外观

在菜单栏中选择"编辑"→"首选项"→"黑色外观"命令，弹出"首选项"对话框，切换到"黑色外观"选项进行设置，如图 1-101 所示。

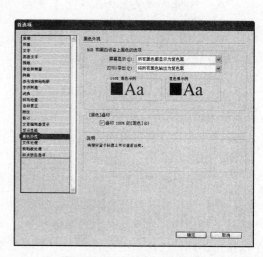

1. "RGB 和黑白设置上黑色的选项"选项组

在该选项组中，"屏幕显示"和"打印 / 导出"均可选择"精确显示所有黑色"或"所有黑色都显示为复色黑"。复色黑是为通过组合黑色和

图1-101　"黑色外观"选项卡

洋红色创建更黑的外观而创建的。

2."黑色/叠印"选项组

● "叠印100%的（黑色）"复选框：任何黑色文本、描边或填充都会叠印，可以使文本和线条更清晰。

1.12.17　文件处理

在菜单栏中选择"编辑"→"首选项"→"文件处理"命令，弹出"首选项"对话框，切换到"文件处理"选项进行设置，如图1-102所示。

1."文档恢复数据"选项组

在该选项组中可以指定自动恢复文件的文件夹。自动恢复文件就是允许在程序或系统崩溃的情况下恢复大部分或全部工作的文件。

2."存储InDesign文件"选项组

● "总是在文档中存储预览图像"复选框：勾选该复选框，可以保存文档首页的一个缩略视图。

图1-102　"文件处理"选项卡

● "预览大小"选项：选择预览视图的大小。在选择一个文件时该预览显示在"打开"对话框中。

3."片段导入"选项组

在该选项组中，可以设置片段导入时是置入原始位置还是置入光标位置。

4."链接"选项组

● "重新链接时保留图像尺寸"复选框：可以在重新链接图像时保留图像的现有尺寸。

1.12.18　剪贴板处理

在菜单栏中选择"编辑"→"首选项"→"剪贴板处理"命令，弹出"首选项"对话框，切换到"剪贴板处理"选项进行设置，如图1-103所示。

1."剪贴板"选项组

● "粘贴时首选PDF"复选框：可以将Ilustrator复制的项目转换为PDF文件，在粘贴操作时透明对象、混合和

图1-103　"剪贴板处理"选项卡

图案将保留在 InDesign 中。

- "复制 PDF 到剪贴板"复选框：从 InDesign 复制项目并粘贴到其他应用程序时，会创建一个临时的 PDF 文件。
- "退出时保留 PDF 数据"复选框：在退出 InDesign 时会将任何已粘贴的 PDF 信息保留在剪贴板的内存中。

2. "从其他应用程序粘贴文本和表格时"选项组

在该选项组中选中"所有信息（索引标志符、色板、样式等）"单选按钮，在粘贴过程中将粘贴所有文本或表格中的内容，包括索引标志符、色板、样式等。选中"仅文本"单选按钮，在粘贴过程中将仅粘贴文本和表格中的文本。

1.12.19 标点挤压选项

在菜单栏中选择"编辑"→"首选项"→"标点挤压选项"命令，弹出"首选项"对话框，切换到"标点挤压选项"选项进行设置，如图 1-104 所示。

在中文或日文排版中，通过标点挤压控制中文（或日文）、罗马字母、数字、标点符号和其他特殊符号等在行首、行中及行尾的间距。韩文因多采用半角标点，所以一般不需要采用标点挤压。通过标点挤压还可以指定段落缩进。

图 1-104 "标点挤压选项"选项卡

1.13 习题

一、填空题

（1）InDesign CS6 的工作区域是由（ ）、（ ）、（ ）、（ ）、（ ）和（ ）组成的。

（2）排版文件的窗口显示主要有（ ）和（ ）两种。

二、简答题

（1）跨页的定义？

（2）模板的定义？

第 **2** 章
InDesign CS6 基本操作

Chapter
02

本章要点：

只有掌握了 InDesign CS6 的基本操作，才能快速地设计出精致、漂亮的版式。本章将讲解如何选择多个对象、编辑对象、变换对象，对对象进行编组，锁定对象防止被意外删除，设置对象的不透明度、投影和描边等效果。

学习目标：

- 选择对象
- 编辑对象
- 编辑对象
- 对象的对齐和分布
- 编组
- 锁定对象
- 创建随文框架
- 定义和应用对象样式
- "效果"面板

2.1 选择对象

在修改对象之前，需要使用选择工具将对象选中才能够修改对象，在 InDesign CS6 中有两种选择工具，分别为"选择工具" 和"直接选择工具" 。

选择工具 ：单击工具箱中的"选择工具" 按钮，即可选择对象，在选择对象的同时还可将其进行位置及大小的调整。

直接选择工具 ：单击工具箱中的"直接选择工具" 按钮，即可选中对象上的单个锚点，并可以对锚点的方向线手柄进行调整。在使用该工具选中带有边框的对象时，只有边框内的对象会被选中，而边框不会被选中。

2.1.1 选择重叠对象

在制作版面时，总会有一些对象重叠的现象，在菜单栏中选择"对象"→"选择"命令，在弹出的子菜单中可以对重叠的对象进行选择，如图 2-1 所示。在需选择的对象上右击鼠标，在弹出的快捷菜单中选择"选择"命令，在弹出的子菜单中也可以选择重叠的对象，如图 2-2 所示。

> **提示** 按住 Ctrl 键的同时使用鼠标在重叠对象上单击，与选择"下方下一个对象"命令的效果是相同的。

图2-1 "选择"子菜单

图2-2 快捷菜单

2.1.2 选择多个对象

对多个对象进行同时修改或移动时，首先要选择多个对象，其方法有以下几种。

- 单击工具箱中的"选择工具"按钮 ，按住 Shift 键的同时单击对象，则可以选择多个对象，如图 2-3 所示。

● 单击工具箱中的"选择工具"按钮，在文档窗口中的空白处单击鼠标，按住鼠标左键不放并拖动光标，框选需要同时选中的多个对象，如图2-4所示。只要对象的任意部分被拖出的矩形选择框选中，则整个对象都会被选中，效果如图2-5所示。

图2-3　在按住Shift键的同时选择多个对象　　　　图2-4　框选对象

提示　在拖动光标时，应确保没有选中任何对象，否则在拖动光标时，只会移动选中的对象，而不会拖出矩形选择框。

● 如果需要同时选中页面中的所有对象，可以在菜单栏中选择"编辑"→"全选"命令，或按 Ctrl+A 快捷键。如果单击工具箱中的"直接选择工具"按钮，然后在菜单栏中选择"编辑"→"全选"命令，将会选中所有对象的锚点，如图2-6所示。

图2-5　选中的对象　　　　　　　　图2-6　选中所有对象的锚点

2.1.3　取消选择对象

取消选择对象有以下几种方法。

- 单击工具箱中的"选择工具"按钮 ，在文档窗口空白处单击鼠标，即可取消选择对象。
- 按住 Shift 键的同时单击工具箱中的"选择工具"按钮 ，然后单击选中的对象，即可取消选择对象。
- 使用其他绘制图形工具在文档窗口中绘制图形，也可以取消选择对象。

2.2　编辑对象

在 InDesign CS6 中，可以根据需要对选中的对象进行编辑，如调整对象的大小、移动对象、复制对象和删除对象。

2.2.1　移动对象

移动对象的方法主要有以下几种。

- 单击工具箱中的"选择工具"按钮 ，选择需要移动的对象，如图 2-7 所示。然后在选择的对象上单击鼠标左键并拖动鼠标，将选择的对象拖动至适当位置处松开鼠标左键即可，如图 2-8 所示。

图2-7　选择对象

图2-8　移动对象

提示　按住 Shift 键移动对象时，移动的对象角度可以限制在 45°角，以移动鼠标的方向为基准方向。

- 选中对象，按键盘上的方向键可以微调对象的位置。
- 在"控制"面板上的"X"和"Y"右侧的文本框中输入数值，可以快速并准确地定位选择的对象的位置，如图 2-9 所示。

图2-9　"控制"面板

- 在菜单栏中选择"对象"→"变换"→"移动"命令，弹出"移动"对话框，如图2-10所示。在"移动"对话框中进行相应的设置也可以移动选择的对象。
- 在菜单栏中选择"窗口"→"对象和版面"→"变换"命令，打开"变换"面板，如图2-11所示。在"变换"面板中"X"和"Y"右侧的文本框中输入数值也可以移动选择的对象。

图2-10　"移动"对话框

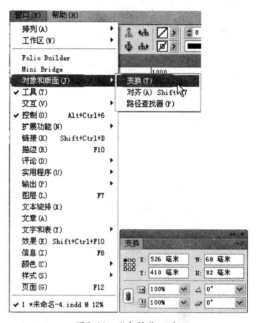

图2-11　"变换"面板

2.2.2　复制对象

复制对象的方法主要有以下几种。

- 单击工具箱中的"选择工具"按钮，选择需要复制的对象，然后在按住 Alt 键的同时拖动选择的对象，拖动至适当位置处松开鼠标即可复制对象。

提示　在选中对象的情况下，按住 Alt+ 方向键，也可以复制对象。

- 在"控制"面板上"X"或"Y"右侧的文本框中输入数值，然后按 Alt+Enter 快捷键，也可以复制对象。
- 单击工具箱中的"选择工具"按钮，选择需要复制的对象，然后在菜单栏中选择"编辑"→"复制"命令（或按 Ctrl+C 快捷键），如图 2-12 所示。再在菜单栏中选择"编辑"→"粘贴"命令（或按 Ctrl+V 快捷键），也可以复制对象，如图 2-13 所示。

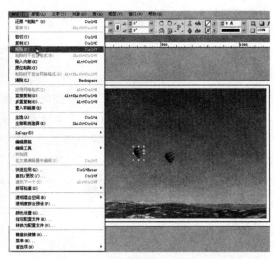

图2-12　选择"复制"命令　　　　　　　图2-13　选择"粘贴"命令

- 单击工具箱中的"选择工具"按钮 ，选择需要复制的对象，然后在菜单栏中选择"编辑"→"直接复制"命令，或按 Alt+Shift+Ctrl+D 快捷键，可以直接复制选择的对象，如图 2-14 所示。
- 在菜单栏中选择"窗口"→"对象和版面"→"变换"命令，打开"变换"面板，在"变换"面板中的"X"或"Y"文本框中输入数值，然后按 Alt+Enter 快捷键也可以复制对象。

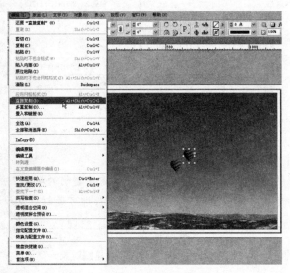

图2-14　选择"直接复制"命令

2.2.3　调整对象的大小

调整对象大小的方法主要有以下几种。

- 单击工具箱中的"选择工具"按钮 ，选择需要调整大小的对象，如图 2-15 所示。将光标移至选择对象边缘的控制手柄上，然后拖动光标，即可调整对象限位框的大小，如图 2-16 所示。

图2-15　选择对象　　　　　　　　　　图2-16　调整对象限位框的大小

提示　在按住 Ctrl 键的同时拖动对象的控制手柄，可以将对象的限位框与限位框中的对象一起放大与缩小；在按住 Ctrl+Shift 键的同时拖动对象的控制手柄，可以将对象的限位框与限位框中的对象等比例放大与缩小。

● 单击工具箱中的"自由变换工具"按钮　，选择需要调整大小的对象，如图 2-17 所示。拖动对象的控制手柄，即可改变对象的大小，如图 2-18 所示。

图2-17　选择对象　　　　　　图2-18　使用"自由变换工具"调整对象的大小

提示　使用"自由变换工具"　调整对象大小时，如果按住 Shift 键，可以等比例放大或缩小对象。

● 在"控制"面板或"变换"面板中的"W"和"H"右侧的文本框中输入数值，也可以改变对象限位框的大小。

2.2.4　删除对象

单击工具箱中的"选择工具"按钮　，选择需要删除的对象，在菜单栏中选择"编辑" → "清除" 命令, 如图 2-19 所示, 或按 Delete 键, 可将选择的对象删除。

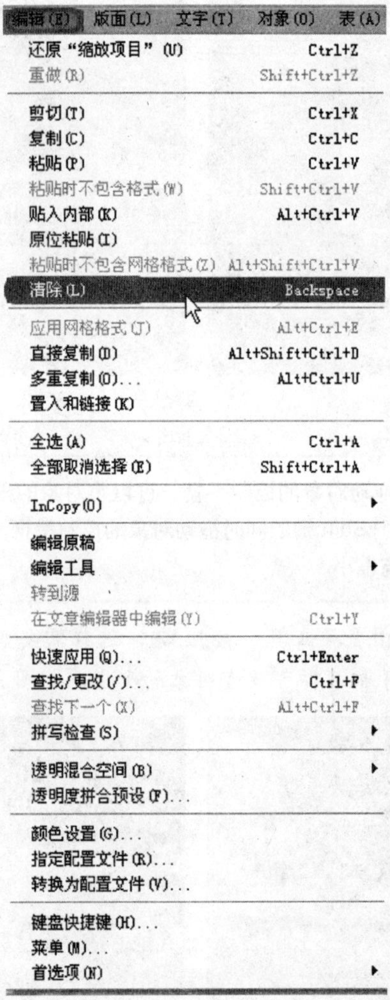

编辑(E) 版面(L) 文字(T) 对象(O) 表(A)	
还原"缩放项目"(U)	Ctrl+Z
重做(R)	Shift+Ctrl+Z
剪切(T)	Ctrl+X
复制(C)	Ctrl+C
粘贴(P)	Ctrl+V
粘贴时不包含格式(W)	Shift+Ctrl+V
贴入内部(K)	Alt+Ctrl+V
原位粘贴(I)	
粘贴时不包含网格格式(Z)	Alt+Shift+Ctrl+V
清除(L)	Backspace
应用网格格式(J)	Alt+Ctrl+E
直接复制(D)	Alt+Shift+Ctrl+D
多重复制(O)...	Alt+Ctrl+U
置入和链接(K)	
全选(A)	Ctrl+A
全部取消选择(E)	Shift+Ctrl+A
InCopy(O)	▶
编辑原稿	
编辑工具	▶
转到源	
在文章编辑器中编辑(Y)	Ctrl+Y
快速应用(Q)...	Ctrl+Enter
查找/更改(/)...	Ctrl+F
查找下一个(X)	Alt+Ctrl+F
拼写检查(S)	▶
透明混合空间(B)	▶
透明度拼合预设(F)...	
颜色设置(G)...	
指定配置文件(R)...	
转换为配置文件(V)...	
键盘快捷键(H)...	
菜单(M)...	
首选项(N)	▶

图2-19　选择"清除"命令

2.3　变换对象

变换对象是指在文件中对对象进行如旋转、缩放或切变等一些变换的操作。

2.3.1　旋转对象

在 InDesign CS6 中, 可以使用"旋转工具" ⟳ 对对象进行旋转, 具体操作步骤如下。

STEP 01 打开随书附带光盘中的素材 \ 第 2 章 \001.indd 文档, 然后单击工具箱中的"选择工具"按钮 ▶, 在文档中选择需要旋转的对象, 如图 2-20 所示。

STEP 02 在工具箱中单击"旋转工具"按钮 ⟳, 将原点从其限位框左上角的默认位置单击并拖动到限位框的中心位置, 如图 2-21 所示。

图2-20　选择对象

图2-21　移动原点位置

 然后在限位框的内外任意位置处单击并拖动鼠标，即可旋转对象，如图 2-22 所示。

图2-22　旋转对象

 提示　如果在旋转对象时按住 Shift 键，可以将旋转角度限制为 45° 的倍数。

2.3.2　缩放对象

其实不只是"旋转工具"能来变换对象，在 InDesign CS6 中，使用"缩放工具"同样可以调整对象。通过以下的操作步骤来了解"缩放工具"。

01 继续上一小节的操作，单击工具箱中的"选择工具"按钮，选择需要缩放的对象，如图 2-23 所示。

02 在工具箱中单击"缩放工具"按钮，然后将鼠标移至右边的控制手柄上，如图 2-24 所示。

03 然后单击并拖动鼠标，即可放大或缩小对象，如图 2-25 所示。

提示　如果在缩放对象时按住 Shift 键，水平拖动时只会应用水平缩放，如果拖动对角，则会应用水平和垂直缩放，以保持对象的原始比例。

图2-23　选择对象

图2-24　移动鼠标位置

图2-25　缩放对象

2.3.3　切变对象

使用工具箱中的"切变工具" 🔲 可以切变对象，具体操作步骤如下。

STEP 01 继续上一小节的操作，单击工具箱中的"选择工具" 🔲 按钮，选择需要切变的对象，如图 2-26 所示。

STEP 02 在工具箱中选择"切变工具" 🔲，然后在限位框的内外任意位置单击并拖动鼠标，即可切变对象，如图 2-27 所示。

提示　在对对象进行切变操作时按住 Shift 键，可以将旋转角度限制为 45° 的倍数。

图2-26　选择对象

图2-27　切变对象

2.4 对象的对齐和分布

在菜单栏中选择"窗口"→"对象和版面"→"对齐"命令，打开"对齐"面板，使用该面板可以快速有效地对齐和分布多个对象，如图 2-28 所示。

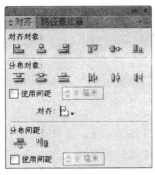

图2-28 "对齐"面板

2.4.1 对齐对象

在"对齐"面板中的"对齐对象"选项组中包括 6 个对齐命令按钮，分别是"左对齐"按钮 、"水平居中对齐"按钮 、"右对齐"按钮 、"顶对齐"按钮 、"垂直居中对齐"按钮 和"底对齐"按钮 ，下面将对这些命令按钮进行介绍。

打开随书附带光盘中的素材 \ 第 2 章 \002.indd 文档，单击工具栏中的"选择工具" 按钮，在文档中选择多个对象，如图 2-29 所示。

图2-29 选择多个对象

- "左对齐"按钮 ：以最左边对象的左边线为基准线，所有选取对象的左边缘和这条线对齐，最左边对象的位置保持不变，效果如图 2-30 所示。
- "水平居中对齐"按钮 ：选择所有对象，以多个选取对象的中点为基准点进行对齐，所有选取对象进行水平移动，垂直方向上的位置保持不变，效果如图 2-31 所示。
- "右对齐"按钮 ：以最右边对象的右边线为基准线，所有选取对象的右边缘和这条

图2-30　左对齐效果

图2-31　水平居中对齐按钮

线对齐，最右边对象的位置保持不变，效果如图2-32所示。

- "顶对齐"按钮 ▯ ：以多个选取对象中最上面对象的上边线为基准线（最上面对象的位置保持不变），所有选取对象的上边线和这条线对齐，效果如图2-33所示。

图2-32　右对齐效果

图2-33　顶对齐按钮

- "垂直居中对齐"按钮 ▯ ：以多个选取对象的中点为基准点进行对齐，所有选取对象进行垂直移动，水平方向上的位置保持不变，效果如图2-34所示。
- "底对齐"按钮 ▯ ：以多个选取对象中最下面对象的下边线为基准线（最下面对象的保持位置不变），所有选取对象的下边线和这条线对齐，效果如图2-35所示。

图2-34　垂直居中对齐效果

图2-35　底对齐效果

2.4.2 分布对象

在"对齐"面板中的"分布对象"选项组中包括6个分布命令按钮，分别是"按顶分布"按钮、"垂直居中分布"按钮、"按底分布"按钮、"按左分布"按钮、"水平居中分布"按钮和"按右分布"按钮，下面继续使用素材外景.indd文档对这些命令按钮进行讲解。

- "按顶分布"按钮：以每个选取对象的顶线为基准线，使对象按均等的间距垂直分布，效果如图2-36所示。
- "垂直居中分布"按钮：以每个选取对象的中线为基准线，使对象按相等的间距垂直分布，效果如图2-37所示。

图2-36　按顶分布效果　　　　　　　　图2-37　垂直居中分布效果

- "按底分布"按钮：以每个选取对象的下边线为基准线，使对象按相等的间距垂直分布，效果如图2-38所示。
- "按左分布"按钮：以每个选取对象的左边线为基准线，使对象按相等的间距水平分布，效果如图2-39所示。

图2-38　按底分布效果　　　　　　　　图2-39　按左分布效果

- "水平居中分布"按钮：以每个选取对象的中线为基准。使对象按相等的间距水平分布，效果如图2-40所示。
- "按右分布"按钮：以每个选取对象的右边线为基准线，使对象按相等的间距水平分布，效果如图2-41所示。

图2-40　水平居中分布效果

图2-41　按右分布效果

2.4.3　对齐基准

"对齐"面板中的对齐基准选项包括 5 个选项，包括"对齐选区"、"对齐关键对象"、"对齐边距"、"对齐页面"和"对齐跨页"，如图 2-42 所示。下面将对这 5 个选项进行详细介绍。

打开随书附带光盘中的素材 \ 第 2 章 \003.indd 文档，如图 2-43 所示。

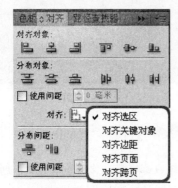

图2-42　对齐基准选项

图2-43　打开的素材文档

● "对齐选区"按钮 □：使所选对象在所选区域内对齐。

01 在工具箱中单击"选择工具"按钮 ，在文档中选择对象，如图 2-44 所示。

02 在"对齐"面板中将对齐基准设置为"对齐选区"，然后在"分布对象"选项组中单击"按底分布"按钮 ，效果如图 2-45 所示。

图2-44　选择对象

图2-45　对齐选区

● "对齐关键对象"按钮：在所有对象中选择一个为关键对象，则其他的对象与关键对象对齐。

STEP 01 撤销之前的操作，在工具箱中单击"选择工具"按钮，在文档中选择对象，如图2-46所示。

STEP 02 在"对齐"面板中，将对齐基准设置为"对齐关键对象"，然后在"分布对象"选项组中单击"按底分布"按钮，效果如图2-47所示。

图2-46　选择对象　　　　　　　　　　图2-47　对齐关键对象

● "对齐边距"按钮：使所选对象相对于页边距对齐。

STEP 01 撤销之前的操作，单击工具箱中的"选择工具"按钮，选择文档中的对象，如图2-48所示。

STEP 02 在"对齐"面板中，将对齐基准设置为"对齐边距"，然后在"分布对象"选项组中单击"按底分布"按钮，效果如图2-49所示。

图2-48　选择对象　　　　　　　　　　图2-49　对齐边距

● "对齐页面"按钮：使所选对象相对于页面对齐。

STEP 01 撤销之前的操作，单击工具箱中的"选择工具"按钮，选择对象，如图2-50所示。

STEP 02 在"对齐"面板中，将对齐基准设置为"对齐页面"，然后在"分布对象"选项组中单击"按底分布"按钮，效果如图2-51所示。

图2-50 选择对象

图2-51 对齐页面

- "对齐跨页"按钮 : 使所选对象相对于跨页对齐。

2.4.4 分布间距

通过使用"对齐"面板中"分布间距"选项组下的"垂直分布间距"按钮 和"水平分布间距"按钮 ，可以精确指定对象间的距离。下面将继续上一文档的操作，对这两个命令按钮进行讲解。

- "垂直分布间距"按钮 : 使所有选取的对象以最上方的对象为参照，按设置的数值等距离垂直均分。

01 单击工具箱中的"选择工具"按钮 ，在文档中选择对象，在"对齐"面板上的"分布间距"选项组中勾选"使用间距"复选框，并在右侧的文本框中输入 10 毫米，如图 2-52 所示。

02 然后在"分布间距"选项组中单击"垂直分布间距"按钮 ，效果如图 2-53 所示。

图2-52 勾选"使用间距"复选框并输入数值

图2-53 垂直分布间距效果

- "水平分布间距"按钮 : 使所有选取的对象以最左边的对象为参照，按设置的数值等距离水平均分。

01 撤销之前的操作，单击工具箱中的"选择工具"按钮 ，在文档中选择对象，在"对齐"面板上的"分布间距"选项组中勾选"使用间距"复选框，并在右侧的文本框中输入 15 毫米，如图 2-54 所示。

02 然后在"分布间距"选项组中单击"水平分布间距"按钮 ，效果如图 2-55 所示。

图2-54 勾选"使用间距"复选框并输入数值

图2-55 水平分布间距效果

2.5 编组

InDesign 可以将多个对象进行编组，编组后的对象可以同时进行移动、复制或旋转等操作。

2.5.1 创建编组

下面介绍编组对象的方法，具体操作步骤如下。

STEP 01 打开随书附带光盘中的素材 \ 第 2 章 \004.indd 文档，在工具箱中单击"选择工具"按钮 ，在文档中选择需要编组的对象，如图 2-56 所示。

STEP 02 在菜单栏中选择"对象"→"编组"命令，或按 Ctrl+G 快捷键，即可将选择的对象编组，如图 2-57 所示。

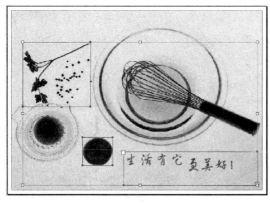

图2-56 选择需要编组的对象

图2-57 选择"编组"命令

03 选中编组后的对象中的任意一个对象，其他的对象也会同时被选中，效果如图 2-58 所示。

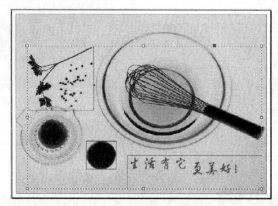

图2-58　编组后的对象

2.5.2　取消编组

使用菜单栏中的"取消编组"命令可以将编组对象取消编组。具体操作步骤如下。

01 继续上一小节的操作，确定编组后的对象处于选择状态，然后在菜单栏中选择"对象"→"取消编组"命令，或按 Shift+Ctrl+G 快捷键，即可取消对象的编组，如图 2-59 所示。

02 取消编组后，当选中一个对象后，其他对象不会被选中，效果如图 2-60 所示。

图2-59　选择"取消编组"命令

图2-60　取消编组后的效果

2.6 锁定对象

菜单栏中的"锁定"命令可以固定文档中的对象的位置，使其不被移动。被锁定的对象仍然可以选中，但不会受到任何操作的影响，锁定对象的具体操作步骤如下。

STEP 01 继续上一节中的操作，使用"选择工具" 选择需要锁定的对象，如图 2-61 所示。

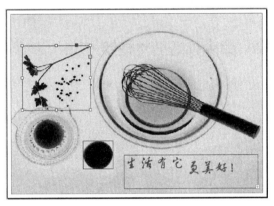

图2-61　选择对象

STEP 02 在菜单栏中选择"对象"→"锁定"命令，或按 Ctrl+L 快捷键，如图 2-62 所示。

STEP 03 即可将选择的对象锁定，效果如图 2-63 所示。

图2-62　选择"锁定"命令

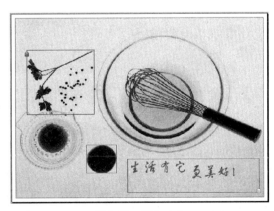

图2-63　锁定对象

2.7 创建随文框架

在 InDesign CS6 中对对象进行操作时，需要将页面中的对象保持在一个精确的位置。但是，如果放置的对象需要与文本相关联时，要在编辑文本时移动对象，这时就需要为对象创建随文框架。

创建随文框架的方法有 3 种，即使用"粘贴"命令、使用"置入"命令和使用"定位对象"命令。

2.7.1 使用"粘贴"命令创建随文框架

STEP 01 打开随书附带光盘中的素材 \ 第 2 章 \005.indd 文档，如图 2-64 所示。

STEP 02 打开随书附带光盘中的素材 \ 第 2 章 \006.indd 文档，如图 2-65 所示。

图2-64　打开的005.indd文档

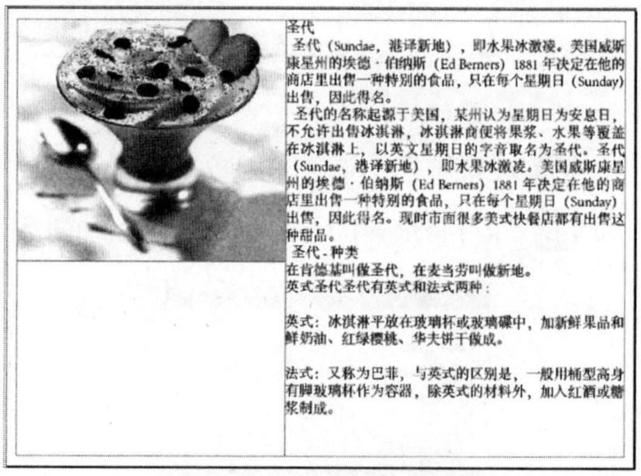

图2-65　打开的006.indd文档

STEP 03 使用"选择工具" ▶ ，在 006.indd 文档中选择图形对象，如图 2-66 所示。

STEP 04 在菜单栏中选择"编辑"→"复制"命令，如图 2-67 所示。

STEP 05 返回到 005.indd 文档中，在需要粘贴对象的文本框架内双击鼠标，如图 2-68 所示。

STEP 06 在菜单栏中选择"编辑"→"粘贴"命令，即可在光标所在位置创建一个随文框架，如图 2-69 所示。

2.7.2 使用"置入"命令创建随文框架

STEP 01 打开随书附带光盘中的素材 \ 第 2 章 \005.indd 文档，在工具箱中单击"文字工具"按钮 T，然后在文本框架中单击鼠标，用来指定光标的位置，如图 2-70 所示。

STEP 02 在菜单栏中选择"文件"→"置入"命令，在弹出的对话框中将随书附带光盘中的素材 \ 第 2 章 \016.jpg 图片置入到文本框架中，即可创建一个随文框架，效果如图 2-71 所示。

图2-66　选择图形对象

图2-67　选择"复制"命令

图2-68　在文本框架内双击

图2-69　创建的随文框架

图2-70　指定光标位置

图2-71　创建的随文框架

2.7.3 使用"定位对象"命令创建随文框架

STEP 01 打开随书附带光盘中的素材\第2章\005.indd文档，单击工具箱中的"文字工具"按钮 T，在文本框架中单击鼠标，用来指定光标的位置，如图2-72所示。

STEP 02 在菜单栏中选择"对象"→"定位对象"→"插入"命令，弹出"插入定位对象"对话框，在该对话框中，将"内容"设置为"图形"，将"对象样式"设置为"基本图形框架"，将"高度"设置为185毫米，将"宽度"设置为130毫米，将"位置"设置为"行中或行上"，如图2-73所示。

图2-72 指定光标位置

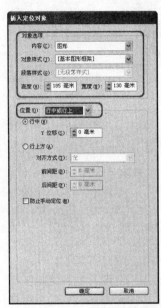

图2-73 "插入定位对象"对话框

STEP 03 设置完成后单击"确定"按钮，即可在光标所在位置插入随文框架，如图2-74所示。

STEP 04 选中刚插入的随文框架，在菜单栏中选择"文件"→"置入"命令，在弹出的对话框中将随书附带光盘中的素材\第2章\016.jpg图片置入到随文框架中，效果如图2-75所示。

图2-74 插入的随文框架

图2-75 将图片置入到随文框架中

2.8　定义和应用对象样式

在菜单栏中选择"对象样式"，在该窗口中可以快速设置文档中的图形与框架的格式，也可以为对象、文本等添加"透明度"、"投影"、"内阴影"和"外发光"等效果。

2.8.1　创建对象样式

01 打开随书附带光盘中的素材 \ 第 2 章 \007.indd 文档，如图 2-76 所示。

02 在菜单栏中选择"窗口"→"样式"→"对象样式"命令，或按 Ctrl+F7 快捷键，打开"对象样式"面板，如图 2-77 所示。

图2-76　打开的素材文档

图2-77　"对象样式"面板

03 单击面板下方的"创建新样式"按钮 ，即可创建新的对象样式，如图 2-78 所示。

04 双击新建的对象样式，即可弹出"对象样式选项"对话框，如图 2-79 所示。

提示　按住 Alt 键的同时单击"创建新样式"按钮 ，也可以弹出"对象样式选项"对话框。

图2-78　创建新样式

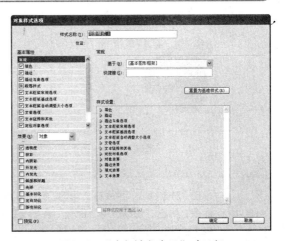

图2-79　"对象样式选项"对话框

STEP 05 在左侧的"效果"下拉列表中勾选"外发光"复选框，然后在右侧的"混合"选项组中单击色块，在弹出的"效果颜色"对话框中选择如图 2-80 所示的颜色。

STEP 06 单击"确定"按钮，返回到"对象样式选项"对话框中，在"选项"选项组中，将"杂色"设置为 70%，将"大小"设置为 20 毫米，如图 2-81 所示。设置完成后单击"确定"按钮即可。

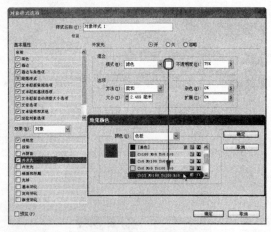
图2-80　选择效果颜色

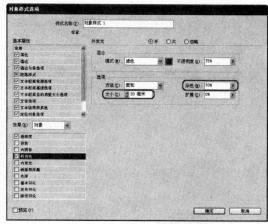
图2-81　设置其他选项

2.8.2　应用对象样式

STEP 01 继续上一小节的操作，选择工具箱中的"选择工具"，然后在文档窗口中选择玫瑰，如图 2-82 所示。

STEP 02 在"对象样式"面板中新建的"对象样式 1"上单击鼠标左键，即可将该样式应用到选择的心形图形上，效果如图 2-83 所示。

图2-82　选择心形图形

图2-83　应用对象样式

提示　单击"对象样式"面板右上角的"快速应用"按钮 ⚡ 或在菜单栏中选择"编辑"→"快速应用"命令，弹出"快速应用"面板，在需要的样式上单击鼠标，也可以将该样式应用到选择的图形上。

2.8.3　管理对象样式

在"对象样式"面板的右上角，有一个下拉菜单按钮，单击此按钮，可以在弹出的下拉菜单中对对象样式进行相应的编辑和管理操作，如图2-84所示。下面将对该下拉菜单中的一些主要命令进行介绍。

- "新建对象样式"：选择该命令后，会自动弹出"新建对象样式"对话框。
- "直接复制对象样式"：选择该命令后，会自动弹出"直接复制对象样式"对话框，可以直接单击"确定"按钮复制出一个对象样式副本，也可以在该样式的基础上添加或修改一些选项属性后再单击"确定"按钮。
- "删除样式"：选择该命令后，可以将选中的样式删除。
- "重新定义样式"：选择该命令后，可以将选中的已添加样式的对象重新定义对象样式。

> **提示**　选中的已添加样式的对象，必须是修改或者对其添加过内容的对象，才可以选择"重新定义样式"命令。

- "样式选项"：选择该命令后，在弹出的"对象样式选项"对话框中，可以对该样式的属性进行修改。
- "断开与样式的链接"：选中一个已经添加对象样式的对象，然后选择该命令，可以将该对象与"对象样式"面板中的对象样式之间的链接断开，此时再对这个样式进行修改，该对象将不会更新样式效果。
- "按名称排序"：选择该命令后，可以将面板中的对象按照名称来排序对象样式的位置。
- "小面板行"：选择该命令后，可以将面板中的对象样式和对象样式组以小面板方式显示，如图2-85所示。

图2-84　下拉菜单

图2-85　小面板显示

2.9 "效果"面板

在"效果"面板中，可以为对象设置不透明度、添加内发光和羽化等效果。

在菜单栏中选择"窗口"→"效果"命令，打开"效果"面板，如图 2-86 所示。使用该面板可以为对象设置不透明度、添加内发光和羽化等效果。

图2-86 "效果"面板

图2-87 混合模式

2.9.1 混合模式

在"效果"面板中的"混合模式"下拉列表中一共有 16 种混合模式，分别是"正常"、"正片叠底"、"滤色"、"叠加"、"柔光"、"强光"、"颜色减淡"、"颜色加深"、"变暗"、"变亮"、"差值"、"排除"、"色相"、"饱和度"、"颜色"和"亮度"，如图 2-87 所示。

2.9.2 不透明度

STEP 01 打开随书附带光盘中的素材 \ 第 2 章 \007.indd 文档，在工具箱中单击"选择工具"按钮，然后在文档中选择玫瑰，如图 2-88 所示。

STEP 02 打开"效果"面板，在该面板中将"不透明度"设置为 40%，效果如图 2-89 所示。

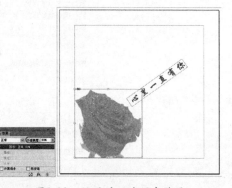

图2-88 选择图形

图2-89 设置的不透明度效果

2.9.3　向选定的目标添加对象效果

单击"效果"面板下方的"向选定的目标添加对象效果"按钮 **fx.**，在弹出的下拉菜单中，可以为选定的对象添加不同的效果，如图 2-90 所示。

选择需要添加效果的对象，在下拉菜单中选择任意一个命令后，都会弹出"效果"对话框，如图 2-91 所示。在该对话框中进行设置后，单击"确定"按钮，即可为选择的对象添加该效果。

图2-90　下拉菜单

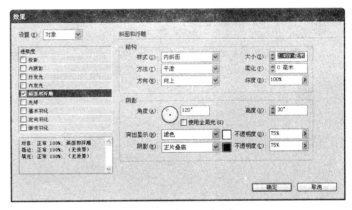

图2-91　"效果"对话框

2.10　上机练习——咖啡画册封面

本例将介绍咖啡画册封面的制作，该实例的制作比较简单，主要是置入图片，然后输入文字，并为输入的文字设置颜色，效果图如图 2-92 所示。

图2-92　咖啡画册封面

STEP 01 在菜单栏中选择"文件"→"新建"→"文档"命令，在弹出的"新建文档"对话框中将"页数"设置为2，将"宽度"和"高度"设置为210毫米和285毫米，如图2-93所示。

STEP 02 单击"边距和分栏"按钮，在弹出的"新建边距和分栏"对话框中，将"边距"区域中的"上"、"下"、"内"和"外"边距都设置为0毫米，如图2-94所示。

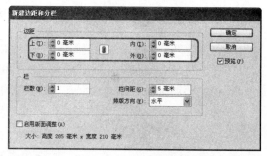

图2-93　"新建文档"对话框　　　　　　　　图2-94　"新建边距和分栏"对话框

STEP 03 设置完成后单击"确定"按钮，按F12键打开"页面"面板，在该面板中单击右上角的按钮 ，在弹出的下拉菜单中选择"允许文档页面随机排布"命令，如图 2-95 所示。

STEP 04 在"页面"面板中选择第 2 页，并将其拖拽到第 1 页的右侧，如图 2-96 所示，然后松开鼠标即可。

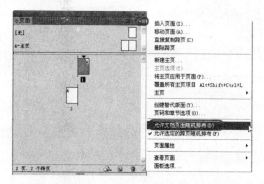

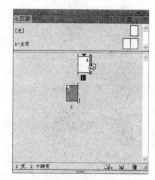

图2-95　选择"允许文档页面随机排布"命令　　　　图2-96　移动第2页

STEP 05 在菜单栏中选择"文件"→"置入"命令，在弹出的对话框中选择随书附带光盘中的素材 \ 第 2 章 \017.jpg 文件，如图 2-97 所示。

STEP 06 单击"打开"按钮，在文档窗口中单击鼠标，置入图片，然后在按住 Ctrl+Shift 键的同时拖动图片，调整其大小和位置，如图 2-98 所示。

图2-97　选择图片　　　　　　　　　　　图2-98　调整图片大小

STEP 07 在工具箱中单击 ■ 按钮，在图像右边的文档窗口中，按住鼠标左键拖动出一个文本框，如图 2-99 所示。

STEP 08 在工具箱中单击 ■ 按钮，在弹出的"渐变"面板中，将"类型"设置为"线性"，"角度"设置为 60，单击左侧的色标，将 CMYK 值设置为（38、100、100、4），单击右侧的色标，将 CMYK 值设置为（91、71、100、65），如图 2-100 所示。

图2-99　绘制矩形框

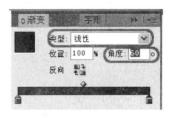

图2-100　设置渐变参数

STEP 09 在菜单栏中选择"文件"→"置入"命令，在弹出的对话框中打开随书附带光盘中的素材 \ 第 2 章 \018.png 文件，如图 2-101 所示。

STEP 10 使用"选择工具"，按 Ctrl+Shift 组合键调整文件的大小和位置，如图 2-102 所示。

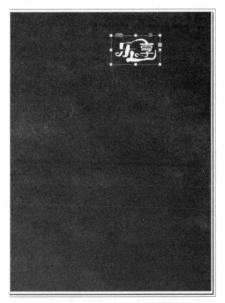

图2-101　置入018.png文件

图2-102　调整文件的大小和位置

STEP 11 在工具箱中单击 T 按钮，在文档窗口中，按住鼠标左键拖动出一个文本框架，输入文字"Coffee"，如图 2-103 所示。

STEP 12 选中文字"Coffee"，在控制面板中将"字体"和"大小"设置为"华文隶书"和"60"，将"颜色"填充为白色，如图 2-104 所示。

图2-103　输入"Coffee"　　　　　　　图2-104　设置"Coffee"的参数

STEP 13 按住 Shift 键的同时选中"乐享"和"Coffee"文字，在菜单栏中选择"对象"→"编组"命令，将其编为一组，如图 2-105 所示。

STEP 14 在菜单栏中选择"文件"→"置入"命令，在弹出的对话框中打开随书附带光盘中的素材 \ 第 2 章 \019.png 文件，如图 2-106 所示。

图2-105　对文字进行编组　　　　　　　图2-106　置入"019.png"文件

STEP 15 在菜单栏中选择"文件"→"置入"命令，在弹出的对话框中打开随书附带光盘中的素材 \ 第 2 章 \020.jpg 文件，如图 2-107 所示。

STEP **16** 使用"选择工具",按住 Ctrl+Shift 键的同时拖动图片调整其大小,并调整其位置,如图 2-108 所示。

图2-107　导入020.jpg文件　　　　　　　　　图2-108　调整图片大小和位置

STEP **17** 确定新置入的图片处于选择状态,在控制面板中单击 *fx.* 按钮,在弹出的下拉列表中选择"渐变羽化"命令,如图 2-109 所示。

STEP **18** 在弹出的"渐变羽化"面板中,将"不透明度"设置为 50,"位置"设置为 30.5,"类型"设置为"径向",如图 2-110 所示。

图2-109　选择"渐变羽化"命令　　　　　　　图2-110　设置"渐变羽化"参数

STEP **19** 在菜单栏中选择"文件"→"置入"命令,在弹出的对话框中打开随书附带光盘中的素材\第2章\021.png 和 022.png 文件,如图 2-111 所示。

STEP **20** 使用"选择工具",按住 Ctrl+Shift 组合键调整 021.png 和 022.png 文件的大小和位置,如图 2-112 所示。

图2-111　置入021.png和022.png文件

图2-112　调整文件的大小和位置

21 使用"选择工具"选中 021.png 和 022.png 文件，并在菜单栏中选择"对象"→"编组"命令，将其组合，如图 2-113 所示。

22 在工具箱中单击 **T** 按钮，按住鼠标左键，在文档窗口中拖动出一个文本框架，输入文字，如图 2-114 所示。

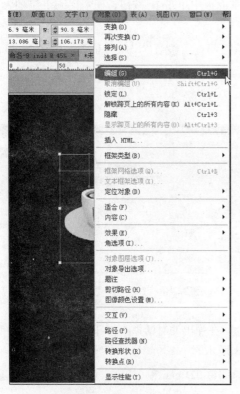

图2-113　选择编组命令

图2-114　输入文字

23 选中输入的文字，在控制面板中，将"字体"和"大小"设置为"经典粗仿黑"和"50"，将"颜色"填充为白色，效果如图2-115所示。

24 在工具箱中单击 T. 按钮，按住鼠标左键在文档窗口中拖动出一个文本框架，输入地址，如图2-116所示。

图2-115　设置文字参数

图2-116　输入地址

25 选中地址文字，在控制面板中将"字体"和"大小"设置为"经典粗黑简"和"18"，"颜色"设置为白色，如图2-117所示。

26 使用"文字工具"，按住鼠标左键在文档窗口中拖动出一个文本框架，输入电话号码，如图2-118所示。

图2-117　设置文字的参数

图2-118　输入电话

STEP 27 选中电话号码，在控制面板中将"字体"和"大小"设置为"经典粗黑简"和"18"，将"颜色"设置为白色，如图 2-119 所示。

STEP 28 使用"文字工具"，按住鼠标左键在文档窗口中拖动出一个文本框，输入网址，如图 2-120 所示。

图2-119　设置文字的参数

图2-120　输入网址

STEP 29 选中文字，在控制面板中将"字体"和"大小"设置为"经典粗黑简"和"18"，将"颜色"设置为白色，如图 2-121 所示。

STEP 30 在工具箱中单击 按钮，按住 Shift 键的同时用鼠标选中"地址"、"电话"和"网址"，然后在菜单栏中选择"对象"→"编组"命令，将其编为一组，如图 2-122 所示。

图2-121　设置文字的参数

图2-122　选择编组命令

STEP **31** 使用"选择工具"，选中绘制的"矩形文本框"和017.jpg文件，然后在菜单栏中选择"对象"→"编组"命令，将其编为一组，编组后的效果如图2-123所示。

STEP **32** 按Ctrl+E键打开"导出"对话框，在该对话框中，为导出文件指定导出路径并命名，将"保存类型"设置为JPEG，如图2-124所示。

STEP **33** 单击"保存"按钮，在弹出的"导出JPEG"对话框中使用其默认值，如图2-125所示。

图2-123　编组后的效果

STEP **34** 单击"导出"按钮，对完成后的场景进行保存即可。

图2-124　"导出"对话框

图2-125　"导出JPEG"对话框

2.11 习题

一、填空题

（1）在InDesign CS6中创建随文框架的方法有3种，即使用（　　）、（　　）和（　　）命令。

（2）使用"对象样式"面板可以快速设置文档中的（　　）与（　　）的格式，也可以为对象、文本等添加（　　）、（　　）、（　　）和（　　）等效果。

二、简答题

（1）在"效果"面板的"混合模式"下拉列表中一共有几种混合模式，他们分别是什么？

（2）复制对象的方法主要有哪几种？

第**3**章
文字的处理

本章要点：

　　本章主要讲解如何在 InDesign 文档窗口中添加文字或文本、更改和查找文本等，介绍在 InDesign 文档中进行文字编辑的方法，包括更改字体大小和倾斜角度等。

学习目标：

- 添加文本
- 编辑文本
- 使用标记文本
- 调整文本框架的外观
- 在主页上创建文本框架
- 处理并合并数据
- 文字的设置

3.1 添加文本

在 InDesign 文档中，用户可以很简单地添加文本、粘贴文本、拖入文本、导入和导出文本。InDesign 是在框架内处理文本的，框架可以提前创建或在导入文本时由 InDesign 自动创建。

3.1.1 输入文本

在 InDesign CS6 中输入新文本时，会自动套用"基本段落样式"中设置的样式属性，这是 InDesign 预定义的样式。下面介绍如何输入文本。

STEP 01 在菜单栏中选择"文件"→"置入"命令，在弹出的对话框中打开随书附带光盘中的素材\第3章\001.jpg 文件，如图 3-1 所示。

STEP 02 在工具箱中单击 T 按钮，在文档窗口中，按住鼠标左键拖动，创建一个新的文本框架，然后在其中输入文本，选中输入的文本，在控制面板中，将"字体"和"字体大小"分别设置为"汉仪雪君体简"和"24"，完成后的效果如图 3-2 所示。

图3-1　打开的素材文件　　　　　　　图3-2　输入文字后的效果

如果是从事专业排版的新手，就需要了解一些有关在打字机上或字处理程序中输入文本与在一个高端出版物中输入文本的区别。

- 在句号或冒号后面不需要输入两个空格，如果输入两个空格会导致文本排列出现问题。
- 不要在文本中输入多余的段落回车，也不要输入制表符来缩进段落，可以使用段落属性来实现需要的效果。
- 需要使文本与栏对齐时，不要输入多余的制表符；在每个栏之间放一个制表符，然后对齐制表符即可。

提示 如果需要查看文本中哪里有制表符、段落换行、空格和其他不可见的字符，可以执行"文字"→"显示隐含的字符"命令，或按 Alt+Ctrl+I 快捷键，即可显示出文本中隐含的字符。

3.1.2 粘贴文本

用户可以将 Windows 剪贴板中的文本粘贴到文本中光标所在的位置，或使用剪贴板中的文本替换选中的文本。如果当前没有活动的文本框架，InDesign 会自动创建一个新的文本框架来包含粘贴的文本。

在 InDesign 中，可以通过"编辑"菜单或快捷键对文本进行剪切、复制和粘贴等操作，具体操作步骤如下。

STEP 01 在工具箱中单击"文字工具"**T**，在文档窗口中选择如图 3-3 所示的文字。

STEP 02 在菜单栏中选择"编辑"→"复制"命令，或按 Ctrl+C 组合键进行复制，如图 3-4所示。

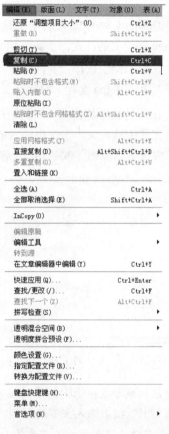

图3-3 选择文字　　　　　图3-4 选择"复制"命令

STEP 03 在文档窗口的其他位置上单击鼠标，在菜单栏中选择"编辑"→"粘贴"命令，并使用"选择工具"**▶**调整其位置，完成后的效果如图 3-5 所示。

从 InDesign 复制或剪切的文本通常会保留其格式，而从其他程序粘贴到 InDesign 文档中的文本通常会丢失格式。在 InDesign 中，可以在粘贴文本时指定是否保留文本格式。如果执行"编辑"→"无格式粘贴"命令，或按 Ctrl+Shift+V 快捷键，即可删除文本的格式并粘贴文本。

提示 除此之外，用户还可以在选中文字后，右击鼠标，在弹出的快捷菜单中选择相应的命令，如图 3-6 所示。

图3-5　复制后的效果　　　　　图3-6　右击鼠标弹出的快捷菜单

3.1.3　拖放文本

当拖放一段文本选区时，其格式会丢失；而拖放一个文本文件时，其过程类似于文本导入，文本不但会保留其格式，而且还会带来它的样式表。拖放文本操作与使用"置入"命令导入文本不同，拖放文本操作不会提供指定文本文件中格式和样式如何处理的选项。

提示　拖入到 InDesign 文档中的文本必须从 InDesign 支持的文本文件中拖入，InDesign 支持的文本文件格式有 Microsoft Word 97/98 或更高版本、Excel 97/98 或更高版本、RichTextFormat（RTF）或纯文本等。

3.1.4　导出文本

在 InDesign 中，不能将文本从 InDesign 文档中导出为像 Word 这样的文字处理程序格式。如果需要将 InDesign 文档中的文本导出，可以将 InDesign 文档中的文本导出为 RTF、Adobe InDesign 标记文本和纯文本格式。下面介绍如何导出文本。

STEP 01　在工具箱中单击"文字工具" **T**，在文档窗口中选择如图 3-7 所示的文字。

STEP 02　在菜单栏中选择"文件"→"导出"命令，或按 Ctrl+E 组合键，如图 3-8 所示。

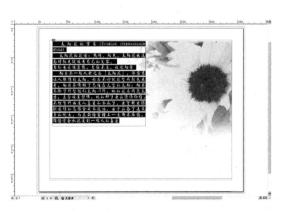

图3-7　选中要导出的文字　　　　　图3-8　选择"导出"命令

如果需要将导出的文本发送到使用字处理程序的用户，可以将文本导出为 RTF 格式；如果需要将导出的文本发送给另一个保留了所有 InDesign 设置的 InDesign 用户，可以将文本导出为 InDesign 标记文本。

03 在弹出的对话框中选择要导出的路径，为其重命名，将"保存类型"设置为 RTF，如图 3-9 所示。设置完成后，单击"保存"按钮即可。

图3-9 "导出"对话框

提示 如果在文本框架内选中了某一部分文本，则只有选中的文本会被导出；否则，整篇文章都会被导出。

3.2 编辑文本

在 InDesign 中，用户可以对输入的文本进行编辑，例如选择、删除或更改文本等，本节将简单介绍如何在 InDesign 中编辑文本。

3.2.1 选择文本

在 InDesign 中，如果要对文本进行编辑，首先必须将要编辑的文本选中，在工具箱中单击"文字工具"，然后选择要编辑的文字，或者按住 Shift 键的同时按键盘上的方向键，也可以选中需要编辑的文本。

01 在菜单栏中选择"文件"→"置入"命令，在弹出的对话框中打开随书附带光盘中的素材 \ 第 3 章 \002.jpg 文件，单击"打开"按钮，如图 3-10 所示。

02 在工具箱中选择 按钮，双击文档窗口中的图像，按住 shift 键对其进行调整，调整后的效果如图 3-11 所示。

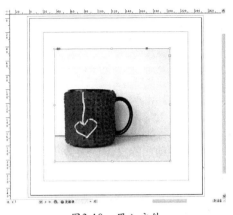

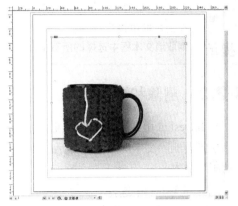

图3-10　置入文件　　　　　　　　　　　图3-11　调整图像后的效果

STEP 03 在工具箱中单击 T 按钮，在文档窗口中按住鼠标左键拖动，创建一个新的文本框架，在其中输入文字，选中输入的文字，在控制面板中，将"字体"和"字体大小"分别设置为"汉仪雪君体简"和"24"，如图3-12所示。

STEP 04 使用"文字工具"在文本框中双击鼠标，可以选择一段文字，如图3-13所示。

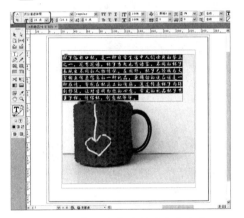

图3-12　输入文字并设置文字参数　　　　　图3-13　选择一段文字

STEP 05 在文本框中连续单击3次，可以选择一行文字，如图3-14所示。

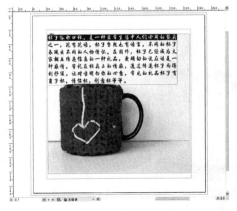

图3-14　选择一行文字

3.2.2　删除和更改文本

在 InDesign 中，删除文本和更改文本是很简单、很方便的。如果用户要删除文本，将光标移动到要删除文字的右侧，然后按 Backspace 键，可向左移动删除文本，按 Delete 键可向右移动删除文本。

01 在菜单栏中选择"文件"→"置入"命令，在弹出的对话框中打开随书附带光盘中的素材 \ 第 3 章 \003.jpg 文件，单击"打开"按钮，如图 3-15 所示。

02 在工具箱中单击 T 按钮，在文档窗口中按住鼠标左键拖动，创建一个新的文本框架，在其中输入文字，选中输入的文字，在控制面板中，将"字体"和"字体大小"分别设置为"汉仪雪君体简"和"24"，如图 3-16 所示。

图3-15　置入文件　　　　图3-16　输入文字并设置文字参数

03 使用"文字工具"在文本框中拖动，选中一段要更改的文本，如图 3-17 所示。

04 直接输入文本即可更改选中的文字，更改后的效果如图 3-18 所示。

图3-17　选中要更改的文字　　　　图3-18　更改文字后的效果

3.2.3 还原文本编辑

如果在修改文本过程中，删除了不该删除的文本内容，没有关系，InDesign 提供了"还原"功能。在菜单栏中选择"编辑"→"还原'键入'"命令，如图 3-19 所示，即可返回到上一步进行的操作。如果不想还原可再次执行"编辑"→"重做'键入'"命令，返回到下一步进行的操作，如图 3-20 所示。

图3-19　选择"还原'键入'"命令

图3-20　选择"重做'键入'"命令

3.2.4 查找和更改文本

查找与更改是文字处理程序中一个非常有用的功能。在 InDesign CS6 中，用户可以使用"查找／更改"对话框在文档中的所有文本中查找或更改需要的字段。下面讲解如何查找和更改文本。

STEP 01 在菜单栏中选择"文件"→"打开"命令，在弹出的对话框中打开随书附带光盘中的素材\第 3 章\004.jpg 文件，如图 3-21 所示。

STEP 02 在工具箱中单击 T 按钮，在文档窗口中按住鼠标左键拖动，创建一个新的文本框架，在其中输入文字，选中输入的文字，在控制面板中，将"字体"和"字体大小"分别设置为"宋体"和"24"，如图 3-22 所示。

图3-21　置入文件

图3-22　输入文字并设置文字参数

STEP 03 在菜单栏中选择"编辑"→"查找 / 更改"命令，如图 3-23 所示。

STEP 04 在弹出的对话框中选择"文本"选项卡，在"查找内容"下方的文本框中输入"爱情是飘着的云，总是漂浮不定"，在"更改为"下方的文本框中输入"爱情就像秋天的雨，总是不定时的下着"，如图 3-24 所示。

图3-23　选择"查找/更改"命令

图3-24　设置文字

STEP 05 设置完成后，单击"全部更改"按钮，在弹出的提示对话框中单击"确定"按钮，如图 3-25 所示。

STEP 06 完成后的效果如图 3-26 所示。

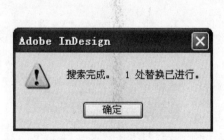

图3-25　单击"确定"按钮

图3-26　完成后的效果

提示　在使用"查找 / 更改"命令时，文字的"字体"格式必须是系统默认格式才可执行此命令。

1. "文本" 选项卡

在 "文本" 选项卡中可以搜索并更改一些特殊字符、单词、多组单词或特定格式的文本，选项卡由 "查找内容"、"更改为"、"搜索"、"查找格式"、"更改格式" 和相应的控制按钮组成。

- "存储查询" 按钮 ：单击该按钮可以保存查询的内容。
- "删除查询" 按钮 ：删除已保存的查询内容。单击该按钮后，会弹出一个对话框，提示是否要删除选定的查询，如图 3-27 所示。
- "查找内容" 文本框：输入需要查找的文本。

图 3-27 提示对话框

- "更改为" 文本框：输入需要替换在 "查找内容" 文本框中输入的文本内容。
- "要搜索的特殊字符" 按钮 ：单击 "查找内容" 与 "更改为" 文本框右侧的 "要搜索的特殊字符" 按钮，在弹出的下拉列表中可以选择特殊的字符，如图 3-28 所示。
- "搜索"：在 "搜索" 下拉列表中选择搜索的范围，当选择 "所有文档" 和 "文档" 选项时，可以搜索当前所有打开的 InDesign 文档；当选择 "文章" 选项时，可以搜索当前所选中的文本框中的文本，其中包括与该文本框相串接的其他文本框，当选择 "到文章末尾" 选项时，可以搜索从鼠标点击处的插入点与文章结束之间的文本，下拉列表如图 3-29 所示。

图 3-28 "要搜索的特殊字符" 下拉列表

图 3-29 "搜索" 下拉列表

- "包括锁定的图层和锁定的对象" 按钮 ：单击该按钮后，在已经设置了锁定图层的文本框中也同样会被搜索，但是仅限于查找，不可以更改。
- "包括锁定文章" 按钮 ：单击该按钮后，已经设置了锁定的文本框也同样会被搜索，但是仅限于查找，不可以更改。
- "包括隐藏的图层和隐藏的对象" 按钮 ：单击该按钮后，已经设置了隐藏图层中的文本框也同样会被搜索，当在隐藏图层中的文本框中搜索到需要查找的文本时，该文本框会突出显示，但不能看到文本框中的文本。
- "包括主页" 按钮 ：单击该按钮后，搜索主页中的文本。

- "包括脚注"按钮 ▤：单击该按钮后，搜索脚注中的文本。
- "区分大小写"按钮 Aa：单击该按钮后，只搜索与"查找内容"文本框中输入的字母大小写完全匹配的字母或单词。
- "全字匹配"按钮 ▤：单击该按钮后，只搜索与"查找内容"文本框中输入的单词完全匹配的单词，如在"查找内容"文本框中输入"Book"，则搜索文本框中的"Books"单词将会被忽略。
- "区分假名"按钮 あ/ア：单击该按钮后，在搜索过程中区分平假名和片假名。
- "区分全角 / 半角"按钮 全/半：单击该按钮后，在搜索过程中区分全角字符和半角字符。
- "查找格式"列表与"更改格式"列表：单击列表框右侧的"指定要查找的属性"按钮 ，或者在列表框中单击鼠标，可以打开"查找格式设置"对话框，如图 3-30 所示。在该对话框中左侧的选项列表中提供了

图3-30 "查找格式设置"对话框

25 个选项，每选中一个选项，在右侧便会出现该选项的相应设置，可以添加各种不同的搜索或更改的格式属性，设置完成后，单击"确定"按钮，便可以搜索不同格式属性的文本，如图 3-31 所示。

- "清除指定的属性"按钮 ▥：单击该按钮后，清除对应列表框中的属性。
- "GREP"选项卡：在该选项卡中使用高级搜索方法，可以构建 GREP 表达式，以便在比较长的文档或在打开的多个文档中查找字母、字符串、数字和模式，如图 3-32 所示。可以直接在文本框中输入 GREP 元字符，也可以单击"要搜索的特殊字符"按钮，在弹出的下拉列表中选择元字符，"GREP"选项卡在默认状态下会区分搜索时字母的大小写，其他设置与"文本"选项卡基本相同。
- "字形"选项卡：在该选项卡中可以使用 Unicode 或 GID/CID 值搜索并替换字形，该

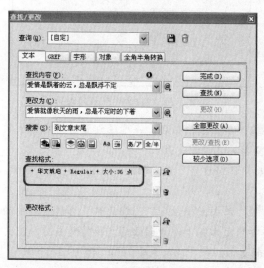

图3-31 设置查找属性

图3-32 "GREP"选项卡

选项卡在查找或更改亚洲字形时非常实用，该选项卡大致可以分为"查找字形"选项组、"更改字形"选项组和"搜索"选项，如图3-33所示。

- "查找字形"选项组：设置需要查找的"字体系列"、"字体样式"、"ID"和"字形"选项。
- "字体系列"：设置需要查找文本的字体。需要注意的是，在文本框中直接输入中文是无效的，应在该选项的下拉列表中进行选择，下拉列表中只会出现当前打开的文档中现有的文字。
- "字体样式"：设置需要查找文本的字体样式。需要注意的是，在文本框中直接输入中文是无效的，应在该选项的下拉列表中进行选择。
- "ID"：设置是使用Unicode值方式进行搜索，还是使用GID/CID值方式进行搜索。
- "字形"：在该选项框中可以选择一种字形。
- "更改字形"选项组：该选项组与"查找字形"选项组的设置方法基本相同。

2."对象"选项卡

在该选项卡中可以搜索框架效果和框架属性，并可以更改框架属性和框架的效果。该选项卡分为"查找对象格式"、"更改对象格式"、"搜索"和"类型"4个选项，如图3-34所示。

图3-33 "字形"选项卡

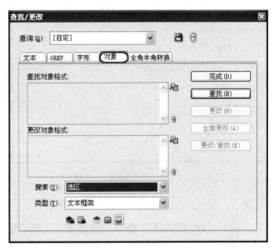

图3-34 "对象"选项卡

- "指定要查找的属性"按钮：单击该按钮，弹出"查找对象格式选项"对话框，在该对话框中，可以设置需要查找的对象的属性或效果，如图3-35所示。
- "清除指定的属性"按钮：单击该按钮后，可以将其对应的属性设置清除。
- "搜索"：在"搜索"下拉列表中可以选择搜索的范围。
- "类型"：可以在该下拉列表中选择

图3-35 "查找对象格式选项"对话框

需要查找对象的类型，选择"所有框架"选项时，可以在所有框架中进行搜索；选择"文本框架"选项时，可以在所有的文本框架中进行搜索；选择"图形框架"选项时，可以在所有的图形框架中进行搜索；选择"未指定的框架"选项时，可以在所有未指定的框架中进行搜索。

3. "全角半角转换"选项卡

在该选项卡中可以搜索半角或全角文本，并可以相互转换，还可以搜索半角片假名或半角罗马字符与全角罗马字符或全角罗马字符，并相互转换，"全角半角转换"选项卡包括"查找内容"、"更改为"、"搜索"、"查找格式"和"更改格式"几个选项，如图3-36所示。

在"查找内容"与"更改为"选项的下拉菜单中，可以设置需要查找或更改的选项，如图3-37所示。其他设置与"文本"选项卡中的设置方法基本相同。

图3-36 "全角半角转换"选项卡

图3-37 "查找内容"下拉列表

提示 开始查找后，"查找"按钮将会变成"查找下一个"按钮，如果查找到的不是需要的，可以单击"查找下一个"按钮。

3.3 使用标记文本

InDesign提供了一种自身的文件格式，即Adobe InDesign标记文本。标记文本实际上是一种ASCII文本，即纯文本，它会告知InDesign应用哪种格式的嵌入代码。在字处理程序中创建文件时，就会嵌入这些与宏相似的代码。

无论使用什么排版程序，大多数人都不会使用标记文本选项，因为编码可能十分麻烦，由于不能使用带有字处理程序格式的标记文本，所以必须使用标记文本对每个对象编码并将文档保存为ASII文件。之所以要用标记文本，是因为这种格式一定会支持InDesign中的所有格式。

3.3.1 导出的标记文本文件 ......

标记文本的用途不在于创建用于导入的文本，而在于将创建用于 InDesign 中的文件传输到另一个 InDesign 用户或字处理程序中进行进一步的处理。可以将一篇 InDesign 文章或一段所选文本导出为标记文本格式，然后将导出的文件传输到另一个 InDesign 用户或字处理程序中进行进一步的编辑。下面介绍如何导出标记文本。

01 首先新建一个空白文档，在菜单栏中选择"文件"→"置入"命令，在弹出的对话框中打开随书附带光盘中的素材 \ 第 3 章 \005.jpg 文件，单击"打开"按钮，如图 3-38 所示。

02 在工具箱中单击 T 按钮，在文档窗口中按住鼠标左键并拖动，拖出一个新文本框，在其中输入文字，选中输入的文字，在控制面板中，将"字体"和"字体大小"分别设置为"汉仪雪君体简"和"24"，如图 3-39 所示。

图3-38 置入文件

图3-39 所示输入文字并设置文字参数

03 使用"文字工具"，在文档窗口中选择如图 3-40 所示的文字。

04 在菜单栏中选择"文件"→"导出"命令，如图 3-41 所示。

图3-40 选中文字

图3-41 选择"导出"命令

05 在弹出的对话框中为其指定导出的路径，并为其命名，将"保存类型"设置为
"Adobe InDesign 标记文本"，如图 3-42 所示。

06 设置完成后，单击"保存"按钮，再在弹出的对话框中单击"缩写"单选按钮，将
"编码"类型设置为"ASCII"，设置完成后，单击"确定"按钮，即可完成导出标记文本，如
图 3-43 所示。

图3-42 "导出"对话框　　　　　图3-43 "Adobe InDesign标记文本导出选项"对话框

如果要在不丢失字处理程序不支持的特殊格式的情况下添加或删除文本，将标记文本导
入到一个字处理程序中就很有意义。编辑文本后，就可以保存改变的文件，并将其重新导入到
InDesign 中。

理解标记文本格式的最佳方法就是将一些文档导出为标记文本，然后在一个字处理程序中
打开结果文件，查看 InDesign 是如何编辑文件的。一个标记文本文件只是一个 ASCII 文本文
件，因此它会有文件扩展名，在 Windows 中为 .txt，在 Mac 上使用标准的纯文本文件图标。

3.3.2　导入标记文本

下面介绍如何导入标记文本，具体操作步骤如下。

01 在菜单栏中选择"文件"→"打开"命令，在弹出的对话框中打开随书附带光盘中
的素材 \ 第 3 章 \001.indd 文件，在工具箱中单击 **T.** 按钮，在文档窗口中选择如图 3-44 所示的
文字。

02 在菜单栏中选择"文件"→"置入"命令，在弹出的对话框中选择随书附带光盘中的
素材 \ 第 3 章 \001.txt 文件，勾选"显示导入选项"复选框，如图 3-45 所示。

03 单击"打开"按钮，在弹出的对话框中使用其默认设置，如图 3-46 所示。

04 单击"确定"按钮，将导入的文字选中，在控制面板中设置其字体与字体大小，完成
后的效果如图 3-47 所示。

在弹出的"Adobe InDesign 标记文本导入选项"对话框中共有四个参数设置，其功能分别
如下。

图3-44　选择文字

图3-45　"置入"对话框

图3-46　"Adobe InDesign标记文本导入选项"对话框

图3-47　导入标记文本后的效果

- "使用弯引号"：确认导入的文本中包含左右弯引号（""）号和弯单引号（''）。而不是英文直引号（""）和直单引号（''）。
- "移去文本格式"：勾选该复选框，从导入的文本移去格式，如字体、文字颜色和文字样式。
- "解决文本样式冲突的方法"：在该下拉列表中有两个选项，即出版物定义和标记文件定义。如果选择"出版物定义"选项，可以使用文档中该样式名已有的定义，如果选择"标记文件定义"选项，可以使用标记文本中定义的样式，该选项创建该样式的另一个实例，在"字符样式"或"段落样式"面板中，该实例的名称后面将追加"副本"。
- "置入前显示错误标记列表"：勾选该复选框，将显示无法识别的标记列表。如果显示列表，可以选择取消或继续导入。如果继续，则文件可能不会按预期显示。

3.4　调整文本框架的外观

在文档中创建文本框架以后，不仅可以修改文本框架的大小，还可以修改文本框架的栏数等。本节将介绍在 InDesign 中创建文本框架后如何进行文本框架的修改。

3.4.1 设置文本框架

利用 InDesign 中的"文本框架选项"功能，可以方便快捷地对文本框架进行设置。

01 在菜单栏中选择"文件"→"打开"命令，在弹出的对话框中打开随书附带光盘中的素材\第 3 章\002.indd 文件，如图 3-48 所示。

02 在工具箱中单击 按钮，在文档窗口中选择如图 3-49 所示的对象。

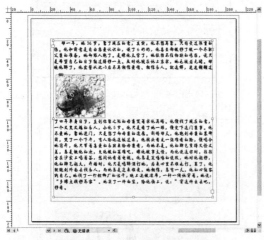

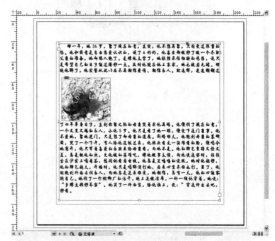

图3-48　打开的素材文件　　　　　　　　　　　图3-49　选择对象

03 在菜单栏中选择"对象"→"文本框架选项"命令，如图 3-50 所示。

04 在弹出的对话框中选择"常规"选项卡，将"栏数"设置为 2，将"栏间距"设置为 10 毫米，如图 3-51 所示。

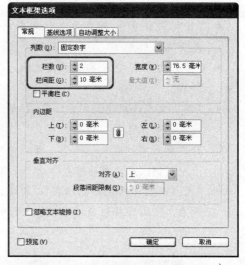

图3-50　选择"文本框架选项"命令　　　　　图3-51　"文本框架选项"对话框

05 设置完成后，单击"确定"按钮，即可完成选中对象的设置，完成后的效果如图 3-52 所示。

"文本框架选项"对话框中的各选项功能如下。

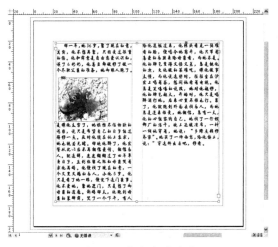

图3-52　完成后的效果　　　　　　图3-53　"基线选项"选项卡

1. "分栏"选项组

"分栏"选项组是设置文本框中文本内容的分栏方式的。

- "栏数"：在文本框中输入数值可以设置文本框的栏数。
- "栏间距"：设置文本行与行之间的间距。
- "宽度"：在该选项的文本框架中输入数值，可以控制文本框架的宽度。数值越大，文本框架的宽度就越宽；数值越小，文本框架的宽度就越窄。
- "固定栏宽"：勾选该复选框，可以固定文本框架的栏宽。
- "平衡栏"：勾选该复选框，可以将文字平衡分到各个栏中。

2. "内边距"选项组

在"内边距"选项组下的文本框中输入数值，可以设置文本框架向内缩进。

提示　在设置内边距时，"将所有设置为相同"按钮为 🔘 状态时，可以将4个内边距的数值设置为相同，"将所有设置为相同"按钮为 🔲 状态时，可以任意设置4个内边距的数值。

3. "垂直对齐"选项组

"垂直对齐"选项组用于设置文本框架中文本内容的对齐方式。

- "对齐"：设置文本的对齐方式。包括"上/右"、"居中"、"下/左"和"两端对齐"四个选项。
- "忽略文本绕排"：勾选该复选框后，如果在文档中对图片或图形进行了文本绕排，则取消文本绕排。
- "预览"：勾选该复选框后，在"文本框架选项"对话框中设置参数时，在文档中会看到设置的效果。

要更改所选文本框架的首行基线选项，可以在"文本框架选项"对话框中单击"基线选项"选项卡，如图3-53所示。在"首行基线"选项组中的"位移"下拉列表中有以下几个选项，如图3-54所示。

- "字母上缘"：字体中字符的高度降到文本框架的位置。

- "大写字母高度"：大写字母顶部触及文本框架上的位置。
- "行距"：以文本的行距值作为文本首行基线和框架的上内陷之间的距离。
- "x 高度"：字体中字符的高度降到框架的位置。
- "固定"：指定文本首行基线和框架的上内陷之间的距离。
- "全角字框高度"：全角字框决定框架的顶部与首行基线之间的距离。
- "最小"：选择基线位移的最小值文本，如果将位移设置为"行距"，则当使用的位移值小于行距值时，将应用"行距"；当设置的位移值大于行距值时，则将位移值应用于文本。

勾选"使用自定基线网格"复选框，将其选项激活，各选项介绍如下。

- "开始"：在文本框中输入数值，可以从页面顶部、页面的上边距、框架顶部或框架的上内陷移动网格。
- "相对于"：该选项包括"页面顶部"、"上边距"、"框架顶部"和"上内边距"四个参数选项。
- "间隔"：在文本框中输入数值作为网格线之间的间距。在大多数情况下，输入的数值等于正文本文本行距的数值，以便于文本行能恰好对齐网格。
- "颜色"：为网格设置一种颜色，如图 3-55 所示。

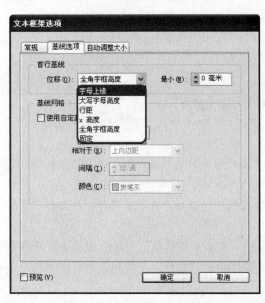

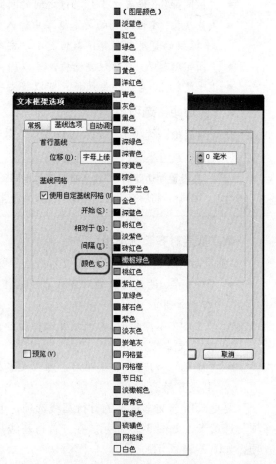

图3-54 "位移"下拉列表   图3-55 "颜色"下拉列表

3.4.2　使用鼠标缩放文本框架

在 InDesign 中，用户可以根据需要对文本框架进行缩放，下面介绍如何使用鼠标缩放文本框架，具体操作步骤如下。

STEP 01 在菜单栏中选择"文件"→"打开"命令，在弹出的对话框中打开随书附带光盘中的素材\第 3 章\002.indd 文件，然后使用"选择工具"在文档窗口中选择如图 3-56 所示的对象。

STEP 02 将鼠标放置在任何一个控制点上，当鼠标变为 形状时，拖动鼠标，即可更改文本框架的大小，而文本内容不会随之变化，如图 3-57 所示。

STEP 03 如果在按住 Ctrl 键的同时拖动文本框架，文本内容就会随着文本框架进行放大和缩小，如图 3-58 所示为放大后的效果。

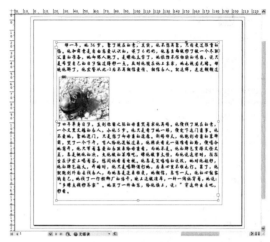

图3-56　选择对象

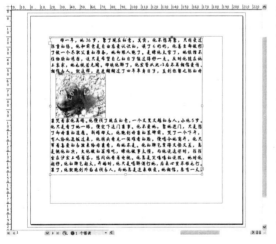

图3-57　调整文本框架的大小

图3-58　放大后的效果

3.5　在主页上创建文本框架

3.5.1　创建文本框架

在 InDesign 中，用户可以根据需要在主页上创建文本框架，默认情况下，在主页上创建的文本框架允许自动将文本排列到文档中。当创建一个新文档时，可以创建一个主页文本框，它将适应页边距并包含指定数量的分栏。

主页可以拥有以下几种文本框。

- 包含像杂志页眉这样的标准文本的文本框。
- 包含像图题或标题等元素的占位符文本的文本框。
- 用于在页面内排列文本的自动置入的文本框，自动置入的文本框被称为主页文本框，其创建于"新建文档"对话框。

STEP 01 在菜单栏中选择"文件"→"新建"→"文档"命令，在弹出的对话框中勾选"主文本框架"复选框，如图 3-59 所示。

STEP 02 单击"边距和分栏"按钮，在弹出的对话框中进行相应的设置，如图 3-60 所示。

图3-59　勾选"主文本框架"复选框　　　　图3-60　"新建边距和分栏"对话框

STEP 03 设置完成后，单击"确定"按钮，即可创建一个包含主页文本框的新文档。

3.5.2　串接文本框架

在处理串接文本框架时，首先需要产生可以串接的文本框架，在此基础上才能进行串接、添加现有框架、在串接框架序列中添加以及取消串接文本框架等操作。

串接文本框架可以将一个文本框架中的内容通过其他文本框架的链接而显示。每个文本框架都包含一个入口和一个出口，这些端口用来与其他文本框架进行链接。空的入口或出口分别表示文章的开头或结尾。端口中的箭头表示该框架链接到另一个框架。出口中的红色加号（+）表示"该文章中有更多要置入的文本，但没有更多的文本框架可以放置文本"。剩余的不可见文本称为溢流文本，下面介绍如何串接文本框架。

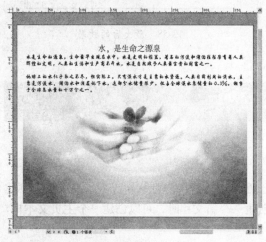

图3-61　打开的素材文件

STEP 01 在菜单栏中选择"文件"→"打开"命令，在弹出的对话框中打开随书附带光盘中的素材 \ 第 3 章 \003.indd 文件，如图 3-61 所示。

STEP 02 在工具箱中单击 按钮，在文本窗口中选择如图 3-62 所示的对象。

STEP 03 在文档窗口中单击文本框架右下角的 按钮，在文档窗口中单击鼠标，将会出现另外一个文本框，完成后的效果如图 3-63 所示。

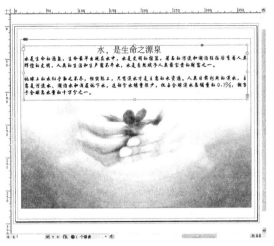

图3-62　选择操作对象

图3-63　完成后的效果

3.5.3　剪切或删除串接文本框架

　　在剪切或删除串接文本框架时，并不会删除其中的文本内容，文本仍包含在串接中。剪切和删除串接文本框架的区别在于：剪切的框架将使用文本的副本，不会从原文章中移去任何文本。在剪切和粘贴串接的文本框架时，粘贴的框架将保持彼此之间的连接，但将失去与原文章中任何其他框架的链接；当删除串接的文本框架时，文本将称为溢出文本，或排列到连续的下一个文本框架中。

　　从串接中剪切框架就是使用文本的副本，将其粘贴到其他位置。

STEP 01 在菜单栏中选择"文件"→"打开"命令，在弹出的对话框中打开随书附带光盘中的素材 \ 第 3 章 \003.indd 文件，在文档窗口中单击文本框架右下角的 ⊞ 按钮，然后在文档窗口中单击鼠标，出现另外一个文本框，如图 3-64 所示。

STEP 02 在工具箱中单击 ▶ 按钮，使用"选择工具"选择一个或多个框架（按住 Shift 键并单击鼠标可选择多个对象），如图 3-65 所示。

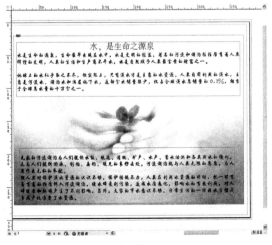

图3-64　打开文件

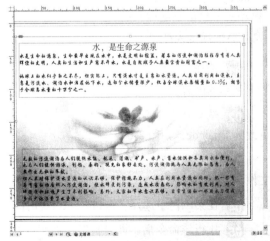

图3-65　选择多个对象

03 在菜单栏中选择"编辑"→"剪切"命令，选中的框架将消失，其中包含的所有文本都排列到该文章的下一个框架中，如图 3-66 所示。

04 在菜单栏中选择"编辑"→"剪切"命令，剪切文章的最后一个框架时，其中的文本存储为上一个框架的溢流文本，如图 3-67 所示。

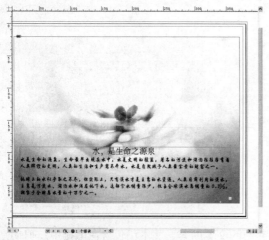

图3-66　排列到下一个框架中　　　　　　图3-67　存储为上一个框架的逆流文本

从串接中删除框架就是将所选框架从页面中去掉，而文本将排列到连续的下一个框架中。如果文本框架未链接到其他任何框架，则将框架和文本一起删除。使用"选择工具"选择需删除的框架，然后按 Delete 键即可。

3.6　处理并合并数据

在实际工作中，经常会遇到这样一种情况，需要处理的文件的主要内容基本相同，只是具体数据有些变化，比如工作证、身份证、录取通知书等，这时就可以使用 InDesign 提供的数据合并功能。利用该功能只需建立两个文档：一个包括所有文件共有内容的目标文档和一个包括变化信息的数据源，然后使用"数据合并"功能在目标文档中插入变化的信息，方便预览或打印。下面介绍如何合并数据，具体操作步骤如下。

01 选择"开始"→"程序"→"附件"→"记事本"命令，在新建的记事本中输入如图 3-68 所示的内容。

02 按 Ctrl+S 组合键，在弹出的对话框中为文档指定保存位置，并为其命名，将"编码"更改为 Unicode，如图 3-69 所示。

03 设置完成后，单击"保存"按钮，然后打开随书附带光盘中的素材 \ 第 3 章 \004.indd 文件，如图 3-70 所示。

04 在菜单栏中选择"窗口"→"实用程序"→"数据合并"命令，如图 3-71 所示。

05 执行该命令后，即可打开"数据合并"面板，在该面板中单击按钮，在弹出的下拉列表中选择"选择数据源"命令，如图 3-72 所示。

图3-68 编辑数据源

图3-69 "另存为"对话框

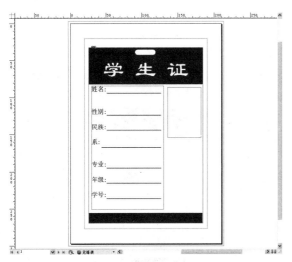

图3-70 打开的素材文件

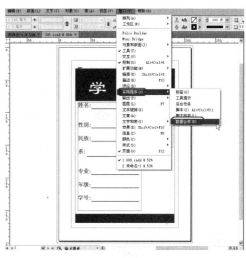

图3-71 选择"数据合并"命令

06 在弹出的对话框中选择随书附带光盘中的素材\第3章\002.txt文件，如图3-73所示。

07 单击"打开"按钮，在弹出的"数据原导入选项"对话框中，单击"确定"按钮，弹出"数据合并"面板，如图3-74所示。

08 在文档窗口中选择要合并数据的位置，再在"数据合并"面板中单击相应的数据，完成后的效果如图3-75所示。

09 在"数据合并"面板中勾选"预览"复选框，然后调整图像的大小，即可查看最终效果，如图3-76所示。

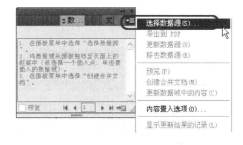

图3-72 选择"选择数据源"命令

数据源文件通常由电子表格或数据库应用程序生成，也可以使用文本编辑器创建自己的数据源文件。数据源文件应当是以逗号分隔的CSV文件，或是以制表符分隔的TXT文本文件。

图3-73 选择数据源

图3-74 "数据合并"面板

图3-75 插入相应的数据

图3-76 完成后的效果

3.7 文字的设置

在 InDesign CS6 中，包含很多种文字的编辑功能。用户可以根据需要对字体进行相应的设置，本节将对其进行简单的介绍。

3.7.1 修改文字大小

在 InDesign 中进行编辑时，难免会对文字的大小进行更改，合理有效地调整字体大小，能使整篇设计的文字构架更具可读性。下面介绍如何对文字的大小进行修改，具体操作步骤如下。

STEP 01 在菜单栏中选择"文件"→"打开"命令，在弹出的对话框中打开随书附带光盘中的

素材 \ 第 3 章 \005.indd 文件，如图 3-77 所示。

STEP 02 在工具箱中单击 按钮，在文档窗口中选择要调整大小的文字，如图 3-78 所示。

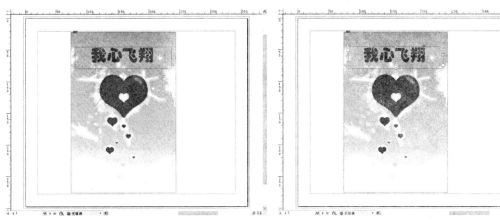

图3-77　打开的素材文件　　　　　　　　图3-78　选择要修改的文字

STEP 03 在菜单栏中选择"文字"→"字符"命令，在弹出的"字符"面板中将"字体大小"设置为 48，如图 3-79 所示。

STEP 04 按 Enter 键确认，完成后的效果如图 3-80 所示。

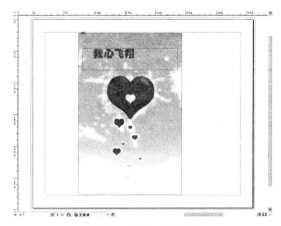

图3-79　设置字体大小　　　　　　　　　图3-80　完成后的效果

3.7.2　基线偏移

在 InDesign CS6 中，"基线偏移"是允许将突出显示的文本移动到其他基线的上面或下面的一种偏移方式，下面将对其进行简单的介绍，具体操作步骤如下。

STEP 01 打开 005.indd 素材文件，在文档窗口中选择要进行设置的文字，在菜单栏中选择"文字"→"字符"命令，如图 3-81 所示。

STEP 02 在弹出的"字符"面板中，将"基线偏移"设置为 45，如图 3-82 所示。

STEP 03 按 Enter 键确认，完成后的效果如图 3-83 所示。

图3-81　选择"字符"命令

图3-82　设置"基线偏移"

图3-83　完成后的效果

3.7.3　倾斜

在 InDesign CS6 中，用户可以对文字进行倾斜，以便达到简单美化的效果，下面将对其进行简单的介绍，具体操作步骤如下。

01 在菜单栏中选择"文件"→"打开"命令，在弹出的对话框中打开随书附带光盘中的素材\第3章\006.indd 文件，如图 3-84 所示。

02 在工具箱中单击 按钮，在文档窗口中选择如图 3-85 所示的文字。

03 按 Ctrl+T 组合键打开"字符"面板，在该面板中将"倾斜"设置为 35，并按 Enter 键确认，完成后的效果如图 3-86 所示。

图3-84　打开的素材文件

图3-85　选择要编辑的文字　　　　　　　图3-86　完成后的效果

3.8　拓展练习——音乐宣传单的制作

本例介绍音乐宣传单的制作，在制作中将主要介绍"文字处理"的应用，效果如图3-87所示。

STEP 01　新建一个文档，在菜单栏中选择"文件"→"新建"→"文档"命令，在弹出的"新建文档"对话框中，将"宽度"设置为360，如图3-88所示。

STEP 02　单击"边距和分栏"按钮，在弹出的"新建边距和分栏"对话框中，将"上"、"下"、"内"和"外"都设置为0，单击"确定"按钮，如图3-89所示。

图3-87　音乐宣传单

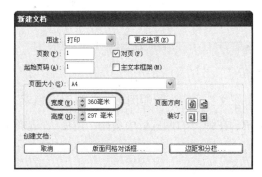

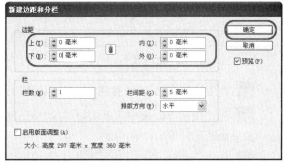

图3-88　在"新建文档"中设置参数　　　　图3-89　在"新建边距和分栏"中设置参数

STEP 03　在菜单栏中选择"文件"→"置入"命令，在弹出的对话框中打开随书附带光盘中的素材\第3章\007.jpg文件，单击"打开"按钮，如图3-90所示。

STEP 04　使用"直接选择工具"调整图像在文档中的位置，如图3-91所示。

图3-90 打开文件

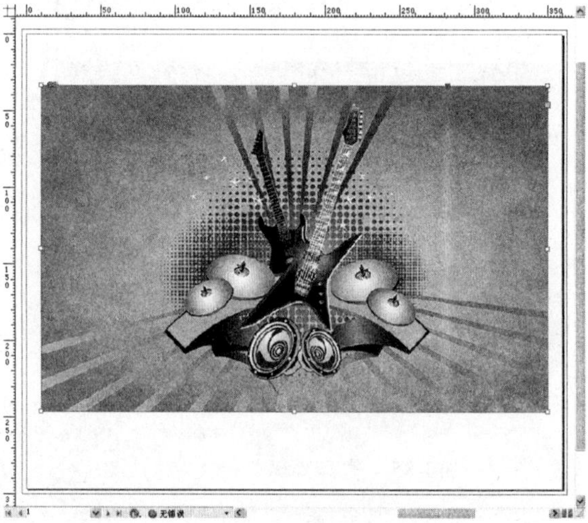

图3-91 调整图像位置

STEP 05 在菜单栏中选择"文件"→"置入"命令，在弹出的对话框中打开随书附带光盘中的素材\第3章\001.png文件，如图3-92所示。

STEP 06 按住Ctrl+Shift键，使用"直接选择工具"将其放置在合适的位置，如图3-93所示。

图3-92 打开文件

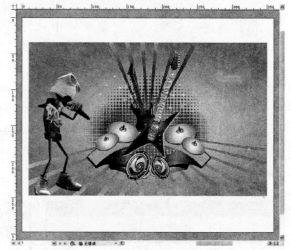

图3-93 调整图像的位置

STEP 07 在工具箱中单击 ✎ 按钮，使用"钢笔工具"在文档窗口中绘制图形，如图3-94所示。

STEP 08 在"控制"面板中，单击 ▱ 右侧的三角按钮，在弹出的调色板中选择"黄色"，选择后的效果如图3-95所示。

STEP 09 使用"钢笔工具"，再次绘制一个图形，如图3-96所示。

STEP 10 使用"直接选择工具"选中图形，在菜单栏中选择"对象"→"路径"→"建立复合路径"命令，如图3-97所示。

STEP 11 使用"直接选择工具"将此图形放入文档窗口中，执行此命令的效果如图3-98所示。

STEP 12 使用"直接选择工具"，按住Ctrl+Shift键调整文字的大小，将其放在合适的位置，如

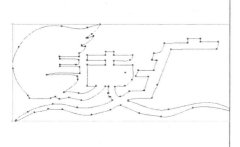

图3-94 使用"钢笔工具"绘制图形

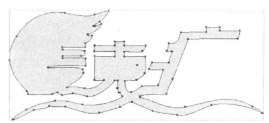

图3-95 给图形填充颜色为黄色

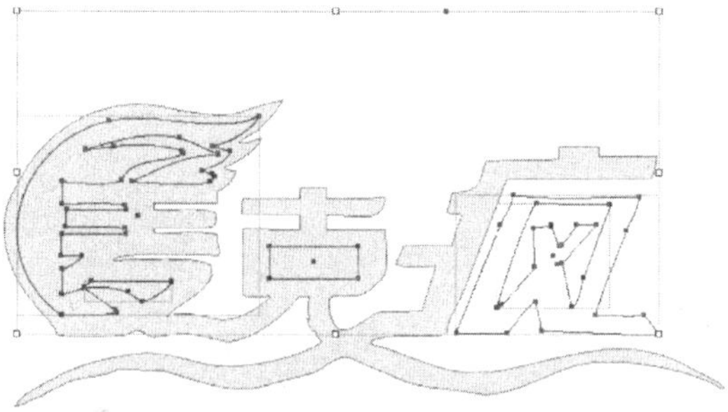

图3-96 使用"钢笔工具"绘制图形

图3-97 选中"复合路径"命令

图 3-99 所示。

13 按 Ctrl+T 快捷键选中"麦克疯"文本框,在控制面板中,将"角度"设置为 15,设置后的效果如图 3-100 所示。

14 在工具箱中单击 T 按钮,在文档窗口中按住鼠标左键拖动,创建一个新的文本框架,并在其中输入文字,如图 3-101 所示。

15 使用"文字工具"选中输入的文字,在控制面板中,将"字体"和"字体大小"设置

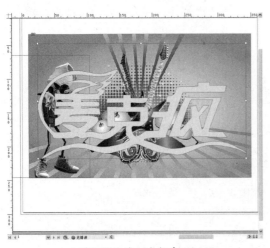

图3-98 放入文档窗口

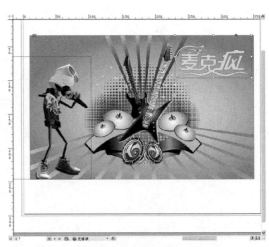

图3-99 调整文字位置

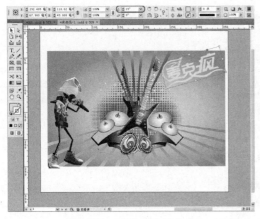

图3-100 调整文字的角度

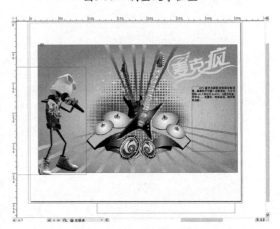

图3-101 输入文字

为"经典美黑简"和"20"，将文字的"颜色"填充为白色，"描边"设置为黑色，设置后的效果如图 3-102 所示。

STEP 16 再次使用"文字工具"在文档窗口的下方按住鼠标左键拖动，创建一个新的文本框架，在其中输入文字，如图 3-103 所示。

图3-102 设置文字后的效果图

图3-103 再次输入文字

STEP 17 再次使用"文字工具"选中输入的文字，在控制面板中，将"字体"和"文字大小"设置为"楷体_GB2312"和"18"，文字的"颜色"填充为白色，设置后的效果如图3-104所示。

STEP 18 按 Ctrl+E 键打开"导出"对话框，在该对话框中指定导出文件的路径，并为其命名，将"保存类型"设置为 JPEG，如图3-105所示。

STEP 19 单击"保存"按钮，在弹出的"导出JPEG"对话框中使用默认值，如图3-106所示。

图3-104　设置文字后的效果

图3-105　"导出"对话框

图3-106　"导出JPEG"对话框

STEP 20 单击"导出"按钮，最后对完成后的场景进行保存即可。

3.9　习题

一、填空题

(1) 在 InDesign 文档中可以很简单地（　　）、（　　）、（　　）、（　　）。

(2) 在 InDesign CS6 中，（　　）与（　　）是文字处理程序中非常有用的功能。

二、简答题

(1) 在修改文本过程中删除了不该删除的文本内容怎么办？

(2) 文本框架在文档中的作用是什么？

第4章 Chapter 04
设置段落文本和样式

本章要点:

本章将举例讲解如何创建段落文本和文本样式,包括文本段落的美化以及样式的设置等。

学习目标:

- 段落基础
- 增加段落间距
- 设置首字下沉
- 添加项目符号和编号
- 美化文本段落
- 缩放文本
- 旋转文本
- 设置样式
- 重新定义样式
- 导入样式

4.1 段落基础

　　在单个段落中，只能应用相同的段落格式。比如，不能在一个段落中指定一行为左对齐，其余的行为左缩进。段落中的所有行都必须共享相同的对齐方式、缩进和制表行设置等段落格式。

　　在菜单栏中选择"窗口"→"文字和表"→"段落"命令，打开"段落"面板，如图 4-1 所示，单击"段落"面板右上角的按钮 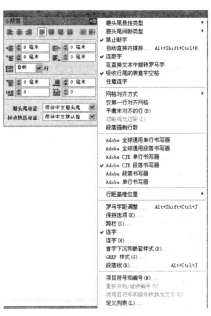，在弹出的下拉菜单中可以选择相应的命令，如图 4-2 所示。

图4-1　"段落"面板

图4-2　下拉菜单

　　在工具箱中单击"文字工具"按钮 T.，然后单击"控制"面板中的"段落格式控制"按钮 ¶，可以将"控制"面板切换到段落格式控制选项，在"控制"面板中也可以对段落格式选项进行设置，如图 4-3 所示。

图4-3　"控制"面板

4.1.1 行距

　　行与行之间的距离简称为行距，在 InDesign CS6 中，可以使用"字符"面板或"控制"面板对其进行设置。

　　如果想使设置的行距对整个段落起作用，可以在菜单栏中选择"编辑"→"首选项"→"文字"命令，如图 4-4 所示。弹出"首选项"对话框，在左侧的列表中选择"文字"选项卡，然后在右侧的"文字选项"选项组中勾选"对整个段落应用行距"复选框，如图 4-5 所示。设置完成后单击"确定"按钮，即可使设置的行距对整个段落起作用。

图4-4　选择"文字"命令

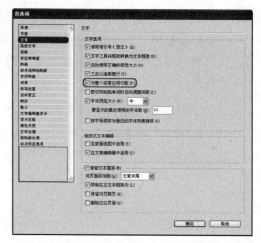

图4-5　勾选"对整个段落应用行距"复选框

4.1.2　对齐

将"控制"面板切换到段落格式控制选项或是"段落"面板顶端，然后使用其左侧的对齐按钮设置段落的对齐方式。

打开随书附带光盘中的素材\第4章\001.indd文档，在工具箱中单击"文字工具"按钮 T.，在需要设置的文本段落中单击或拖动鼠标，选择一个或多个需要设置的文本段落，如图4-6所示。

- "左对齐"按钮 ≡：单击该按钮，可以使文本向左页边框对齐，在左对齐段落中，右页边框是不整齐的，因为每行右端剩余的空间都是不一样的，所以会产生右页边框参差不齐的边缘，如图4-7所示。

图4-6　选择多个文本段落

图4-7　左对齐效果

- "居中对齐"按钮 ≡：单击该按钮，可以使文本居中对齐，每行剩余的空间被分成两半，分别置于行的两端。在居中对齐的段落中，段落的左边缘和右边缘都不整齐，但文本相对于垂直轴是平衡的，如图4-8所示。
- "右对齐"按钮 ≡：单击该按钮，可以使文本向右页边框对齐，在右对齐段落中，左页边框是不整齐的，因为每行左端剩余空间都是不一样的，所以会产生左页边框参差不齐的边缘，如图4-9所示。

图4-8　居中对齐效果　　　　　　　　　　图4-9　右对齐效果

- "双齐末行齐左"按钮▤：在双齐文本中，每一行的左右两端都充满页边框。单击该按钮时，可以使段落中的文本两端对齐，最后一行左对齐，如图4-10所示。
- "双齐末行居中"按钮▤：单击该按钮时，可以使段落中的文本两端对齐，最后一行居中对齐，如图4-11所示。

图4-10　双齐末行齐左效果　　　　　　　　图4-11　双齐末行居中效果

- "双齐末行齐右"按钮▤：单击该按钮，可以使段落中的文本两端对齐，最后一行居右对齐，如图4-12所示。
- "全部强制双齐"按钮▤：单击该按钮，可以使段落中的文本强制所有行两端对齐，如图4-13所示。

图4-12　双齐末行齐右效果　　　　　　　　图4-13　全部强制双齐效果

- "朝向书脊对齐"按钮▤：该按钮与"左对齐"或"右对齐"按钮功能相似，InDesign将根据书脊在对页文档中的位置选择左对齐或右对齐。该对齐按钮会自动在左边页面上创建右对齐文本,在右边页面上创建左对齐文本。若素材文档的页面为右边页面,则对齐效果如图 4-14 所示。

- "背向书脊对齐"按钮▤:单击该按钮与单击"朝向书脊对齐"按钮▤作用相同,但对齐的方向相反。在左边页面上的文本左对齐,在右边页面上的文本右对齐。若素材文档的页面为右边页面,则对齐效果如图 4-15 所示。

 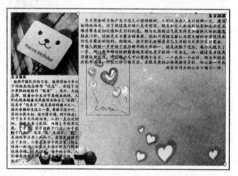

图4-14 朝向书脊对齐效果   图4-15 背向书脊对齐效果

4.1.3 缩进

在"段落"面板的缩进选项中可以设置段落的缩进。

- "左缩进":在该文本框中输入数值,可以设置选择的段落左边缘与左边框之间的距离。如果在"段落"面板的"左缩进"文本框中输入 30 毫米,如图 4-16 所示,则选择的段落文本效果如图 4-17 所示。

图4-16 输入"左缩进"数值   图4-17 左缩进效果

- "右缩进":在该文本框中输入数值,可以设置选择的段落右边缘与右边框之间的距离。如果在"段落"面板的"右缩进"文本框中输入 30 毫米。则选择的段落文本效果如图 4-18 所示。
- "首行左缩进":在该文本框中输入数值,可以设置选择的段落首行左边缘与左边框之间的距离,如果在"段落"面板的"首行左缩进"文本框中输入 30 毫米,如图 4-19 所示。则选择的段落文本效果如图 4-20 所示。
- "末行右缩进":在该文本框中输入数值,可以设置选择的段落末行右边缘与右边框之间的距离。如果在"段落"面板的"末行右缩进"文本框中输入 7 毫米,则选择的段落文本效果如图 4-21 所示。

提示　在"控制"面板中也可以对段落进行缩进设置。

图4-18　右缩进效果

图4-19　输入"首行左缩进"数值

图4-20　首行左缩进效果

图4-21　末行右缩进效果

4.2　增加段落间距

在 InDesign CS6 中，可以在选定的段落前面或后面插入间距。

　　如果需要在选定的段落的前面插入间距，可以在"段落"面板或"控制"面板中的"段前间距"文本框中输入一个数值，例如输入 10 毫米，如图 4-22 所示。设置段前间距的效果如图 4-23 所示。

图4-22　输入"段前间距"数值

图4-23　设置段前间距后的效果

　　如果需要在选定的段落的后面插入间距，可以在"段落"面板或"控制"面板中的"段后间距"文本框中输入一个数值，例如输入 10 毫米，即可看到设置段后间距的效果，如图 4-24 所示。

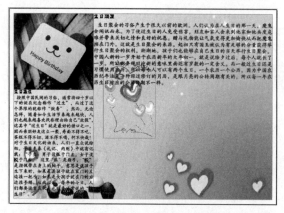

图4-24　设置段后间距后的效果

4.3　设置首字下沉

　　在装饰文章的第一章时，通常会使用首字下沉效果，这样可以避免文本的平淡、乏味，使段落更具吸引力。在"段落"面板或"控制"面板中可以设置首字下沉的数量及行数。

　　在工具箱中单击"文字工具"按钮 T.，在需要设置首字下沉的段落中的任意位置单击鼠标，如图 4-25 所示。

　　在"段落"面板或"控制"面板中的"首字下沉行数"文本框中输入数值，例如输入 3，如图 4-26 所示。设置首字下沉后的效果如图 4-27 所示。

　　也可以在"首字下沉一个或多个字符"文本框中输入要设置首字下沉的字符个数，例如输入 2，如图 4-28 所示。即可下沉两个字符，效果如图 4-29 所示。

图4-25　在段落中单击

图4-26　在"首字下沉行数"文本框中输入数值

图4-27　首字下沉效果

图4-28　输入下沉的字符个数　　　　图4-29　下沉两个字符的效果

4.4　添加项目符号和编号

在 InDesign CS6 中，可以使用项目符号和编号作为一个段落级格式。

单击"段落"面板右上角的按钮 ，在弹出的下拉菜单中选择"项目符号和编号"命令，如图 4-30 所示。弹出"项目符号和编号"对话框，在"列表类型"下拉列表中选择需要设置的列表类型，如图 4-31 所示。

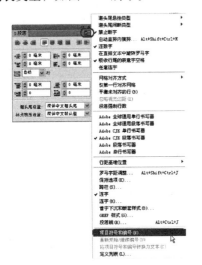

图4-30　选择"项目符号和编号"命令　　　图4-31　"项目符号和编号"对话框

4.4.1　项目符号

在"项目符号和编号"对话框中的"列表类型"下拉列表中选择"项目符号"选项，即可对项目符号的相关选项进行设置。下面介绍为段落文本添加项目符号的方法，具体的操作步骤如下。

01 打开随书附带光盘中的素材 \ 第 4 章 \002.indd 文档。在工具箱中单击"文字工具"按钮 T.，选择需要添加项目符号的段落，如图 4-32 所示。

02 打开"项目符号和编号"对话框，在"列表类型"下拉列表中选择"项目符号"选项，可以在"项目符号字符"列表框中单击选择一种项目符号，也可以单击其右侧的"添加"按钮，如图 4-33 所示。

图4-32　选择需要添加项目符号的段落

图4-33　单击"添加"按钮

STEP 03 弹出"添加项目符号"对话框，在该对话框中的列表框中单击选择一种项目符号，然后单击"确定"按钮，如图 4-34 所示。

STEP 04 返回"项目符号和编号"对话框，再次在"项目符号字符"列表框中单击选择刚才添加的项目符号，在"项目符号或编号位置"选项组中的"首行缩进"文本框中输入 8 毫米，在"制表符位置"文本框中输入 14 毫米，如图 4-35 所示。

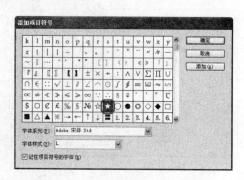

图4-34　"添加项目符号"对话框

图4-35　选择并设置项目符号

STEP 05 单击"确定"按钮，即可为选择的段落添加项目符号，效果如图 4-36 所示。

4.4.2　编号

在"项目符号和编号"对话框的"列表类型"下拉列表中选择"编号"选项，即可对编号的相关选项进行设置。下面介绍为段落文本添加编号的方法，具体的操作步骤如下。

STEP 01 打开随书附带光盘中的素材 \ 第 4 章 \003.indd 文档。单击工具箱中的"选择工具"按钮，在文档中选择文本框，如图 4-37 所示。

图4-36　添加项目符号后的效果

图4-37　选择文本框

STEP 02 打开"项目符号和编号"对话框，在"列表类型"下拉列表中选择"编号"选项，在"编号样式"选项组中的"格式"下拉列表中选择一种编号样式，在"项目符号或编号位置"选项组中的"首行缩进"文本框中输入9毫米，在"制表符位置"文本框中输入16毫米，如图4-38所示。

STEP 03 单击"确定"按钮，即可为选择的文本框中的所有段落添加编号，效果如图4-39所示。

图4-38　设置编号

图4-39　添加编号后的效果

4.5　美化文本段落

为了使排版内容引人注目，通常会对文本段落进行美化设计，如设置文本的颜色、反白文字，或者为文字添加下划线、删除线等，这些都会起到突出、美化文本的效果。

4.5.1　设置文本颜色

通常为了方便阅读和排版更加美观，会为标题、通栏标题、副标题或引用设置不同的颜色，但是在正文中很少为文本设置颜色。为文本设置颜色的操作步骤如下。

STEP 01 打开随书附带光盘中的素材＼第4章＼004.indd文档，在工具箱中单击"选择工具"按钮，如图4-40所示。

图4-40　选择文本

STEP 02 在菜单栏中选择"窗口"→"颜色"→"色板"命令,打开"色板"面板,在"色板"面板中单击选择一种颜色,如图 4-41 所示。

STEP 03 在工具箱中单击"描边"图标,然后在"色板"面板中单击一种颜色,将其应用到文本的描边,如图 4-42 所示。

图4-41 "色板"面板

图4-42 选择描边颜色

STEP 04 在菜单栏中选择"窗口"→"描边"命令,打开"描边"面板,在"描边"面板中的"粗细"下拉列表中设置描边的粗细,如图 4-43 所示。

STEP 05 为文本设置颜色后的效果如图 4-44 所示。

图4-43 "描边"面板

图4-44 为文本设置颜色后的效果

提示 应用于文本的颜色通常源于相关图形中的颜色,或者来自一个出版物传统的调色板。一般文字越小,文字的颜色应该越深,这样可以使文本更易于阅读。

4.5.2 反白文字

所谓的反白文字并不一定就是黑底白字,也可以是深色底浅色字。反白文字一般用较大的字号和粗体字样效果最好，因为这样可以引起读者注意，也不会使文本被背景吞没。制作反白文字效果的操作步骤如下。

01 打开随书附带光盘中的素材\第4章\005.indd 文档，单击工具箱中的"文字工具"按钮 T，然后在文本框架中拖动光标选择文字，如图 4-45 所示。

02 双击工具箱中的"填色"图标，弹出"拾色器"对话框，在该对话框中为选择的文字设置一种浅颜色，如图 4-46 所示。

图4-45 选择文字

03 单击"确定"按钮，将光标移至刚刚设置颜色的文字上，在菜单栏中选择"窗口"→"文字和表"→"段落"命令，打开"段落"面板，单击"段落"面板右上角的按钮 ，在弹出的下拉菜单中选择"段落线"命令，如图 4-47 所示。

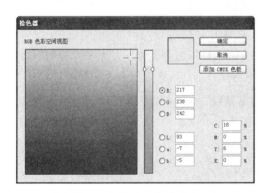

图4-46 为选择的文字设置浅颜色

图4-47 选择"段落线"命令

04 弹出"段落线"对话框，在"段落线"对话框左上角的下拉列表中选择"段后线"选项，勾选"启用段落线"复选框，在"粗细"下拉列表中选择"20 点"，在"颜色"下拉列表中选择红色，然后设置"位移"为"-7 毫米"，如图 4-48 所示。

05 单击"确定"按钮，完成反白文字效果的制作，如图 4-49 所示。

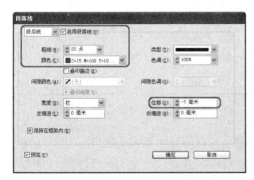

图4-48 "段落线"对话框

图4-49 反白文字效果

STEP 06 使用同样的方法，可以为文档中的其他文字制作反白文字效果，如图 4-50 所示。

4.5.3 下划线和删除线

在"字符"面板和"控制"面板的下拉菜单中，提供了"下划线选项"和"删除线选项"命令，用来自定义设置下划线和删除线。为文字添加下划线和删除线的操作方法如下。

STEP 01 继续上一小节的操作。单击工具箱中的"文字工具"按钮 **T.**，拖动光标选择需要添加下划线的文字，如图 4-51 所示。

图4-50　为其他文字制作反白文字效果

图4-51　选择文字

STEP 02 在菜单栏中选择"窗口"→"文字和表"→"字符"命令，弹出"字符"面板，单击"字符"面板右上角的按钮 ，在弹出的下拉菜单中选择"下划线选项"命令，如图 4-52 所示。

STEP 03 弹出"下划线选项"对话框，勾选"启用下划线"复选框，然后将"粗细"设置为 2 点，"位移"设置为 3 点，"颜色"设置为红色，如图 4-53 所示。

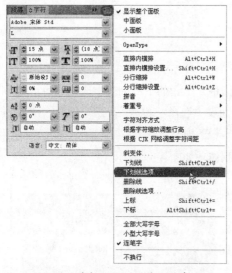

图4-52　选择"下划线选项"命令

图4-53　"下划线选项"对话框

STEP 04 设置完成后单击"确定"按钮，为文字添加下划线的效果如图 4-54 所示。

STEP 05 单击工具箱中的"文字工具"按钮 **T.**，然后拖动光标选择需要添加删除线的文字，如图 4-55 所示。

图4-54　为文字添加下划线后的效果

图4-55　选择文字

STEP 06 单击"字符"面板右上角的按钮，在弹出的下拉菜单中选择"删除线选项"命令，弹出"删除线选项"对话框，勾选"启用删除线"复选框，然后将"粗细"设置为3点，将"位移"设置为4点，将"颜色"设置为如图4-56所示的颜色。

STEP 07 设置完成后单击"确定"按钮，为文字添加删除线后的效果如图4-57所示。

图4-56　"删除线选项"对话框

图4-57　为文字添加删除线后的效果

4.6 缩放文本

在修改文本的大小时，通常会使用"文字工具"选中需要修改的文字，然后在"字符"面板或"控制"面板中设置新的字体大小，然后使用"选择工具"来调整文本框架的大小，使文本不会溢出。

在 InDesign CS6 中，也可以同时调整文本框架及文本的大小，具体的操作步骤如下。

STEP 01 打开随书附带光盘中的素材 \ 第 4 章 \006.indd 文档，单击工具箱中的"选择工具"按钮，选中需要进行调整的文本框架，如图 4-58 所示。

STEP 02 然后在按住 Ctrl+Shift 键的同时，单击并向任意方向拖动该框架边缘或手柄，即可对文本框架和文本同时进行缩放，效果如图 4-59 所示。

提示 使用"缩放工具"也可以同时对文本框架及文本进行调整。

图4-58　选中文本框架　　　　　　　　图4-59　调整文本框架和文本后的效果

4.7　旋转文本

下面介绍旋转文本的方法，具体的操作步骤如下。

STEP 01 打开随书附带光盘中的素材\第4章\006.indd文档，单击工具箱中的"选择工具"按钮，在文档中选择需要进行旋转操作的文本框架，如图4-60所示。

STEP 02 将鼠标移至文本框架的任意一个角上，当鼠标变成样式后，单击并向任意方向拖动鼠标，即可旋转文本，效果如图4-61所示。

提示　使用"旋转工具"也可以旋转文本。

图4-60　选择文本框架　　　　　　　　图4-61　旋转文本

4.8　设置样式

4.8.1　段落样式

段落样式可以确保InDesign文档保持一致性。段落样式除了包含本身的属性外，还包含所有的文本格式属性。

执行"窗口"→"文字"→"段落样式"命令，打开"段落样式"面板，如图4-62所示。

单击"段落样式"面板右上角的三角按钮 ，在弹出的快捷菜单中可以执行相关的段落样式
面板命令，如图4-63所示。

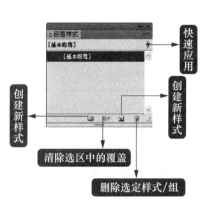

图4-62　"段落"面板　　　　　　　　　图4-63　选择"新建段落样式"选项

- "新建字符样式"：选择该选项，弹出"新建字符样式"对话框，在该对话框中可以创建字符样式。
- "直接复制样式"：选中面板中的字符样式，选择该选项，在弹出的"直接复制字符样式"对话框中，可以基于选中样式中的选项创建字符样式。
- "删除样式"：选中面板中的字符样式，选择该选项，可以删除选中的字符样式。"样式选项"：选中面板中的字符样式，选择该选项，可以在弹出的"字符样式选项"对话框中更改样式效果的选项。
- "断开到样式的链接"：选中面板中的字符样式，选择该选项，可以断开对象与应用于该对象的样式之间的链接，这时该对象将保留相同的属性，但当样式改变时不再改变。
- "载入字符样式"：选择该选项，可以载入某个文档中的所有文本样式。
- "新建样式组"：选择该选项，可以创建样式组。
- "打开所有样式组"与"关闭所有样式组"：分别选择该选项，可以展开或者关闭面板中的样式组。
- "复制到组"：选中面板中的字符样式，选择该选项，在弹出的"复制到组"对话框中，可以将选择面板中现有的样式组复制到现有的样式组中。
- "从样式中新建组"：选中面板中的字符样式，选择该选项，可以为选定样式创建样式组。
- "按名称排序"：选择该选项，可以将面板中的所有样式和样式组按名称排序。

提示　InDesign 中的所有样式面板（如字符样式、对象样式、表样式和单元格样式）与字符样式的使用方法基本相同。

单击"段落样式"面板右上角的三角形按钮 后，在弹出的快捷菜单中选择"新建段落样式"选项，弹出"新建段落样式"对话框，如图4-64所示。对话框左侧为选项列表框，右侧为列表选项的相关选项参数。左侧列表框中包括28个选项。默认情况下，选择的是"常规"选项，右侧显示的是"常规"选项的相关选项设置。以下是这些选项及功能介绍。

- "样式名称":在该文本框中可以设置新建段落样式的名称。
- "基于":该选项可以设置样式所基于的样式。
- "下一样式":设置该选项可以在输入的第二个段落中应用该选项中的样式,前提是"段落样式"面板中至少包含一个段落样式。
- "快捷键":可以在文本框中定义快捷键。但需要将 NumLock 键打开,然后按住 Shift 键、Alt 键和 Ctrl 键的任意

图4-64　"新建段落样式"对话框

组合键,并按数字小键盘上的数字键。不能使用字母键或非小键盘上的数字键定义样式快捷键。

- "将样式应用于选区":勾选该复选框,可以将新样式直接应用于选中的文本。设置完成后,单击"确定"按钮,即可创建段落样式。

4.8.2　字符样式

字符样式是通过一个步骤就可以应用于文本的一系列字符格式属性的集合。使用"字符样式"面板可以创建、命名字符样式,并将其应用于段落内的文本,可以对不同的文本重复应用该样式。在"字符样式"面板中创建的字符样式只针对当前文档,不影响其他文档。执行"文字"→"字符样式"命令,打开"字符样式"面板,如图 4-65 所示。单击"字符样式"面板右上角的三角形按钮，在弹出的快捷菜单中选择"新建字符样式"命令弹出"新建字符样式"对话框,如图 4-66 所示。对话框中左侧为选项列表框,右侧为列表框选项的相关选项参数。

图4-65　"字符样式"面板

图4-66　"新建字符样式"对话框

左侧列表框中包括 16 个选项,默认情况下选择的是"常规"选项,右侧显示的是"常规"选项的相关选项设置。以下是这些选项及选项功能介绍。

- "样式名称":在文本框中可以设置字符样式的名称,默认情况下为"字符样式",在文本框中输入即可更改该样式名称。

- "基于"：用来作为新样式的基础样式，也就是说新建样式可以基于已有的样式创建。如果要创建一个新样式，最好保留该设置为默认值。
- "快捷键"：用来设置应用该样式的快捷键，设置方法是在文本框中单击，然后按住 Ctrl 键并按下数字键即可。
- "样式设置"：显示设置的字符属性，单击右侧的"重置为基准样式"按钮可以清除设置的字符属性。

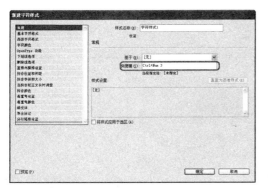

图4-67　设置字符样式的快捷键

图4-68　创建文字样式

提示　单击"字符样式"面板底部的"创建新样式"按钮，可以直接创建一个名为"字符样式 1"的空字符样式。

左侧列表框中的其他选项是用来设置字符属性的。图 4-67 所示为设置了字符样式的快捷键。单击"确定"按钮完成创建，如图 4-68 所示。

如果希望在现有文本格式的基础上创建一种新的样式，可以选择该文本或者将插入点放在该文本中，单击"字符面板"右上角的三角形按钮，在弹出的快捷菜单中选择"新建字符样式"选项即可，字符属性为选中文本属性的字符样式，如图 4-69 所示。

图4-69　创建具有文本属性的字符样式

提示　当选中具有字符属性的文本后，无论是单击"创建新样式"按钮，还是选择关联菜单中的"创建字符样式"选项，均可以创建具有字符属性的样式。

要想基于面板中的某个字符样式选项创建新字符样式，还可以选中该字符样式，然后执行关联菜单中的"直接复制样式"命令，通过该命令得到的新字符样式不具备源样式中的快捷键，如图4-70所示。

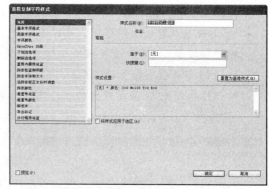

字符样式创建完成后，就可以在页面中重复应用该样式。方法是：使用"文字工具" T.选中文本，在"字符样式"面板中单击名为"目录样式"的字符样式，这时页面中的文本发生变化，如图4-71所示。

图4-70　直接复制字符样式

图4-71　应用字符样式

4.9　重新定义样式

在 InDesign 中，更新样式的方法有两种：一种是打开样式本身并对格式选项进行修改，修改后的样式效果直接反映到被应用的对象中；另一种是通过自身的格式修改对象，然后根据对象中的效果重新定义样式。

对象样式中的格式选项均可以在"描边"面板、"色板"面板和"效果"命令中找到相同的选项设置。所以当页面中的多个图像框架被应用"投影＋绕排"对象样式后，选中其中一个框架对象，可以继续在这些面板或者对话框中单独设置该对象。

提示　通过"色板"面板、"描边"面板或"效果"对话框所做的修改只影响选定的对象，不会修改对象样式。此时在对象样式的右侧会显示一个加号，说明该样式应用的对象被修改了。

4.10　导入样式

在 InDesign 中，可以将创建的样式进行保存，然后在需要应用该样式时将其导入。

STEP 01　执行"窗口"→"文字"→"字符样式"命令，打开"字符样式"面板，单击"字符样式"面板右上角的三角形按钮 ，在弹出的快捷菜单中，选择"载入所有文本样式"选项，如图 4-72 所示。选择"载入所有文本样式"选项后，弹出"打开文件"对话框，选择需要导入的字符样式，如图 4-73 所示。

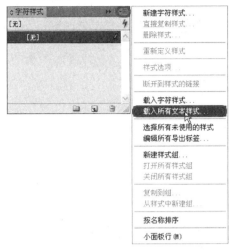

图4-72 选择"载入所有文本样式"选项　　　　图4-73 "打开文件"对话框

STEP 02 单击"打开"按钮，弹出"载入样式"对话框，选中需要导入的样式，如图 4-74 所示。单击"确定"按钮，即可将选中的字符样式导入到"字符样式"面板中，如图 4-75 所示。

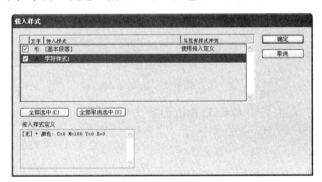

图4-74 "载入样式"对话框　　　　　　图4-75 "字符样式"对话框

4.11 拓展练习——制作入场券

本节将利用前面所学的知识制作一张入场券，效果如图 4-76 所示，读者可以通过本例的学习对前面所学的知识加以巩固，操作步骤如下。

STEP 01 打开 InDesign CS6，新建一个文档，在菜单栏中选择"文件"→"新建"→"文档"命令，在弹出的"新建文档"对话框中，将"宽度"设置为 200 毫米，"高度"设置为 80 毫米，如图 4-77 所示。

STEP 02 单击"边距和分栏"按钮，在弹出的

图4-76 入场券效果图

"新建分距和分栏"对话框中,将"上"、"下"、"内"和"外"都设置为0,如图4-78所示。

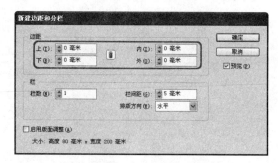

图4-77　设置文档参数　　　　　　　　　　　图4-78　设置分距和分栏参数

STEP 03 设置完成后,单击"确定"按钮即可。单击工具箱中的"矩形工具"按钮 ▣,在文档中绘制一个矩形,如图4-79所示。

STEP 04 在工具箱中单击"选择工具"按钮 ▶,在文档中选择绘制的矩形,如图4-80所示。

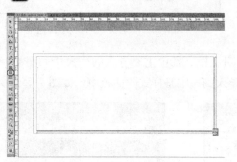

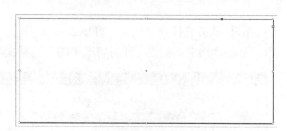

图4-79　新建后的文档　　　　　　　　　　　图4-80　选择绘制的矩形

STEP 05 按F6键,弹出"颜色"面板,在面板中将CMYK值设置为(56、100、100、49),如图4-81所示。

STEP 06 文档中矩形填充后的效果如图4-82所示。

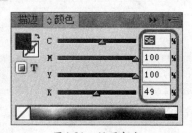

图4-81　设置颜色　　　　　　　　　　　　　图4-82　填充颜色后的效果

STEP 07 按F10键,弹出"描边"面板,将"粗细"设置为0点,如图4-83所示。

STEP 08 在菜单栏中选择"视图"→"显示标尺"命令,如图4-84所示。

STEP 09 在标尺上单击鼠标左键,在文档中拖动出一条垂直参考线,将参考线的位置放在160毫米处,如图4-85所示。

STEP 10 在工具箱中单击"直线工具"按钮 ╱,按住Shift键在参考线上绘制一条直线,如图4-86所示。

图4-83　设置描边参数

图4-84　选择显示标尺

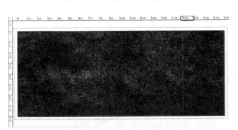

图4-85　拖动参考线

图4-86　绘制直线

11 绘制完成后，在菜单栏中选择"视图"→"网格和参考线"→"隐藏参考线"命令，如图 4-87 所示。

12 这时即可将文档中的参考线隐藏，如图 4-88 所示。

图4-87　选择命令

图4-88　隐藏参考线

13 单击工具箱中的"选择工具"按钮，在文档中选择绘制的直线，如图 4-89 所示。

14 选择直线后，对其进行设置，在控制面板中将百分比设置为 25%，将"填色"设置为"无"，将"描边"颜色的 CMYK 值设置为（3、36、18、0），将填色右侧设置为 3 点，将线性设置为"虚线"，如图 4-90 所示。

15 设置完成后，文档中的虚线将呈 25% 的比例显示。用鼠标拉伸文档中的虚线，调整好位置，其效果如图 4-91 所示。

STEP 16 单击工具箱中的"矩形工具"按钮 ，在文档的中下方绘制一个矩形，线型为实线，如图4-92所示。

图4-89　选择文档中直线

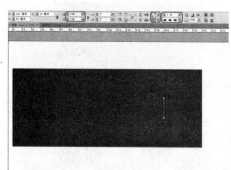

图4-90　设置虚线参数

图4-91　调整虚线

图4-92　绘制矩形

STEP 17 绘制完成后，在菜单栏中选择"窗口"→"颜色"→"渐变"命令，打开"渐变"面板，如图4-93所示。

STEP 18 在"渐变"面板中的渐变颜色条上单击鼠标，然后选择第一个色标，按F6键，弹出"颜色"面板，将CMYK值设置为（10、3、9、0），如图4-94所示。

STEP 19 使用同样的方法，为另一个色标设置颜色，将其CMYK值设置为（39、81、76、3）。第3个色标与第一个色标的CMYK值相同，效果如图4-95所示。

STEP 20 设置完成后，在工具箱中右击"应用渐变"按钮 ，在弹出的子菜单中选择"应用渐变"选项，如图4-96所示。

STEP 21 应用渐变后的效果如图4-97所示。

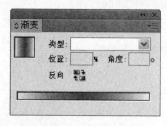

图4-93　"渐变"面板

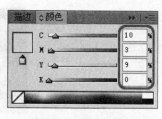

图4-94　设置颜色数值

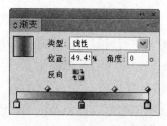

图4-95　设置渐变后面板

图4-96　选择应用渐变

STEP 22 单击工具箱中的"文字工具"按钮 T，拖动鼠标，在文档中创建一个文本框，在其中输入文本，如图 4-98 所示。

图4-97　应用渐变效果

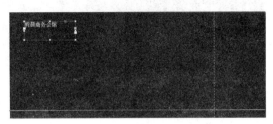

图4-98　输入文本

STEP 23 输入文本后，在控制面板中将字体设置为"经典粗仿黑"，大小设置为"20 点"，将填色的 CMYK 值设置为（2、6、22、0），并将其位置调整好，如图 4-99 所示。

STEP 24 在工具箱中单击"文字工具"按钮 T，拖动鼠标，在文档中创建第二个文本框，并输入文字，将大小设置为"9 点"，如图 4-100 所示。

图4-99　设置文本

图4-100　创建文本框并输入文本

STEP 25 在工具箱中单击"直线工具"按钮 ╱，参照上述绘制虚线的方法，在文档中绘制一条虚线，并对其进行设置，如图 4-101 所示。

STEP 26 单击工具箱中的"文字工具"按钮 T，在文档中创建文本框，输入文字，将字体设置为"方正大黑简体"，大小设置为"25 点"，并在文档中调整其位置，效果如图 4-102 所示。

图4-101　绘制虚线

图4-102　设置输入的文本

STEP 27 使用同样的方法在文档中输入如图 4-103 所示的文本，并将文本字体设置为"迷你简细倩"，将大小设置为"15 点"。

STEP 28 同上述步骤，使用同样的方法在文档中输入文本，设置其字体、大小，并调整好位置，如图 4-104 所示。

STEP 29 设置完成后，在菜单栏中选择"文件"→"置入"命令，如图 4-105 所示。

STEP 30 在弹出的对话框中选择随书附带光盘中的素材 \ 第 4 章 \008.psd 文件，如图 4-106 所示。

图4-103　输入文本　　　　　　　　　　图4-104　输入其他文本

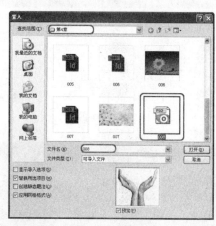

图4-105　选择"置入"命令　　　　　　　　图4-106　置入文件

31 单击"打开"按钮，将文件置入到文档中，并在文档中将其位置调整好，如图4-107所示。

32 置入文件后，在工具箱中单击"文字工具"按钮 T.，在文档中创建文本框，输入大写字母"Y"，将字体设置为"汉仪立黑简"，大小设置为"20点"，并在文档中调整其位置，如图4-108所示。

图4-107　置入文件

图4-108　输入文本

33 设置完成后，单击工具箱中的"钢笔工具"按钮 ，在文档中绘制一个如图4-109所示的图形，并调整其位置。

34 绘制完成后，在控制面板中，将其"旋转角度"设置为"12度"，如图4-110所示。

35 按Ctrl+E键打开"导出"对话框，在该对话框中为其指定导出的路径，并为其命名，将"保存类型"设置为JPEG，如图4-111所示。

36 在弹出的"导出JPEG"对话框中使用默认值，单击"保存"按钮，如图4-112所示。设置完成后，保存该场景即可完成制作。

图4-109　绘制图形　　　　　　　　图4-110　旋转角度

图4-111　"导出"对话框　　　　　　图4-112　"导出JPEG"对话框

4.12 习题

一、选择题

（1）如果需要在选定的段落后面插入间距，可以在（　　）面板或（　　）面板中的（　　）文本框中输入一个数值，即可看到设置段后间距后的效果。

（2）反白文字一般用（　　）和（　　）效果最好，因为这样可以引起读者的注意，也不会使文本被背景吞没。

二、简答题

（1）简单说明怎样旋转文本。

（2）简单说明怎样重复应用创建后的字符样式。

第 5 章
图片的运用

本章要点：

　　InDesign CS6 本身并不能处理复杂的图片，把已处理好的文字、图像图形通过赏心悦目的安排，以达到突出主题为目的。在编排期间，文字处理是影响创作发挥和工作效率的重要环节，是否能够灵活地处理文字显得非常关键。

学习目标：

- 图片的置入和管理
- 图片的编辑
- 图片效果处理

5.1　图片的置入和管理

5.1.1　合格的印刷图片

在为客户制作项目时，客户提供的资料图片来源很多，如数码照片、网上图片等，但是在这些图片都需要设计师在图像软件中进行处理，然后将处理后的图片放到该软件中进行排版设计，下面介绍如何设置图片的格式、模式和分辨率，并使其达到印刷要求。

1. 图片的格式

JPEG、EPS、AI 和 PSD 图片格式，下面讲解在实际工作中如何挑选适合的图片格式。

- TIFF

在印刷方面多以 TIFF 格式为主。TIFF 是 Tagged Image File Format（标签图像文件格式）的简写，是一种主要用来存储包括照片和艺术图片在内的图像文件格式。TIFF 格式是最复杂的一种位图文件格式，Tiff 是基于标记的文件格式，它广泛应用于对图像质量要求较高的图像存储与转换。由于它的结构灵活、包容性大，它已经成为图像文件格式的一种标准，绝大多数图像系统都支持这种格式。

但需要注意的是，如果图片的尺寸过大，存储为 TIFF 格式的图片在输出时会出现错误的尺寸，这时可将图片存储为 EPS 格式。

- JPEG

JPEG 的压缩方式通常是破坏性的资源压缩。在压缩的过程中图像的品质会遭到可见的破坏，因此，通常只在创作的最后阶段，再以 JPEG 格式保存一次图片即可。

由于 JPEG 格式采用的是有损压缩方式，所以在操作时必须注意以下几点。

① 四色印刷时需使用 CMYK 模式。

② 限于对精度要求不高的印刷品。

③ 不宜在编辑修改过程中反复存储。

- EPS

EPS 文件格式又称为带有预视图像的 PS 格式，它的"封装"单位是一个页面，EPS 文件只包含一个页面的描述。EPS 文件是目前桌面印刷系统普遍使用的通用交换格式当中的一种综合格式。EPS 格式可用于像素图片、文本以及矢量图形。创建或编辑 EPS 文件的软件可以定义容量、分辨率、字体、其他的格式化和打印信息。这些信息被嵌入到 EPS 文件中，然后由打印机读入并处理。

- PSD

PSD 格式可包含各种图层、通道、遮罩等，需要多次进行修改的图片存储为 PSD 可以在下次打开时很方便地修改上次的图片。缺点是会增加文件的大小，打开文件的速度缓慢。

- AI

AI 是一种矢量图格式，可用于矢量图形及文本。在 Illustrator 中编辑的文件可以存储为 AI 格式。它的优点是占用硬盘空间小，打开速度快，方便格式转换。

2. 图片的模式

一般图片常用到 4 种颜色模式：RGB、CMYK、灰度、位图，根据不同的需要可以将图片设置为不同的颜色模式。如用于印刷的图像的颜色模式为 CMYK 颜色模式。

- RGB 与 CMYK

在排版过程中，当打开一个彩色图片时，它的颜色模式可以是 RGB 模式，也可以是 CMYK 或者其他模式，但用于印刷的图片颜色模式必须是 CMYK 模式，这样可以避免颜色上的偏差。

其原因在于：RGB 模式是由红、绿和蓝三种颜色为基色进行叠加的色彩模式。显示器是以 RGB 模式工作的。CMYK 模式是一种依靠反光的色彩模式。印刷品上的图像都是以 CMYK 模式表现的。

RGB 模式的色彩范围大于 CMYK 模式，所以 RGB 模式能够表现出更多的颜色，尤其是鲜艳而明亮的色彩。当然，前提是显示器的色彩必须是经过校正的，才不会出现图片色彩的失真。然而。这种 RGB 模式的色彩在印刷时是难以印出来的，这也是把图片色彩模式从 RGB 模式转换到 CMYK 模式时画面会变暗的主要原因，如图 5-1 所示。

RGB颜色模式　　　　　　　　　　　　　CMYK颜色模式

图5-1　颜色模式对比

用于印刷的图片应转换为 CMYK 模式。还应注意的是，无论是 CMYK 模式，还是 RGB 模式，都不要在这两种模式之间进行多次转换。因为，在图像处理软件中，每进行一次图片色彩空间的转换，都将损失一部分原图片的细节信息。对于要用于印刷的图片，应先将其转为 CMYK 再进行其他处理。

- 灰度与位图

位图与灰度模式是 Photoshop 中最基本的颜色模式。灰度模式能充分表现出图像的明暗信息，拥有丰富细腻的阶调变化，如图 5-2 所示。

在位图模式下，图像的颜色容量是 1 位，即每个像素的颜色只能在两种深度的颜色中选择，不是"黑"就是"白"，其相应的图像也就是由许多个小黑块和小白块组成，如图 5-3 所示。因此灰度图看上去比较流畅，而位图则会显得过渡层次有点不清楚。所以如果图片是用于非彩色印刷，而又需要表现图片的阶调，一般用灰度模式；如果图片只有黑和白，不需要表现阶调层次，则用位图。

在 InDesign CS6 中，可以为位图模式和灰度模式的图片进行上色，操作步骤如下。

STEP 01 将灰度模式的图片置入到 InDesign CS6 中，执行"文件"→"置入"命令，弹出

图5-2　灰度颜色模式

图5-3　位图颜色模式

"置入"对话框中，选择"灰度.jpg"素材文件，如图5-4所示。

02 单击"打开"按钮，当光标变为"按钮插图"时，单击页面空白处，然后用"直接选择工具"选择图片，并使"填色"按钮置于前面，如图5-5所示。

图5-4　置入素材文件

图5-5　置入图片

03 执行"窗口"→"色板"命令，打开"色阶"调板。单击"色板"调板中的"C=10，M=0，Y=83，K=0"颜色，如图5-6所示。

04 给灰度图上色的操作就完成了，位图与灰度图的上色方法相同，如图5-7所示。

3. 图片的分辨率

图片的分辨率以比例关系影响着文件的大小。图片的用途不一样，所需的分辨率也会不同，本节将介绍网页、喷绘和印刷品的分辨率。

● 网页

因为互联网上的信息量较大、图片较多，所以图片的分辨率不适宜太高，否则会影响打开网页的速度，用于网页上的图片分辨率一般为72dpi即可，如图5-8所示。

- 喷绘

喷绘是一种基本的、较传统的表现技法，它的表现更细腻真实，且输出的画面通常很大，喷绘的图片对于分辨率没有标准要求，但需要结合喷绘尺寸大小、使用材料悬挂高度和使用年限等诸多因素来考虑。所以输出图片的分辨率一般在 30 ～ 45dpi，如图 5-9 所示。

图5-6　灰度图上色

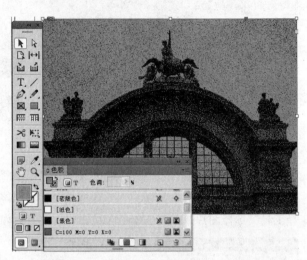

图5-7　位图上色

图5-8　网页

图5-9　户外喷绘广告

- 印刷品

印刷品的分辨率比喷绘和网页的要求高，下面将以 3 个常见出版物介绍印刷品分辨率的设置。

（1）报纸

报纸以文字为主、图片为辅（如图 5-10 所示），所以分辨率一般在 150dpi，但是彩色报纸对彩图的要求要比黑白报纸的单色图高，一般在 300dpi。

（2）期刊杂志

期刊杂志（如图 5-11 所示）的分辨率一般在 300dpi，但也要根据实际情况来设定，比如期刊杂志的彩页部分需要设置 300dpi，而不需要彩图的黑白部分的分辨率可以设置得低一些。

图5-10 报纸   图5-11 期刊杂志

（3）画册

画册以图为主、文字为辅（如图 5-12 所示），所以要求图片的质量较高。普通画册的分辨率可设置在 300dpi，精品画册就需要更高的分辨率，一般在 350 ～ 400dpi。

图5-12 画册

5.1.2 图片的置入

置入图片是排版的基本操作，下面主要介绍 InDesign CS6 置入图片的 3 种方法：拖拽图片、复制粘贴图片和置入图片。

1. 拖拽图片

在 InDesign CS6 中，可以将一张或者多张图片一起拖至其中，操作简捷方便，拖拽图片的操作步骤如下。

01 用鼠标选中多张图片，然后按住鼠标左键不放，拖拽至 InDesign CS6 的空白页面中，如图 5-13 所示。

02 松开鼠标，选中的图片被放到 InDesign CS6 中，即完成拖拽图片的操作，如图 5-14 所示。

提示 库主要用于组织最常用的图形、文本和页面，可以将常用的图片或页面放到库的调板中，方便在其他页面中使用。库的操作步骤如下。

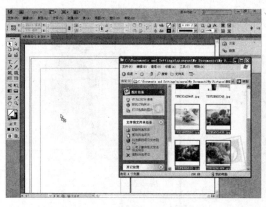
图5-13　选择多张图片

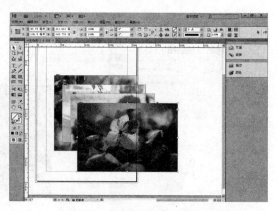
图5-14　将图片拖拽至页面

01 执行"文件"→"新建"→"库"命令，弹出"新建库"对话框。本例为新建的库起名为"图片库"，单击"保存"按钮，如图 5-15 所示。

02 在 InDesign CS6 的页面中出现"图片库"调板，如图 5-16 所示。

图5-15　"新建库"对话框

图5-16　添加"图片库"面板

"库"调板中的选项，如图 5-17 所示。

- 🛈：库项目信息"按钮。
- 🔍："显示库子集"按钮。
- 🔳："新建库项目"按钮。
- 🗑："删除库项目"按钮。

图5-17　"图片库"面板

03 将页面中的图片拖拽至"图片库"调板中。用"选择工具"选择一张图片，然后按住鼠标左键不放拖拽至"图片库"调板中，如图 5-18 所示。

04 将拖拽至"图片库"调板的图片用于其他文档中。打开另一个文档，选择"图片库"调板中的图片，按住鼠标左键不放，拖拽至页面中，如图 5-19 所示。

05 用"选择工具"选择刚拖拽的图片，右击鼠标，在弹出的下拉菜单中选择"排列"→"最为底层"命令，如图 5-20 所示。

06 调整图片的位置和大小，拖拽图片的操作步骤就完成了。还可以将页面中用到的版式

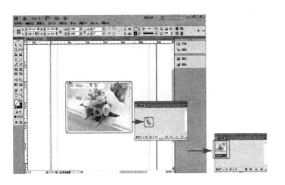

图5-18　将图片拖至"图片库"面板

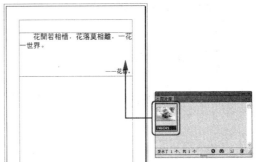

图5-19　选择图片并拖至页面

图5-20　将图片拖至"图片库"面板

图5-21　图片设置完成

拖拽至"库"调板中存放起来，以便用于其他文档，使排版工作更加快捷。

2. 复制粘贴图片

复制粘贴图片主要是从 Illustrator 中复制简单的矢量图形，然后粘贴到 InDesign CS6 中。

3. 置入图片

在 InDesign CS6 中，置入图片是比较重要的操作，置入的图片都带有链接，可以方便地回到原来的图像处理软件中继续进行编辑，且能减小文档大小，置入图片的操作步骤如下。

STEP 01 执行"文件"→"置入"命令，弹出"置入"对话框，选择随书附带光盘中的素材 \ 第 5 章 \03.jpg 文件，如图 5-22 所示。

STEP 02 单击"打开"按钮，然后单击页面空白处，图片就会被放置在页面中，完成图片置入到 InDesign CS6 的操作，如图 5-23 所示。

置入图片时，在"置入"对话框的下方有 4 个复选框："显示导入选项"、"应用网格格式"、"创建静态题注"和"替换所选项目"。

"应用网格格式"复选框只对文字产生作用；"替换所选项目"复选框是将文档中预先选择的对象替换为后面所置入的对象；"创建静态题注"复选框是创建显示在页面中的描述性的文本。"显示导入选项"复选框是下面要讲解的主要内容。在置入图片时勾选"显示导入选项"复选框，将根据图片的格式改变对话框中选项的内容，下面以 4 种格式为例讲解如何根据不同格式来设置"图像导入选项"对话框中的选项。

图5-22 选择素材文件

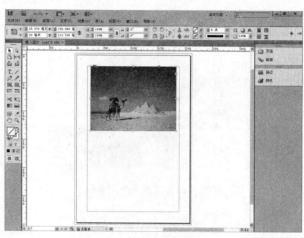

图5-23 置入图片完成

（1）TIFF格式

置入的图片为TIFF格式时，操作步骤如下。

STEP 01 打开"置入TIFF格式图片"场景，执行"文字"→"置入"命令，弹出"置入"对话框，选择随书附带光盘中的素材\第5章\04.tif文件，如图5-24所示。

STEP 02 单击"打开"按钮后，弹出"图像导入选项"对话框。在"图像导入选项"对话框中勾选"显示预览"复选框，可以看到图片的预览视图。勾选"应用Photoshop剪切路径"复选框，如图5-25所示。

图5-24 选择素材文件

图5-25 "图像导入选项"对话框

STEP 03 单击"确定"按钮，单击页面空白处，将图片置入到InDesign CS6的页面中，如图5-26所示。

STEP 04 执行"窗口"→"文字绕排"命令，在弹出的"文字绕排"对话框中，单击"沿定界框绕排"按钮 ▦，可以制作文本绕排的效果，如图5-27所示。

（2）EPS格式

当置入的图片为EPS格式时，操作步骤如下。

图5-26　置入素材

图5-27　制作文字绕排效果

STEP 01 打开素材"置入 EPS 格式图片"场景，执行"文件"→"置入"命令，弹出"置入"对话框，选择随书附带光盘中的素材 \ 第 5 章 \05.EPS 文件，并勾选"显示导入选项"复选框，如图 5-28 所示。

STEP 02 单击"打开"按钮，弹出"EPS 导入选项"对话框。在"EPS 导入选项"对话框中勾选"应用 Photoshop 剪切路径"复选框，实现只保留路径部分而路径外的部分被遮住的效果，如图 5-29 所示。

图5-28　选择素材文件

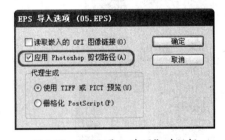

图5-29　"EPS 导入选项"对话框

STEP 03 单击"确定"按钮，单击页面空白处，将图片置入到 InDesign CS6 页面中，并调整图片的大小和位置，如图 5-30 所示。

STEP 04 在页面中选择图片，然后单击鼠标右键，在弹出的快捷菜单栏中，选择"排列"→"置为底层"命令，如图 5-31 所示。

（3）PSD 格式

PSD 格式可以存储 Photoshop 中所有的图层、通道和参考线等信息。置入 PSD 格式的图片是为了方便以后对图片的修改，置入 PSD 格式图片操作步骤如下。

图5-30　调整图片位置和大小

图5-31　图片置为底层

STEP 01　打开素材"节约用水"场景，执行"文件"→"置入"命令，弹出"置入"对话框，选择随书附带光盘中的素材\第 5 章\节约用水 .psd 文件，并勾选"显示导入选项"复选框，如图 5-32 所示。

STEP 02　单击"打开"按钮，弹出"图像导入选项"对话框。在"图像导入选项"对话框中，单击"图层"选项卡，在"显示图层"复选区中，可以通过单击图层的眼睛图标来调整图层的可视性，将"更新链接的时间"选项设置为"使用 Photoshop 的图层可视性"，如图 5-33 所示。

图5-32　选择素材文件

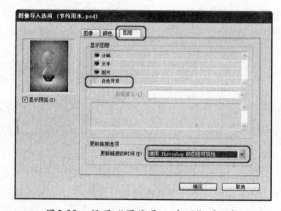

图5-33　设置"图像导入选项"对话框

STEP 03　单击"确定"按钮，单击页面空白处可以看到，置入的图片没有显示"白色背景"图层，然后调整图片的位置和大小，将图片置入到 InDesign CS6，效果如图 5-34 所示。

（4）PDF 格式

当置入的图片为 PDF 格式时，操作步骤如下。

STEP 01　执行"文字"→"置入"命令，弹出"置入"对话框，打开随书附带光盘中的素材\第 5 章\08.pdf 文件，勾选"显示导入选项"复选框，如图 5-35 所示。

不要让自己的眼泪变成最后一滴水
请爱护生命节约用水

图5-34　最终效果

图5-35　设置"图像导入选项"对话框

STEP 02 单击"打开"按钮后，弹出"置入PDF"对话框。在"置入PDF"对话框的"页面"复选区中，选中"范围"单选按钮，可在"范围"文本框中输入置入的页面范围。然在"选项"复选区的"裁切到"下拉列表中选择"定界框（所有图层）"，勾选"透明背景"复选框，如图5-36所示。

> **提示**
>
> 在页面复选区的"范围"文本框中，可以输入指定页面导入的范围，但需要注意的是，导入不连续的页面时要用英文逗号隔开。
> "裁切到"下拉列表中的选项可以指定页面中要置入的范围。
> "透明背景"复选框可以指定置入的PDF页面是否带白色背景。

STEP 02 单击"确定"按钮，单击页面空白处，调整图片的位置和大小，完成图片置入到InDesign CS6的操作，如图5-37所示。

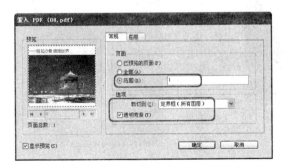

图5-36　"置入PDF"对话框

图5-37　最终效果

> **提示**
>
> 在置入图片时，有些图片过大，撑出了页面（如图5-38所示），就需要将图片调整到适合版面的大小，并保持图片不变形，这些操作会影响工作效率。下面介绍调整置入图片的快捷方法。

调整置入图片的快捷方法的操作步骤如下。

01 执行"文件"→"置入"命令，弹出"置入"对话框，选择随书附带光盘中的素材\
第 5 章 \09.jpg 文件，如图 5-39 所示。

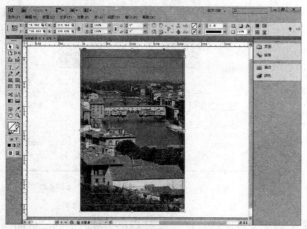

图5-38　素材过大　　　　　　　　　　　　　　　图5-39　选择素材文件

02 单击"打开"按钮，在页面内文字起点处，按住鼠标左键沿对角线拖拽，如图 5-40
所示。

03 松开鼠标后，置入的图片将排放到文本框中，调整图片的框架至合适的大小，如图
5-41 所示。

04 执行"对象"→"适合"→"使内容适合框架"命令，效果如图 5-42 所示。

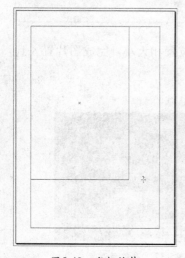

图5-40　鼠标拖拽　　　　　　　图5-41　调整图片框架　　　　　　图5-42　最终效果

5.1.3　图片的整理与存放

当设计师进行上百或上千幅图片的画册排版时，就能体现出整理和存放图片的重要性了，
如果没有为图片合理地起名字并统一存放在一个文件夹中，要在成百上千张图片中找出需要的

图片是一个很耗费时间和精力的事情，下面讲解如何规范地为图片起名字和存放图片。

1. 如何规范图片的名称

设计师可以按照自己的习惯给图片起名字，也可以将所做案例的名称作为场景的名称，如图 5-43 所示。

2. 如何妥善存放图片

妥善地存放图片可以方便以后的编辑修改。首先要将素材图片存放在素材文件夹里，然后将编辑

图5-43　场景名称

过的图片与 indd 文档放置在效果文件夹下，这样可以防止图片链接丢失，如图 5-44 所示。

图5-44　妥善存放图片

5.1.4　管理图片链接

使用链接可以最大程度地减小文档大小。InDesign CS6 将这些图片都显示在"链接"调板中，设计师可以随时编辑、更新图片。需要主要的是，当移动 indd 文档至其他计算机上时，应同时将附带的链接图片一起移动。下面通过一个实例讲解如何通过"链接"调板快速查找、更换图片，编辑已置入的图片和更新图片链接。

1. 快速查找图片

当素材库中存有很多图片时，在其中找到某张图片是很麻烦的。通过"链接"调板中的"转至链接"按钮，可以快速查找到图片所在的页面位置，前提是设计师要给每张图片规范地命名。

快速查找图片的操作步骤如下。

STEP 01 打开随书附带光盘中的素材\第 5 章\快速查找图片 .indd 文件，执行"窗口"→"链接"命令，打开"链接"面板，如图 5-45 所示。

STEP 02 单击"链接"调板中需要修改的页面图片，本例选择"19.jpg"图片，即显示选择图片的当前页面，如图 5-46 所示。

2. 更换图片

在"链接"面板中，使用"重新链接" ⬛ 按钮，可以在当前选中的图片的文件夹下更换其他图片，还可以重新链接丢失链接的图片。

图5-45　打开场景文件

图5-46　查找图片

重新更换其他图片的操作步骤如下。

01 单击"选择工具" 按钮，选择需要更换的图片"16.jpg"，执行"窗口"→"链接"
命令，打开"链接"面板，如图5-47所示。

02 单击"链接"面板的"重新链接" 按钮，弹出"重新链接"对话框，如图5-48
所示。

图5-47　选择图片

图5-48　"重新链接"对话框

03 选择更换的图片，然后单击"打开"
按钮，完成更换图片的操作，如图5-49所示。

重新链接丢失链接图片的操作步骤如下。

当"链接"调板中出现 时，表示图片
不在置入时的位置，但仍存在于某个地方或
者源图片的名称已更改。将InDesign CS6文
档或是图片的原始文件移动到其他文件夹时，
会出现此种情况。

01 单击"链接"调板中丢失的图片，
然后单击 按钮，将会弹出"定位"对话框，

图5-49　更换图片完成

如图 5-50 所示。

STEP 02 选择更换丢失链接的图片，然后单击"打开"按钮，即完成更换丢失链接图片的操作，如图 5-51 所示。

图5-50 "定位"对话框　　　　　　　　　图5-51 更新图片链接完成

3. 编辑已置入的图片

当置入的图片不符合要求时，可以单击"链接"调板中的"编辑原稿" 按钮，回到图像处理软件中进行重新编辑。编辑已置入图片的操作步骤如下。

STEP 01 用"选择工具"选择需要编辑的图片，单击"链接"调板中的"编辑原稿" 按钮，弹出图像处理软件，如图 5-52 所示。

图5-52 编辑原稿

提示 有时在单击"编辑原稿" 按钮后，弹出的不是图像处理软件，而是其他的看图软件，如图 5-53 所示。这时用户可以自己设置"编辑原稿"的打开方式为 Photoshop。

STEP 02 在 Photoshop 中，重新对图片进行编辑，编辑完成后执行"文件"→"存储"命令，保存重新编辑的图片。

设置"编辑原稿"的打开方式为 Photoshop 的操作步骤如下。

STEP 01 打开任意一个存放图片的文件夹，右击一张图片，在弹出的下拉菜单中选择"打开方式"→"选择程序"命令，弹出"打开方式"对话框，如图 5-54 所示。

图5-53　看图软件

图5-54　更新图片链接完成

STEP 02 在"打开方式"对话框中，选择 Adobe Photoshop CS6 为打开程序，然后勾选"始终使用选择程序打开这种文件"复选框，如图 5-55 所示。

STEP 03 单击"确定"按钮，即可完成将打开方式改为 Adobe Photoshop CS6 的操作。

4. 更新图片链接

对图片进行更换或重新编辑后，需要使用"链接"调板的"重新链接" 按钮更新当前的图片，如图 5-56 所示。

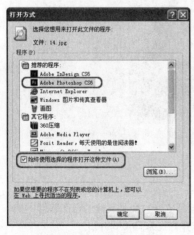

图5-55　设置打开方式

图5-56　更新图片链接

提示　"链接"调板中出现 ⚠ 符号表示修改的链接图标，单击"重新链接" 按钮即可。

5.2　图片的编辑

在排版软件中，将图片置入页面后，设计师需要根据排版要求对图片进行调整，例如调整图片的位置、缩放图片的大小、旋转图片等，下面讲解如何在 InDesign CS6 中进行图片的编辑。

5.2.1　移动图片

在 InDesign CS6 中置入图片时，图片会带一个图形框，可使用"选择工具"将图形框和框里的内容一起移动，也可以用"直接选择工具"只移动框里的内容。下面介绍这两种工具的使用方法。

1. 移动框与内容

移动框与内容的操作步骤如下。

在工具箱中单击"选择工具" ▶ 按钮，选择一张图片，当鼠标指针变为 ▶ 时，将其移动到页面中的任意位置，即完成移动框与内容的操作，如图 5-57 所示。

在工具箱中单击"选择工具" ▶ 按钮，选择图片时，图片周围会出现由 8 个空心锚点组成的框架，这是定界框。任意拖拽一个锚点只能改变图形框的大小，而框里的内容不发生变化，如图 5-58 所示。这个方法可以用来遮挡图片，显示图片某一部分，而将另一部分隐藏起来，这样就不需要再回到图像处理软件中进行裁切。

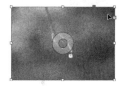

图5-57　移动图片

图5-58　调整定界框

用户还可以对图形框进行描边及填色，操作步骤如下。

STEP 01 在工具栏中单击"选择工具" ▶ 按钮，在场景中选择一张图片，然后单击"描边"按钮，如图 5-59 所示。

STEP 02 执行"窗口"→"颜色"→"色板"命令，打开"色板"对话框，选择颜色"C=100

STEP 03 执行"窗口"→"描边"命令，调出"描边"调板。设置粗细为"10 点"，"类型"为"虚线"，按 W 键预览效果，得到的效果如图 5-61 所示。

2. 移动内容

移动内容的操作步骤如下。

在工具栏中单击"直接选择工具" ▷ 按钮，在场景中选择一张图片，当鼠标针变为 ✍ 时，可以将图片在图形框的范围内移动，如图 5-62 所示。

图5-59　单击描边按钮

图5-60　设置颜色

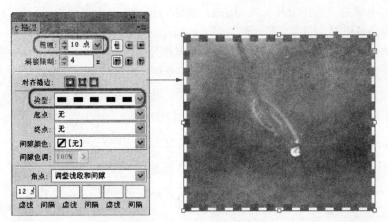

图5-61　设置描边数值

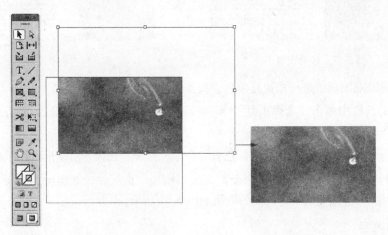

图5-62　移动内容

　　使用"直接选择工具"可为图形框里的内容上色，但是图片模式必须为位图或灰度图，如图5-63所示。

图5-63　图片上色

提示　使用 Ctrl 键、Shift 键缩放图片。按住 Ctrl 键不放，用"选择工具"拖曳右下角的空心锚点，可以将图形框与内容一起拉伸或压扁，如图 5-64 所示。按住 ctrl+Shift 不放，用"选择工具"拖曳右下角的空心锚点，可以将图形框与内容一起等比例缩小或放大，如图 5-65 所示。

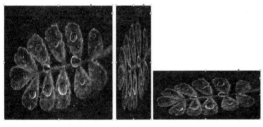
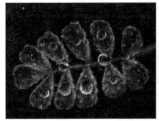
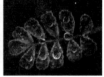

图5-64　调整图片　　　　　　　　　　　图5-65　调整图片

5.2.2　缩放图片的尺度

在场景中置入图片后，根据排版要求对图片进行缩放，在将小图放大时，到底放大多少才不会造成图片模糊？将大图缩为小图时，怎样才不会造成 InDesign CS6 的负担并减少文件量？下面将对问题进行讲解。

1. 小图拉至大图

对于普通的四色出版物，一般设置分辨率为 300ppi。将图片置入到页面中时，若发现图片不够大，可将图片稍微放大到 280~190ppi，如图 5-66 所示，如果图片的分辨率较高，比如分辨率为 350ppi 的图片，可以将其放大到 300ppi 左右。

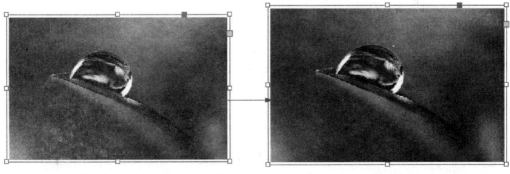

图5-66　小图变大图

2. 大图缩至小图

设计师在排版时，需要根据版面的大小来修改图片的尺寸，置入的图片过大会造成软件运行缓慢，还会增加文件的大小。

下面通过一个例子讲解如何根据版面中实际用图的尺寸在 Photoshop 中进行修改，操作步骤如下。

STEP 01 打开一个 indd 文档，选择工具栏中的"直接选择工具" ⅓ 工具，选择场景中的图片，查看控制调板上的宽度、高度和 XY 缩放百分比，如图 5-67 所示。

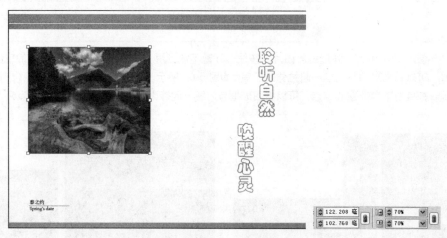

图5-67　查看图片缩放百分比

STEP 02 由图 5-66 所示可以看到，宽度与高度的数值是在排版中用到的尺寸，而 XY 缩放百分比的数值 90%，表示编辑后的图片在 InDeisgn CS6 中缩小到 90%。设计师可以通过执行"窗口"→"链接"命令，打开"链接"对话框，单击"链接"对话框中的"编辑原稿"按钮 ✎，回到 Photoshop 中查看图片的大小，执行"图像"→"图像大小"命令，弹出"图像大小"对话框，如图 5-68 所示。

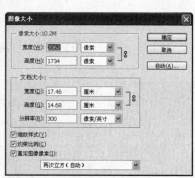

图5-68　查看图片大小

STEP 03 由图 5-67 可以看到，在 Photoshop 中图片的宽度和高度分别为 17.46 厘米和 14.68 厘米，而实际在排版中只用到 12.2 厘米 ×10.3 厘米，这就造成了文件量的增大，如图 5-69 所示。

STEP 04 可以勾选"重定图像像素"复选框，然后将高度改为 12 厘米左右，比排版中用到的尺寸大 1 厘米～ 2 厘米即可，单击"确定"按钮，执行"文件"→"存储"命令，将改后的图片保存，再看看改后文件的大小，如图 5-70 所示。

图5-69　查看原图片信息

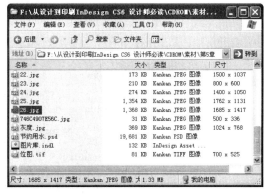

图5-70　查看图片信息

STEP 05 按 W 键预览效果，将大图缩至小图的操作步骤就完成了。

5.2.3　翻转和旋转图片

在 InDesign CS6 中，根据排版的需要，可以将图片进行水平、垂直翻转和各种角度的旋转，满足设计师的各种要求，下面讲解如何对图片进行翻转和旋转。

1. 翻转

使用翻转功能制作文字投影效果的操作步骤如下。

STEP 01 运行 InDesign CS6，新建一个文档，执行"文件"→"置入"命令，弹出"置入"对话框，选择随书附带光盘中的素材 \ 第 5 章 \27.jpg 文件，如图 5-71 所示。

STEP 02 单击"打开"按钮，在页面中拖拽一个文本框，然后松开鼠标，图片自动排放到图形框中，如图 5-72 所示。

图5-71　选择素材文件

图5-72　置入图片

03 在工具栏中选择"选择工具" ▶ 工具，选择场景中的图片，按 Ctrl+C 组合键进行复制，然后执行"编辑"→"原位粘贴"命令，再执行"窗口"→"对象和版面"→"变换"命令，打开"变换"对话框，单击"变换"面板中的 按钮，在弹出的下拉菜单中选择"水平翻转"命令，将两张图片对齐放置，按 W 键预览效果，如图 5-73 所示。

图 5-73　水平翻转

2. 旋转

在 InDesign CS6 中，设计师可以通过使用旋转工具，执行"对象"→"变换"→"旋转"命令，执行"窗口"→"对象和版面"→"变换"命令，打开"变换"对话框，然后对图片进行旋转，下面分别讲解这 3 种方法的操作过程。

（1）旋转工具

使用"旋转工具"旋转图片的操作步骤如下。

01 运行 InDesign CS6，新建一个文档，执行"文件"→"置入"命令，在弹出的"置入"对话框中，选择随书附带光盘中的素材 \ 第 5 章 \28.png 文件，如图 5-74 所示。

02 单击"打开"按钮，单击页面空白处，将图片置入场景。在工具栏中，在"任意变形工具" 按钮处单击鼠标右键，在弹出的快捷菜单中，选择"旋转工具" ，如图 5-75 所示。

图 5-74　选择素材文件

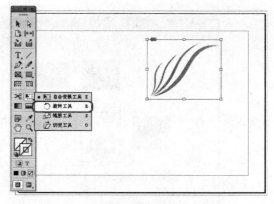

图 5-75　置入图片

03 图片中心会出现 ✧，在页面中单击鼠标，可以将原点定在该位置上，图片将以这个点为原点旋转，如图 5-76 所示。

04 精确旋转图片。双击"旋转工具" ↻ 按钮，弹出"旋转"对话框，在"角度"数值框中输入数值，单击"确定"按钮可以将图片精确地旋转，如图 5-77 所示。

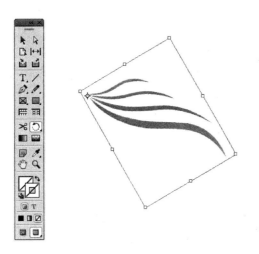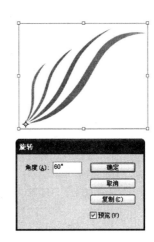

图5-76　旋转原点　　　　　　　　　　　　　　图5-77　精确旋转图片

05 还可以在旋转的同时复制图片，在"角度"数值框中输入数值后，单击"复制"按钮，如图 5-78 所示。

06 继续进行复制，按 W 键预览效果，效果如图 5-79 所示。

图5-78　旋转原点　　　　　　　　　　　　　　图5-79　精确旋转图片

(2)"旋转"对话框

执行"对象"→"变换"→"旋转"命令，也可以打开"旋转"对话框，与双击"旋转工具"按钮 ↻ 弹出的"旋转"对话框相同。

(3)"变换"对话框

执行"窗口"→"对象和版面"→"变换"命令，打开"变换"对话框；单击"变换"面板中的 按钮，在弹出的下拉菜单中有"顺时针旋转 90 度"、"逆时针旋转 90 度"、"旋转 180 度"三种选择，如图 5-80 所示。

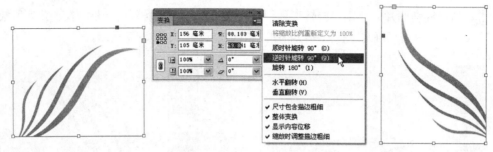

图5-80　旋转图片

提示　在"变换"调板左侧有9个原点，称为"参考点定位器"。任意单击一个原点，然后在 XY 轴的数值框中输入数值，图片将以这个参考点为原点，依据 XY 轴的数值精确调整图片在版面中的位置，如图 5-81 所示。

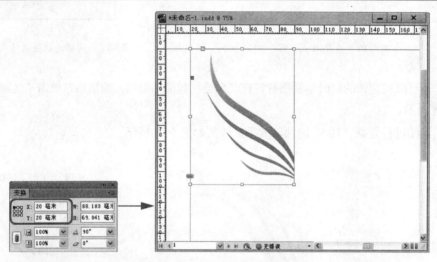

图5-81　使用参考定位

5.3　图片效果处理

InDesign CS6 可以对图片进行简单的处理，可以对图片进行缩放、旋转改变图像的外观和为图片添加特殊效果的处理，也可以为图片添加投影、羽化和角效果，使用剪切路径显示和隐藏图片的一部分以及文字绕排等，下面将讲解这些内容。

5.3.1　投影

在 InDesign CS6 中，可以为图片添加阴影效果，使图片在版面中更具立体感，设置投影的操作步骤如下。

01 运行 InDesign CS6，新建一个文档，执行"文件"→"置入"命令，在弹出的"置入"对话框中，选择随书附带光盘中的素材 \ 第 5 章 \29.jpg 文件，如图 5-82 所示。

STEP 02 调整图片的位置与大小，执行"对象"→"效果"→"投影"命令，打开"投影"对话框，如图 5-83 所示。

图5-82　选择素材文件　　　　　　　　　　图5-83　投影对话框

STEP 03 在"模式"下拉列表中，根据图片与版面背景，选择一个适合的模式，本案例无版面背景，所以设置为"正常"模式，将"不透明度"值设置为 60%，将"位置"下的"距离"设置为 5 毫米，"角度"设置为 45°，将"选项"下的"大小"设置为 5 毫米，其他保持默认设置，单击"确定"按钮，如图 5-84 所示。

STEP 04 按 W 键预览效果，投影效果的操作完成，效果如图 5-85 所示。

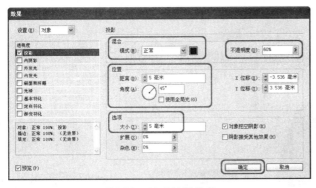

图5-84　设置投影数值　　　　　　　　　　图5-85　最终效果

5.3.2　角效果

在 InDesign CS6 中，可以对图片进行角效果处理，使图片拥有不同的效果，使图片边缘变得更加丰富。设置角效果的操作步骤如下。

STEP 01 运行 InDesign CS6，按 Ctrl+O 组合键，在弹出的"打开文件"对话框中，选择随书附带光盘中的素材\第 5 章\角效果 .indd 文档，单击"打开"按钮，如图 5-86 所示。

STEP 02 打开文件后，执行"窗口"→"对象和面板"→"路径查找器"命令，打开"路径查找器"对话框，如图 5-87 所示。

图5-86 选择场景文件

图5-87 路径查找器命令

STEP 03 在"路径查找器"对话框中，在"转换形状"区域中选择适合版面的形状，如图 5-88 所示。

STEP 04 设置角效果的大小。继续选择该图片，执行"对象"→"角选项"命令，打开"角效果"对话框，在"角选项"的"大小"数值框中输入"7毫米"，将形状设置为"花式"，单击"确定"按钮，如图 5-89 所示。

图5-88 转换形状

STEP 05 使用相同的制作方法，设计师可以根据版面需求更换"转换形状"和调整形状大小，为其他图片添加不同的效果，如图 5-90 所示。

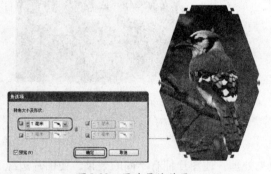

图5-89 图片最终效果

图5-90 图片最终效果

5.3.3 羽化

通过 InDesign CS6 的羽化效果，可以使图片的边缘看起来比较自然柔和，InDesign CS6 中有基本羽化、定向羽化和渐变羽化 3 种羽化方式，下面通过实例讲解不同羽化设置的效果，操作步骤如下。

01 打开"角效果完成 .indd"文档，在工具栏中选择"选择工具" ▶，选择图片A，执行"对象"→"效果"→"定向羽化"命令，弹出"效果"对话框；将"羽化宽度"下的"上"、"下"数值均设置为5毫米，将"选项"下的"杂色"设置为35，"形状"设置为"所有边缘"，"角度"设置为90°，单击"确定"按钮，如图5-91所示。

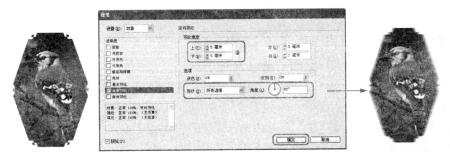

图5-91　定向羽化

02 在工具栏中选择"选择工具" ▶，选择图片B，执行"对象"→"效果"→"基本羽化"命令，弹出"效果"对话框，将"选项"下的"羽化宽度"设置为7毫米，"杂色"设置为10，单击"确定"按钮，如图5-92所示。

图5-92　基本羽化

03 在工具栏中选择"选择工具" ▶，选择图片C，执行"对象"→"效果"→"渐变羽化"命令，弹出"效果"对话框，将"选项"下的"类型"设置为"径向"，单击"渐变色标"下的 按钮，将"位置"设置为50%，然后单击 按钮，将"位置"设置为80%，如图5-93所示。

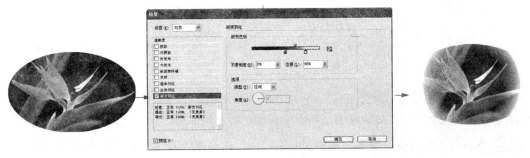

图5-93　渐变羽化

04 按 W 键预览效果，羽化的操作完成效果如图 5-94 所示。

5.3.4　剪切路径

剪切路径通常会裁掉部分图片，以便只有一部分图片透过设计师创建的形状显示出来。下面就来介绍使用剪切路径的 3 种方法。

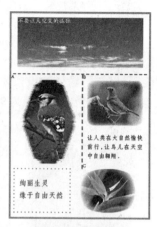

图5-94　最终效果

1. 置入包含剪切路径的图片

置入包含剪切路径的图片操作步骤如下。

01 打开随书附带光盘中的素材 \ 第 5 章 \ 剪切路径 .indd 文件，置入带有剪切路径的图片，如图 5-95 所示；执行"文件" → "置入"命令，弹出"置入"对话框。选择随书附带光盘中的素材 \ 第 5 章 \02.tif 文件，勾选"显示导入选项"复选框，如图 5-96 所示。

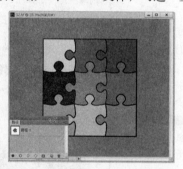

图5-95　素材文件

图5-96　选择素材文件

02 单击"打开"按钮，弹出"图像导入选项"对话框，勾选"应用 Photoshop 剪切路径"复选框，如图 5-97 所示。

03 单击"确定"按钮，在页面的空白处单击鼠标，将图片置入页面中，调整图片的大小和位置，如图 5-98 所示。

图5-97　"图像导入选项"对话框

图5-98　置入图片

04 在工具栏中使用"选择工具" 选择该图片，然后执行"窗口" → "文字绕排"命令，在弹出的"文字绕排"对话框中，单击"沿对象形状绕排"按钮 ，如图 5-99 所示。

05 置入带有剪切路径的图片多用于文本绕排，按 W 键预览效果，最终效果如图 5-100 所示。

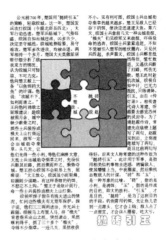

图5-99　"文字绕排"对话框

图5-100　最终效果

2. 置入没有剪切路径的图片生成一个剪切路径

在InDesign CS6中可以执行"对象"→"剪切路径"命令，"剪切路径"对话框中的"检测边缘"选项，可以在没有存储剪切路径的图形中移去背景。当图片的主体部分被置于纯白或

纯黑的背景中时，使用"检测边缘"的效果才最明显，图片背景不是纯色时，使用效果不明显，如图5-101所示，左侧的图片适合检测边缘，右侧的图片不适合做检测边缘。

图5-101　最终效果

置入没有剪切路径的图片生成一个剪切路径，操作步骤如下。

01 运行InDesign CS6，按Ctrl+O组合键，弹出"打开文件"对话框，选择随书附带光盘中的素材\第5章\剪切路径.indd文件，如图5-102所示。

02 单击"打开"按钮，在页面的中间拖拽出一个文本框，将图片置入场景，然后调整图片的大小和位置，如图5-103所示。

图5-102　选择素材场景

图5-103　调整图片

03 在工具栏中使用"选择工具" ▶ 选择该图片,执行"窗口"→"文字绕排"命令,打开"文字绕排"对话框中,单击"沿对象形状绕排"按钮 ▦,如图 5-104 所示。

04 执行"对象"→"剪切路径"→"选项"命令,弹出"剪切路径"对话框。在"剪切路径"对话框中单击"类型"下拉列表中的"检测边缘",勾选"反转"复选框和"包含内边缘"复选框,然后设置"阈值"为 170,"容差"为 1,单击"确定"按钮,如图 5-105 所示。

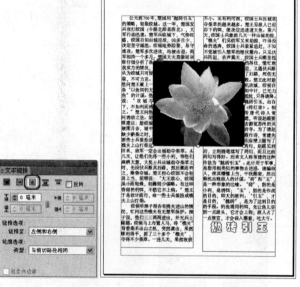

图5-104 添加文字绕排命令

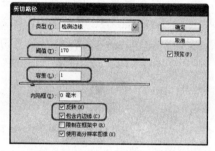

图5-105 "剪切路径"对话框

05 单击"确定"按钮,可看到图片四周有黑线,用"选择工具"调整文本框,将黑线隐藏起来,如图 5-106 所示。

图5-106 调整图片文本框

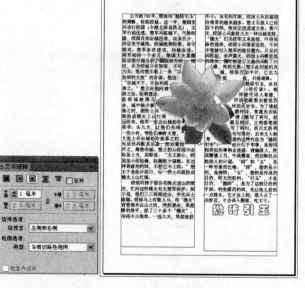

图5-107 "文字绕排"对话框

STEP 06 用"选择工具" ▶ 选择图片，然后执行"窗口"→"文本绕排"命令，打开"文本绕排"对话框，然后在"上位移" 数值框中输入1毫米，按 W 键预览效果，如图 5-107 所示。

图片剪切路径制作完成，但是最终效果会比较粗糙，如图 5-108 所示。

图5-108　最终效果

3. 用不规则的形状剪切路径

在 InDesign CS6 中，可以为图片制作出不同的显示形状，不再是单一的图形框形式。下面通过两个例子讲解用不规则的形状剪切路径的操作。具体操作步骤如下。

实例 1

STEP 01 在工具栏中选择"钢笔工具"工具 ✐，在场景中绘制一个图形，如图 5-109 所示。

STEP 02 图形绘制完成后，在工具箱中使用"选择工具" ▶ 选择图形，按 F10 键打开"描边"对话框，将"粗细"设置为 8 点，"类型"设置为"细—粗—细"；按 F5 键打开"色板"对话框，将颜色设置为"C=75 M=5 Y=100 K=0"，如图 5-110 所示。

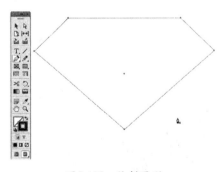
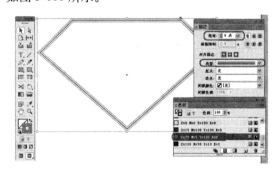

图5-109　绘制图形　　　　　　　　　　图5-110　设置图形描边

STEP 03 执行"文件"→"置入"命令，弹出"置入"对话框，选择随书附带光盘中的素材\第 5 章\36.jpg 文件，如图 5-111 所示。

STEP 04 单击"打开"按钮，在页面中拖拽出一个文本框，将图片置入场景，按 Ctrl+C 组合键对图片进行复制，如图 5-112 所示。

图5-111　选择素材文件

图5-112　置入图片

05 在工具箱中使用"选择工具" ▶ 选择之前绘制的图形，然后执行"编辑"→"贴入内部"命令，将图片贴入图形的内部，选择工具栏中的"直接选择工具" ▷，选择图片并调整图片的显示位置和大小，如图 5-113 所示。

06 用不规则的形状剪切路径的操作就完成了，按 W 键预览效果，最终效果如图 5-114 所示。

图5-113　调整图片位置和大小

图5-114　最终效果

实例2

STEP 01 在工具栏中的"矩形工具"按钮 ■ 处单击鼠标右键,在下拉菜单中选择"多边形工具"工具 ⬡,然后按住 Shift 键在场景中绘制一个正多边形,如图 5-115 所示。

STEP 02 在工具栏中选择"选择工具" ▶ 工具,选择绘制的正多边形,然后按住 Alt 键不放,当光标变为 ▶ 时,拖拽并复制其他的图形,调整各个图形的位置,如图 5-116 所示。

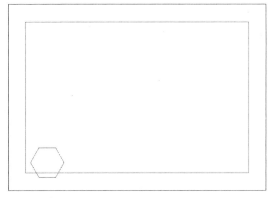

图5-115　绘制正多边形　　　　　　　　　　图5-116　绘制多个多边形

STEP 03 在工具栏中选择"选择工具" ▶ ,选择前面绘制的所有多边形,然后执行"对象"→"路径"→"建立符合路径"命令,将多个多边形框组合为一个,如图 5-117 所示。

STEP 04 选择创建的路径,按 Ctrl+D 组合键,打开"置入"对话框,选择随书附带光盘中的素材 \ 第 5 章 \37.jpg 文件,如图 5-118 所示。

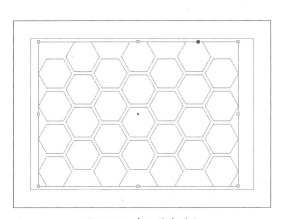

图5-117　建立符合路径　　　　　　　　　　图5-118　选择素材文件

STEP 05 将图片置入场景中,在工具栏中选择"直接选择工具" ▷ ,选择图片并调整图片的大小和位置,如图 5-119 所示。

STEP 06 用不规则的形状剪切路径的操作完成,按 W 键预览效果,最终效果如图 5-120 所示。

图5-119　调整图片的大小和位置

图5-120　最终效果

5.4　拓展练习——装饰公司宣传单

本节将利用前面所学的知识制作一张装饰公司宣传单，其效果如图 5-121 所示，读者可以通过本例的学习对前面所学的知识加以巩固，操作步骤如下。

图5-121　装饰公司宣传单

01 运行 InDesign CS6 软件，按 Ctrl+N 组合键，打开"新建文件"对话框，在"页面"大小选项组中，设置宽度和高度分别为 300 毫米和 420 毫米，单击"边距和分栏"按钮，如图 5-122 所示。

STEP
02 打开"新建边距和分栏"对话框，在"边距"选项组中，将"上"、"下"设置为0毫米，如图5-123所示。

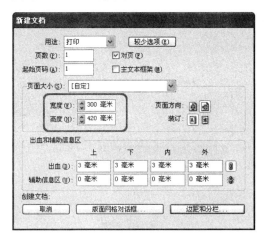

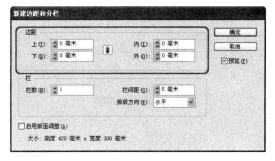

图5-122 "新建文件"对话框　　　　　图5-123 "新建边距和分栏"对话框

STEP
03 单击"确定"按钮，在工具箱中选择"矩形工具" ■，在控制面板中，将描边设置为无，在文档窗口中单击鼠标，打开"矩形"对话框，在"选项"组中设置"宽度"、与"高度"为300毫米和420毫米，如图5-124所示。

STEP
04 单击"确定"按钮，在工具箱中选择"选择工具" ▶，选择绘制的矩形，在控制面板中，将其X、Y值均设置为0毫米，如图5-125所示。

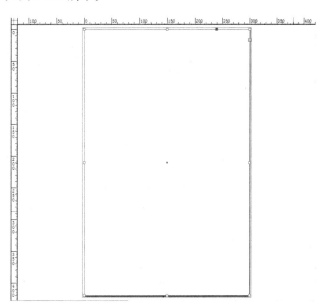

图5-124 "矩形"对话框　　　　　　图5-125 调整矩形位置

STEP
05 确认该矩形处于被选中的状态下，在菜单栏中选择"窗口"→"颜色"→"颜色"→命令，如图5-126所示。

STEP
06 在打开的颜色面板中，将其CMYK值设置为（0、0、0、14），如图5-127所示。

图5-126　选择"颜色"命令

图5-127　"颜色"面板

07 在工具箱中选择"矩形工具" ，在文档窗口中单击鼠标，打开"矩形"对话框，在选项组中设置"宽度"与"高度"值为299.9毫米和47毫米，如图 5-128 所示。

08 在工具箱中选择"选择工具" ，使用同样的方法，在文档窗口中调整新建矩形的位置，并为其填充一种蓝色，其CMYK值为（55、3、11、0），填充完颜色后的效果如图 5-129 所示。

图5-128　"矩形"对话框

图5-129　填充颜色后的效果

09 使用同样的方法，新建一个300毫米×20毫米的矩形，在控制面板中，将X、Y值设置为0毫米、400毫米，并为其填充颜色，如图 5-130 所示。

STEP 10 在文档窗口中选择上方的矩形，当其处于被选择的状态时，在菜单栏中选择"文件"→"置入"命令，如图5-131所示。

图5-130 完成后的效果　　　　　　图5-131 选择"置入"命令

STEP 11 打开的"置入"对话框，在该对话框中选择随书附带光盘中的素材\第5章\素材1.tif 素材文件，如图5-132所示。

STEP 12 单击"打开"按钮，即可将素材置入到矩形框中，并调整其至合适的位置，如图5-133所示。

图5-132 "置入"对话框　　　　　　图5-133 调整好后的效果

13 在工具箱中选择"文字工具"**T.**，在文档窗口中绘制一个 175 毫米 ×20 毫米的文本框，调整其 X 值为 110 毫米，Y 值为 16 毫米，如图 5-134 所示。

14 在控制面板中，将字体样式设置为"方正大黑简体"，大小设置为 48 点，设置字体颜色的 CMYK 值为（0、55、86、0），并在其绘制的文本框中双击鼠标，输入文字"爱家装饰工程有限公司"，如图 5-135 所示。

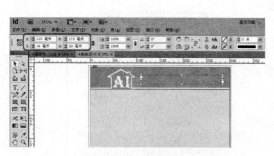

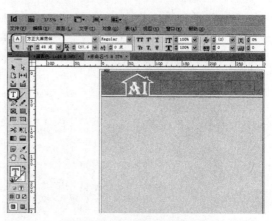

图5-134　调整文本框的位置　　　　　　　图5-135　输入文字内容

15 在工具箱中选择"矩形工具"**▬**，在文档窗口中绘制一个 143 毫米 ×128 毫米的矩形，并在控制面板中将其 X 值设置为 13 毫米，Y 值为 60 毫米，如图 5-136 所示。

16 按 Ctrl+D 组合键，在打开的"置入"对话框中选择随书附带光盘中的素材 \ 第 5 章 \ 素材 2.psd 素材文件，使用"直接选择工具"**▷** 调整该图片至合适的位置。完成后的效果如图 5-137 所示。

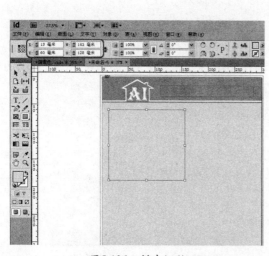

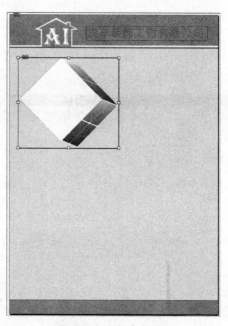

图5-136　创建矩形　　　　　　　　　图5-137　导入素材文件

STEP 17 在工具箱中选择"矩形工具" ，绘制一个 37 毫米 ×37 毫米的矩形，并在其控制面板中将其"旋转角度"设置为 45°，调整其位置，如图 5-138 所示。

STEP 18 确认该矩形处于被选择的状态下，按 Ctrl+D 组合键，在弹出的"置入"对话框中选择随书附带光盘中的素材 \ 第 5 章 \001.tif 素材文件，导入的素材文件如图 5-139 所示。

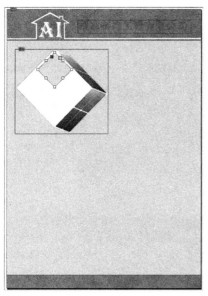

图5-138 创建的矩形

图5-139 置入的素材文件

STEP 19 在工具箱中选择"直接选择工具" ，在文档窗口中选择置入的素材文件，并在控制面板中将其旋转角度设置为 0°，最后调整其至合适的位置，如图 5-140 所示。

STEP 20 使用同样的方法，绘制其他矩形，并置入 002.tif、003.tif、004.tif 素材图片，完成后的效果如图 5-141 所示。

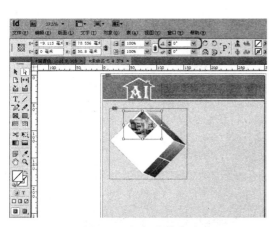

图5-140 调整后的效果

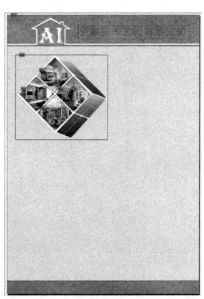

图5-141 完成后的效果

STEP 21 在工具箱中选择"矩形工具" ▣，绘制一个 136 毫米 ×66 毫米的矩形，并将其 X 值设置为 164 毫米，Y 值设置为 84 毫米，如图 5-142 所示。

STEP 22 在工具箱中选择"文字工具" T，在控制面板中，将字体样式设置为"方正宋黑简体"，大小设置为 30 点，在矩形框中双击鼠标，并在矩形框中输入"新锐小众精品装饰、室内设计及装潢、室内手绘壁画及外墙壁画"等文本内容，如图 5-143 所示。

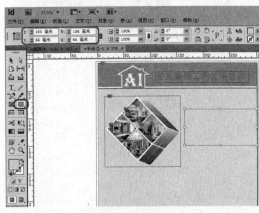

图5-142　创建矩形　　　　　　　　　　图5-143　添加文字

STEP 23 在工具箱中选择"矩形工具" ▣，绘制一个 73 毫米 ×52 毫米的矩形，将其调整至合适的位置，如图 5-144 所示。

STEP 24 确认该矩形处于被选择状态，在菜单栏中选择"窗口"→"对象和面板"→"路径查找器"命令，如图 5-145 所示。

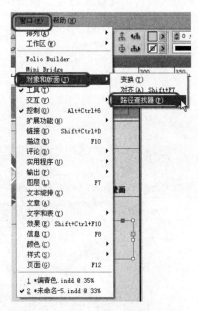

图5-144　创建矩形　　　　　　　　　　图5-145　选择"路径查找器"命令

STEP 25 打开"路径查找器"面板，在"转换形状"选项组中选择"多边形" ⬡ 按钮，如图

5-146 所示。

26 确认该多边形处于被选择状态,按 Ctrl+D 组合键,在"置入"对话框中选择随书附带光盘中的素材 \ 第 5 章 \005.tif 素材文件,并将其置入多边形中,效果如图 5-147 所示。

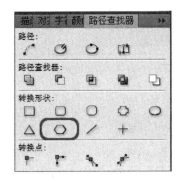

图5-146 "路径查找器"面板

图5-147 完成后的效果

27 使用同样的方法,创建其他多边形并置入相应的素材图片,完成后的效果如图 5-148 所示。

28 使用选择工具,按住 Shift 键的同时单击所有的多边形,如图 5-149 所示。

图5-148 完成后的效果

图5-149 选中的多边形

29 按 F10 键，打开"描边"面板，将描边"粗细"设置为 7 点，其他为默认设置，如图 5-150 所示。

30 在控制面板中双击描边缩略图，打开"拾色器"对话框，将描边颜色设置为白色，CMYK 值均设置为 0，如图 5-151 所示。

图5-150 "描边"面板

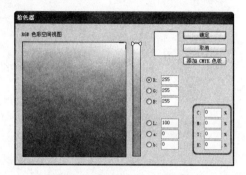

图5-151 "拾色器"对话框

31 在菜单栏中选择"对象"→"效果"→"投影"命令，如图 5-152 所示。

32 打开"效果"对话框，在"投影"→"混合"选项组中单击"设置阴影颜色"缩略图，在打开的"效果颜色"对话框中，设置"颜色"为"CMYK"，将"黑色"设置为 58%，如图 5-153 所示。

图5-152 选择"投影"命令

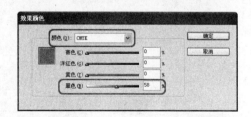

图5-153 "效果颜色"对话框

33 单击"确定"按钮，在"位置"选项组中，设置"距离"为 4 毫米，"角度"为 105°，如图 5-154 所示。

34 单击"确定"按钮，使用前面讲到的方法，在文档窗口中创建文字，设置字体样式为"迷你简中倩"，大小设置为 24 点，并调整至合适的位置，如图 5-155 所示。

图5-154 "效果"对话框

图5-155 创建文字

STEP 35 再次创建一个 300 毫米 ×68 毫米的矩形,并调整其至合适的位置,按 Ctrl+D 组合键,打开随书附带光盘中的素材 \ 第 5 章 \ 底纹 .png 文件,调整底纹的位置,完成后的效果如图 5-156 所示。

STEP 36 选择矩形,单击鼠标右键,在弹出的快捷菜单中选择"变换"→"后移一层"命令,如图 5-157 所示。

图5-156 完成后的效果

图5-157 选择"后移一层"命令

37 多次执行该命令，直至得到比较理想的效果为止。

38 使用同样的方法创建其他文本内容，设计师可根据自己的需求调整字体的样式及大小、颜色，并调整其位置，如图 5-158 所示。

39 按 W 键，预览完成后的效果，如图 5-159 所示。

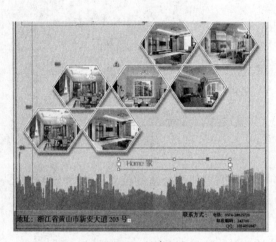

图5-158　创建文本

图5-159　最终效果

40 场景制作完成后，按 Ctrl+E 组合键，打开"导出"对话框，指定导出文件的路径，并为其命名，将"保存类型"设置为 JPEG 格式，如图 5-160 所示。

41 单击"保存"按钮，在弹出的"导出 JPEG"对话框中，使用其默认值，如图 5-161 所示。

图5-160　"导出"对话框

图5-161　"导出 JPEG"对话框

STEP **42**　单击"导出"按钮，在菜单栏中选择"文件"→"存储为"命令，为文件命名，将"保存类型"设置为"InDesign CS6 文档"，单击"保存"按钮，如图 5-162 所示。

图5-162　"储存为"对话框

5.5　习题

一、填空题

(1) 在 InDesign CS6 中最常用到的格式是（　　）、（　　）、（　　）、（　　）和（　　）。

(2) 一般图片常用到 4 种颜色模式：（　　）、（　　）、（　　）、（　　），根据不同的模式可以将图像设置为不同的颜色模式，如用于印刷的图像的颜色模式为（　　）颜色模式。

二、简答题

(1) AI 的定义和优点？

(2) PSD 格式包括什么？缺点是什么？

第**6**章 Chapter

图形的绘制

06

本章要点：

在 InDesign CS6 排版过程中，经常会使用到图形，本章将介绍 InDesign CS6 的图形绘制与图像操作，绘图工具包括铅笔工具、钢笔工具和矩形工具等，为绘制图形提供了便利。通过本章的学习读者可以运用强大的路径工具绘制任意图形，使画面更加丰富。

学习目标：

- 绘制图形
- 认识路径和锚点
- 使用钢笔工具
- 编辑路径
- 使用复合路径
- 复合性状

6.1 绘制图形

在 InDesign CS6 中，使用基本绘图工具可以创建基本的图形，如直线、矩形、圆形、椭圆以及多边形等。

6.1.1 绘制矩形

在工具箱中选择"矩形工具" ■，在页面中按住鼠标左键拖动，可以绘制一个矩形，如图 6-1 所示。按住 Shift 键的同时拖动鼠标可以绘制一个正方形。

精确绘制矩形。选择"矩形工具" ■ 后，在文档窗口的空白处单击鼠标，弹出"矩形"对话框，设计师可以根据要求输入数值，如图 6-2 所示。

图6-1 绘制矩形

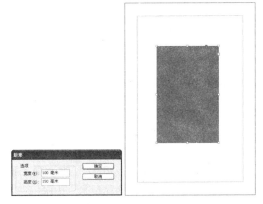

图6-2 绘制矩形

6.1.2 绘制椭圆形

在工具箱中选择"椭圆工具" ●，在页面中按住鼠标左键拖动，绘制出一个椭圆，如图 6-3 所示。按住 Shift 键的同时拖动鼠标可以绘制一个正圆。

选择"椭圆工具" ● 后，在文档窗口的空白处单击鼠标，弹出"椭圆"对话框，设计师可以根据要求输入数值，如图 6-2 所示。

图6-3 绘制椭圆

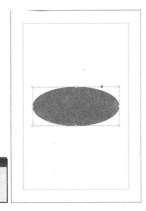

图6-4 绘制椭圆

6.1.3 绘制多边形

在工具箱中选择"多边形工具" 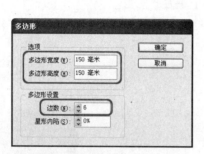，在页面中单击鼠标，弹出"多边形"对话框，在"多边形"对话框中设置参数，如图6-5所示。单击"确定"按钮，绘制一个多边形，如图6-6所示。

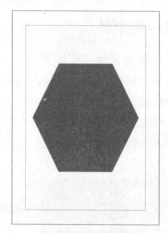

图6-5 "多边形"对话框   图6-6 绘制多边形

6.1.4 绘制星形

在工具箱中选择"多边形工具" 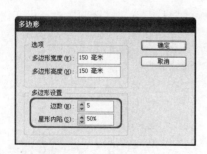，在文档窗口中单击鼠标，弹出"多边形"对话框，在"多边形"对话框中设置参数，如图6-7所示单击"确定"按钮，绘制一个星形，如图6-8所示。

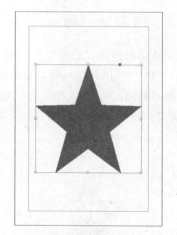

图6-7 "多边形"对话框   图6-8 绘制星形

6.1.5 形状之间的转换

在工具箱中选择"选择工具" ，在文档窗口中选择需要转换的图形，然后在菜单栏中选择"对象"→"转换形状"命令，在弹出的快捷菜单中可以选择要转换的图形，如图6-9所示，转换后的各种形状效果如图6-10所示。

图6-9 "转换形状"子菜单

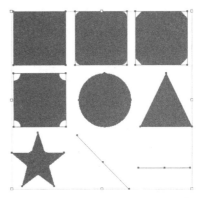

图6-10 转换图形效果

提示
通过在菜单栏中选择"窗口"→"对象和版面"→"路径查找器"命令，在"路径查找器"对话框中单击"转换形状"选项组中的按钮，也可以实现不同形状之间的转换。

6.2 认识路径和锚点

前面已经对基本图形的绘制进行了详细的讲解，但是在排版设计中需要用到非基本形状的图形，所以就需要使用"钢笔工具"。下面将对"钢笔工具"的路径和锚点进行讲解。

6.2.1 路径

路径可以分为简单路径、复合路径和复合形状路径3种类型。

- 简单路径：是复合路径和形状的基本模块。简单路径由一条开放或闭合路径（可能是自交叉的）组成。
- 复合路径：由两个或多个相互交叉或相互截断的简单路径组成。复合路径比复合形状更基本，所有符合 PostScript 标准的应用程序均能够识别。组合到复合路径中的路径充当一个对象并具有相同的属性。
- 复合形状：由两个或多个路径、复合路径、组、混合体、文本轮廓、文本框架彼此相交和截断以创建新的可编辑形状的其他形状组成。

所有路径都有某些特性，可以处理这些特性以创建不同的形状，通过编辑可以改变路径的特性。

- 闭合：路径可以分为开放式路径和闭合式路径两种形式。开放式路径的两个端点没有连接在一起，为其填充颜色时的效果如图 6-11 所示。闭合路径为一条完整的没有间断的路径，如矩形、圆形等，为其填充颜色时的效果如图 6-12 所示。

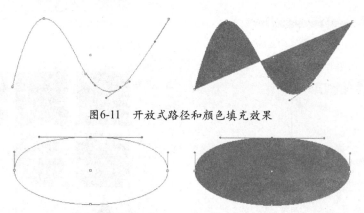

图6-11　开放式路径和颜色填充效果

图6-12　闭合式路径和颜色填充效果

- 描边：通过"描边"可以设置路径的颜色、宽度样式，如图6-13所示；可以将"描边"设置为无，选中时才会显示出来，效果如图6-14所示。

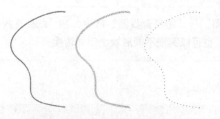

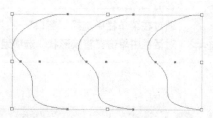

图6-13　设置描边　　　　　　　　　　　图6-14　描边为无

- 填充：设置路径的填充颜色、填充色调和渐变填充，效果如图6-15所示。开放式路径会根据路径形状调整填充颜色的范围，效果如图6-16所示。

图6-15　设置填充颜色　　　　　　　　　图6-16　开放式路径填充效果

- 内容：为路径添加图形图像、图像对象和文本对象，将对象置入路径中之后，该路径就会自动转换为框架，添加图像的效果如图6-17所示。添加文本的效果如图6-18所示。

图6-17　添加图像效果　　　　　　　　　图6-18　添加文本效果

6.2.2 直线工具

在工具箱中选择"直线工具" ╱ ，当光标变为 -¦- 时，单击鼠标左键并拖动到适当的位置，松开鼠标左键，可以绘制出一条任意角度的直线，如图 6-19 所示；在绘制的同时按住 Shift 键，可以绘制水平、垂直或 45° 角及其倍数的直线，如图 6-20 所示。

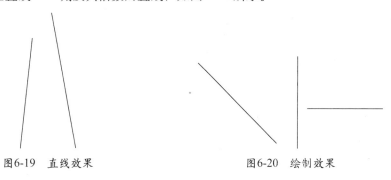

图6-19　直线效果　　　　　　　　　　　　图6-20　绘制效果

6.2.3 铅笔工具

"铅笔工具"就像用铅笔在纸上绘图一样，对于速描和创建手绘外观最有用，使用"铅笔工具"创建路径时不能设置锚点的位置及方向线，可以在绘制完成后进行修改。

1. 绘制开放路径

在工具箱中选择"铅笔工具" ✐ ，当光标变为 ℓ 时，在文档窗口中拖动鼠标绘制路径，如图 6-21 所示；松开鼠标后的绘制效果如图 6-22 所示。

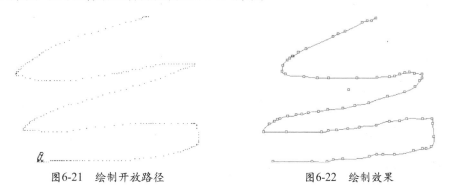

图6-21　绘制开放路径　　　　　　　　　　图6-22　绘制效果

2. 绘制封闭路径

在工具箱中选择"铅笔工具" ✐ ，当光标变为 ℓ 时，在文档窗口中拖动鼠标的同时按住 Alt 键，可以绘制封闭路径，如图 6-23 所示。绘制出的封闭路径效果如图 6-24 所示。

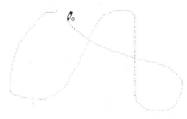

图6-23　绘制闭合路径　　　　　　　　　　图6-24　绘制效果

3. 了解两个路径

在工具箱中选择"选择工具" ![图标]，在场景中选择两条开放路径，如图 6-25 所示；选择"铅笔工具" ![图标]，将光标从一条路径的端点拖动到另一条路径的端点，按住 Ctrl 键，当光标变为 ![图标] 时，将合并两个锚点或路径，如图 6-26 所示。绘制效果如图 6-27 所示。

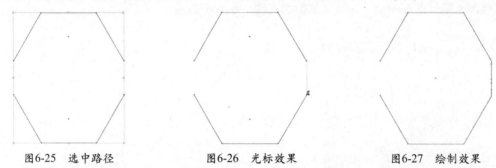

图6-25　选中路径　　　　图6-26　光标效果　　　　图6-27　绘制效果

6.2.4　平滑工具

"平滑工具" ![图标] 通过增加锚点或删除锚点来平滑路径。在平滑锚点与路径时，应尽可能保持路径原有的形状，并使路径平滑。

在工具箱中选择"直接选择工具" ![图标]，在场景中选择需要进行平滑处理的路径，如图 6-28 所示；在工具箱中选择"铅笔工具" ![图标] 并单击鼠标右键，选择"平滑工具" ![图标]，沿着要进行平滑处理的路径线上拖动，如图 6-29 所示；重复使用平滑处理，直到路径达到需要的平滑度，效果如图 6-30 所示。

图6-28　选中路径　　　　图6-29　拖动鼠标　　　　图6-30　平滑效果

6.2.5　抹除工具

使用"抹除工具" ![图标] 可以移去现有路径、锚点或描边的一部分。

在工具箱中选择"选择工具" ![图标]，在场景中选择需要抹除的路径，如图 6-31 所示；在在工具箱中选择"铅笔工具" ![图标] 并单击鼠标右键，选择"抹除工具" ![图标]，沿着需要抹除的路径段拖动，如图 6-32 所示；抹除后的路径断开，生成两个端点，效果如图 6-33 所示。

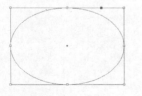
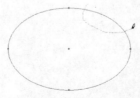
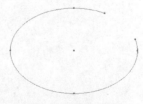

图6-31　选中路径　　　　图6-32　拖动鼠标　　　　图6-33　抹除效果

6.3 使用钢笔工具

使用"钢笔工具" ✍ 可以绘制出许多精细和复杂的路径,可以绘制任意直线和曲线,同时可以创建任意线条和闭合路径。

6.3.1 直线和锯条线条

直线是一种最简单的路径,可以使用"直线工具"和"钢笔工具"创建,使用"钢笔工具"可以绘制具有多条直线段的锯齿状线、曲线以及包含直线和曲线的线段。

新建空白文档后,在工具箱中选择"钢笔工具" ✍,在文档窗口中单击鼠标左键,确定第一个锚点,在相应的位置单击鼠标左键,即可创建第二个锚点位置,绘制出直线路径,如图6-34 所示,继续在其他位置单击鼠标,即可继续绘制直线,如图 6-35 所示。

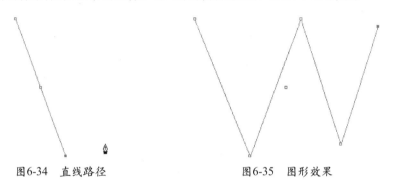

图6-34 直线路径   图6-35 图形效果

6.3.2 曲线

在工具箱中选择"钢笔工具" ✍,在文档窗口中按住鼠标左键并拖动,可以调整第一个锚点,如图 6-36 所示;在相应的位置再次按住鼠标左键并拖动,可以调整第二个锚点,如图 6-37 所示;继续按住鼠标左键拖动绘制多个锚点和曲线路径,效果如图 6-38 所示。

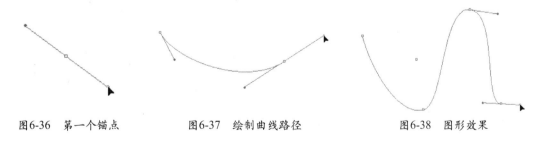

图6-36 第一个锚点   图6-37 绘制曲线路径   图6-38 图形效果

6.3.3 结合直线线段和曲线线段

将绘制好的直线线段和曲线线段结合起来,可以创建出包含有两种线段的线条。

(1)在工具箱中选择"钢笔工具" ✍,在文档窗口中创建一条曲线,将光标放置在曲线路径的一个端点上,当光标变为 ✍ 时,单击鼠标左键,将其转化为角点,如图 6-39 所示;在相应的位置单击鼠标,即可绘制出直线,如图 6-40 所示。

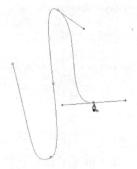

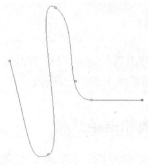

图6-39　转换为角点　　　　　　　　　　　图6-40　绘制直线路径

（2）将鼠标放在直线路径的端点上，当光标变为 时，单击鼠标左键，将其转化为平滑点，如图 6-41 所示；在相应的位置按住鼠标左键并拖动，即可绘制一条曲线路径，如图 6-42所示。

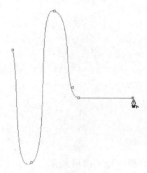

图6-41　转换为平滑点　　　　　　　　　　图6-42　绘制直曲线路径

6.4　编辑路径

在 InDesign CS6 中，路径绘制完成后，还需要进行调整，从而达到排版设计方面的要求。

6.4.1　选取、移动锚点

创建路径后，在工具箱中选择"直接选择工具" ，选中的锚点将以实心正方形显示，如图 6-43 所示；按住鼠标左键拖动选中的锚点，拖动锚点时，两个相邻的线段会发生变化，该锚点的方向手柄并不受影响，如图 6-44 所示。

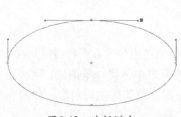

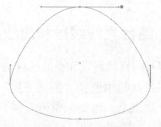

图6-43　选择锚点　　　　　　　　　　　　图6-44　移动锚点

6.4.2　增加、转换、删除锚点

如果为路径添加一些细节，可使其效果更佳，添加锚点可以对路径的一部分进行更精确的控制和调整。

（1）新建路径后，在工具箱中选择选择"直接选择工具" ，在文档窗口中选择需要添加锚点的路径，如图 6-45 所示；在"钢笔工具" 按钮处单击鼠标右键，选择"添加锚点工具" ，将光标移动到需要添加锚点的路径上，单击鼠标左键，创建一个平滑点，如图 6-46 所示。

图6-45　选择路径

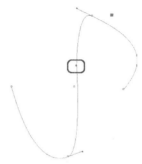

图6-46　添加锚点

（2）对新添加的锚点的方向线进行调整，可以通过单击及拖动鼠标来进行调整，如图 6-47 所示；路径最终效果如图 6-48 所示。

图6-47　调整锚点方向线

图6-48　路径效果

要将曲线路径转换为直线线段路径，可以通过将路径的平滑点转换为角点来完成。

在工具箱中选择"直接选择工具" ，在文档窗口中单击需要编辑路径，如图 6-49 所示；在"钢笔工具" 按钮处单击鼠标右键，选择"转换方向点工具" ，将光标移动至需要转换的锚点上进行拖动，如图 6-50 所示。

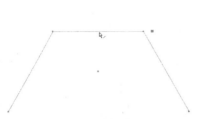

图6-49　选择路径

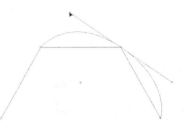

图6-50　拖动锚点

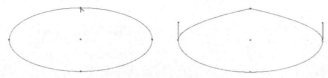

要将平滑点转换为角点，直接单击锚点即可，如图 6-51 所示。

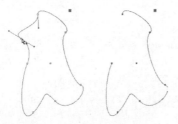

图6-51　转换为角点

要删除路径上的锚点，在工具箱中选择"直接选择工具" ，在文档窗口中选择需要删除的锚点，按 Delete 键删除锚点，如图 6-52 所示；在"钢笔工具" 按钮处单击鼠标右键，选择"删除锚点工具" ，将光标移动到需要删除的锚点的路径上，单击鼠标左键也可以删除一个锚点，如图 6-53 所示。

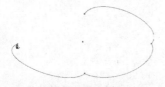

图6-52　按Delete键删除锚点

图6-53　选择并删除锚点

6.4.3　连接、断开路径

1. 连接路径

（1）使用"钢笔工具"链接路径

在工具箱中选择"钢笔工具" ，将光标放置在开放路径的端点上，当光标变为 时，如图 6-54 所示；在空白位置单击鼠标，可以绘制出连接路径，如图 6-55 所示。

图6-54　光标效果　　　　　　　　图6-55　绘制路径

将两条路径连接，在工具箱中选择"钢笔工具" ，将光标放置在一条开放路径的端点上，当光标变为 时，如图 6-56 所示；单击端点，将光标放置在另一条要连接的路径端点上，当光标变为 时，如图 6-57 所示；单击端点，即可将两条路径连接，效果如图 6-58 所示。

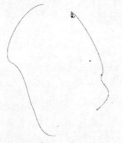

图6-56　光标效果　　　　　图6-57　光标效果　　　　　图6-58　连接路径

（2）使用面板连接路径

选择一条开放路径，如图 6-59 所示；在菜单栏中选择"窗口"→"对象和版面"→"路径查找器"命令，打开"路径查找器"对话框，单击"封闭路径" 按钮，如图 6-60 所示；将路径闭合，效果如图 6-61 所示。

图6-59　开放路径　　　　　图6-60　单击"封闭路径"按钮　　　　　图6-61　闭合路径

2. 断开路径

（1）使用"剪刀工具"断开路径

选择"直接选择工具" ▷ 在路径中选择需要断开的锚点，如图 6-62 所示；在工具箱中选择"剪刀工具" ✂，在锚点处单击鼠标，可以将路径断开，如图 6-63 所示；选择"直接选择工具" ▷，选择并拖动断开的锚点，如图 6-64 所示。

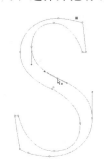
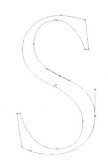
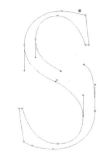

图6-62　选择锚点　　　　　图6-63　使用"剪刀工具"　　　　　图6-64　拖动断开的锚点

（2）使用面板断开路径起始点

在工具箱中选择"直接选择工具" ▷，在路径中选择任意锚点，如图 6-65 所示；在菜单栏中选择"窗口"→"对象和版面"→"路径查找器"命令，打开"路径查找器"对话框，单击"开放路径" ◯ 按钮，如图 6-65 所示。

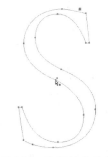

图6-65　选择任意锚点　　　　　图6-66　"路径查找器"对话框

将封闭的路径断开，可以看到呈选中状态的锚点为断开的锚点，也就是路径的起始点如图6-67所示；使用"直接选择工具" ▷ 按住并拖动断开的锚点，即可断开路径的起始点，如图6-68所示。

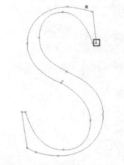 

图6-67　选中状态为起始点　　　　图6-68　拖动断开锚点

6.5　使用复合路径

在选择多条路径时，在菜单栏中选择"对象"→"路径"→"建立复合路径"命令，可以把多个路径转换为一个对象。"建立复合路径"选项与"编组"选项有些相似，它们之间的区别是在编组状态下，组中的每个对象仍然保持其原来的属性，例如描边的颜色和宽度、填充颜色或者渐变色等，相反，在建立复合路径时，最后一条路径的属性将被应用于所有其他的路径上，使用复合路径可以快速地制作一些其他工具难以制作的复杂图形。使用复合路径创建出的复杂形状如图 6-69 所示。

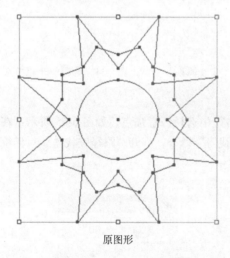

原图形　　　　　　　　　　　使用"复合路径"后的效果

图6-69　使用"复合路径"

6.5.1　创建复合路径

开放路径和封闭路径以及文本等都可以创建复合路径；创建复合路径时，所有的原路径成为复合形状的子路径，并应用最后的路径的填充和描边设置。创建复合路径后，可以修改或移动任意的子路径。

　　在菜单栏中选择"建立复合路径"命令后，如果和预期的效果不一样，可以撤销操作，修改路径的叠放顺序，再次执行"建立复合路径"命令。

　　执行"建立复合路径"命令后，如果选择包含文本或图形的框架，那么最后得到的复合路径将保留最底层的框架内容，如果最底层框架内没有内容，则复合路径将保留最底层上面的框架内容，而内容被保留的框架上层的所有框架的内容将被移去。

6.5.2　编辑复合路径

　　创建复合路径后，可以使用"直接选择工具"在任意的子路径上单击并拖动锚点方向手柄，改变其形状，还可以使用"钢笔路径"、"添加锚点工具"、"删除锚点工具"和"转换方向点工具"根据自己的需要来修改子路径的形状。

　　在编辑复合路径时，同样可以使用"描边"对话框、"色板"对话框、"颜色"对话框、"变换"对话框以及"控制"对话框对复合路径的外观进行编辑，所做的修改应用于所有的子路径。

　　如果需要删除路径，必须使用"删除锚点工具"删除其选择的锚点。如果删除的是封闭路径的一个锚点，该路径将转换为开放路径。

6.5.3　分解复合路径

　　在 InDesign CS6 中，除了可以创建复合路径外，还可以对其进行分解。如果决定要分解复合路径，在文档窗口中选择要分解的复合路径，然后在菜单栏中选择"对象"→"路径"→"释放复合路径"命令，如图 6-70 所示。最终得到的路径保存了复合路径时的属性。

图6-70　选择"释放复合路径"命令

6.6 复合形状

复合形状由简单路径或复合路径、文本框架、文本轮廓或其他形状通过添加、减去或交叉等编辑后的对象制作而成。

6.6.1 减去

"减去"是从最底层的对象中减去最前方的对象，被剪后的对象保留其填充和描边的属性。

在工具箱中选择"选择工具" ▶ ，在文档窗口中选择图形对象，如图 6-71 所示；在菜单栏中选择"窗口"→"对象和版面"→"路径查找器"命令，打开"路径查找器"对话框，单击"减去"按钮，如图 6-72 所示；执行该命令后，即可对选中的图形进行修剪，完成后的效果如图 6-73 所示。

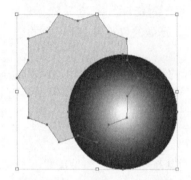

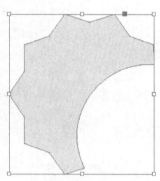

图6-71 选择需要修剪的图形　　　图6-72 单击"减去"按钮　　　图6-73 图形效果

6.6.2 添加

在文档窗口中选择需要添加的图形对象，如图 6-74 所示；在"路径查找器"对话框中，单击"相加" ▣ 按钮，如图 6-75 所示；完成后的效果如图 6-76 所示。

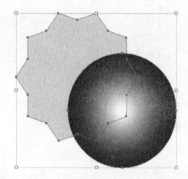

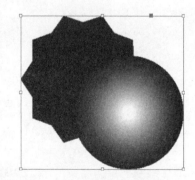

图6-74 选择需要相加的图形　　　图6-75 单击"相加"按钮　　　图6-76 图形效果

6.6.3 排除重叠

"排除重叠"是减去前面图形的重叠部分，将不重叠的部分创建成图形。

在文档窗口中选择需要进行操作的对象，在"路径查找器"对话框中，单击"排除重叠" 按钮，如图 6-77 所示；完成后的效果如图 6-78 所示。

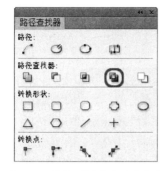

图6-77　单击"排除重叠"按钮

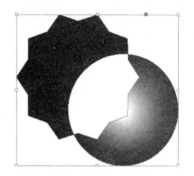

图6-78　图形效果

6.6.4　减去后方对象

"减去后方对象"是减去后面的图形，将减去前后图形的重叠部分，保留前面图形的剩余部分。在文档窗口中选择需要进行操作的图形对象，如图 6-79 所示；在"路径查找器"对话框中单击"减去后方对象" 按钮，如图 6-80 所示；完成后的效果如图 6-81 所示。

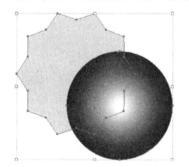

图6-79　选择需要编辑的图形

图6-80　单击"减去后方对象"按钮

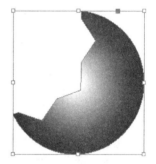

图6-81　图形效果

6.6.5　交叉

"交叉"是将两个或两个以上对象的相交部分保留，使相交的部分成为一个新的图形对象。在页面中选择需要进行操作的图形对象，如图 6-82 所示；在"路径查找器"对话框中单击"交叉" 按钮，如图 6-83 所示；完成后的效果如图 6-84 所示。

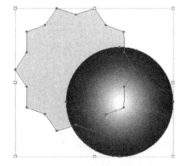

图6-82　选择需要编辑的图形

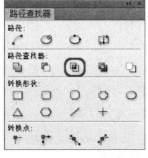

图6-83　单击"交叉"按钮

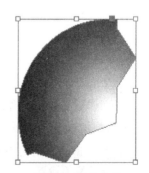

图6-84　图形效果

6.7 拓展练习——酒店宣传页

本节将利用前面所学的知识制作一张酒店宣传页，效果如图 6-85 所示，读者可以通过本例的学习，巩固前面所学的知识，操作步骤如下。

图6-85　酒店宣传页效果

STEP 01 运行 InDesign CS6 软件后，在菜单栏中选择"文件"→"新建"→"文档"命令，在弹出的"新建文档"对话框中，将"页面大小"设置为 A3，"页面方向"设置为横向，如图 6-86 所示。

STEP 02 单击"边距和分栏"按钮，在弹出的"新建边距和分栏"对话框中，将"上"、"下"均设置为 0 毫米，单击"确定"按钮，如图 6-87 所示。

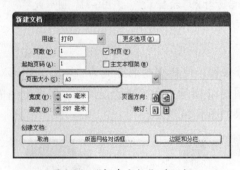

图6-86　"新建文档"对话框

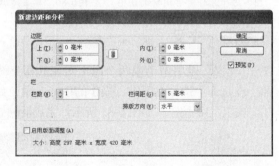

图6-87　"新建边距和分栏"对话框

STEP 03 设置完成后，单击"确定"按钮，在工具箱中选择"矩形工具"，在文档窗口的空白处单击鼠标，在弹出的"矩形"对话框中，将"宽度"和"高度"分别设置为 420 毫米和 297 毫米，如图 6-88 所示。

STEP 04 单击"确定"按钮，在工具箱中选择"选择工具"，选择绘制的矩形，在控制面板中将 X、Y 值设置为 0，如图 6-89 所示。

图6-88 "矩形"对话框

图6-89 调整矩形位置

STEP 05 继续选择该矩形，按 F6 键打开"颜色"面板，将填充颜色的 CMYK 值设置为（39、98、100、4），如图 6-90 所示。

STEP 06 为了后面的操作更加方便，选择该矩形，然后单击鼠标右键，在弹出的快捷菜单中，选择"锁定"命令，如图 6-91 所示。

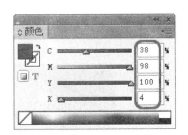

图6-90 "颜色"面板

图6-91 "锁定"命令

STEP 07 在工具箱中，在"矩形工具" ▣ 按钮处单击鼠标右键，在下拉列表中选择"椭圆工具" ⬭ ，按住 Shift 键的同时拖动鼠标，在场景中绘制一个圆形，如图 6-92 所示。

STEP 08 在工具箱中选择"选择工具" ▶ ，选择绘制的圆形，按 Ctrl+D 组合键，打开"置入"对话框，选择随书附带光盘中的素材 \ 第 6 章 \03.jpg 文件，如图 6-93 所示。

图6-92 绘制圆形

图6-93 选择素材文件

09 单击"打开"按钮，在工具箱中选择"直接选择工具" ⟍，选择置入的图片，按住 Shift 键对图片进行等比缩放，调整至合适的大小和位置，如图 6-94 所示。

10 在工具箱中选择"选择工具" ⟍，在文档窗口的空白处单击鼠标，然后选择绘制的圆形，按 F10 键，打开"描边"面板，将"粗细"设置为 10 点，"类型"设置为"粗 - 细"，如图 6-95 所示。

图6-94 调整图片位置和大小　　　　　　图6-95 "描边"面板

11 按 F5 键，打开"色板"面板，将颜色设置为"纸色"，如图 6-96 所示。

12 在工具箱中选择"椭圆工具" ⬭，在场景中按 Shift 键 v 拖动鼠标，在文档窗口中绘制两个圆形，如图 6-97 所示。

图6-96 "色板"面板　　　　　　　　图6-97 绘制两个圆形

13 在工具箱中选择"选择工具" ⟍，选择绘制的两个圆形，然后在菜单栏中选择"窗口"→"对象和版面"→"路径查找器"命令，打开"路径查找器"面板，如图 6-98 所示。

14 在"路径查找器"面板中，单击"相加" ◱ 按钮，两个圆形路径合并为一个路径，如图 6-99 所示。

图6-98 "路径查找器"命令　　　　　　图6-99 "路径查找器"面板

15 确认路径处于选中状态，按 Ctrl+D 组合键，打开"置入"对话框，选择随书附带光盘中的素材 \ 第 6 章 \04.jpg 文件，如图 6-100 所示。

16 单击"打开"按钮，在工具箱中选择"直接选择工具" ↘，选择置入的素材图片，按住 Shift 键对图片进行等比缩放，调整至合适的大小和位置，如图 6-101 所示。

图6-100 选择素材文件

图6-101 调整图片位置和大小

17 在工具箱中选择"选择工具" ▶，在文档窗口的空白处单击鼠标，然后选择路径，按 F10 键，打开"描边"面板，将"粗细"设置为 10 点，"类型"设置为"粗 - 细"，如图 6-102 所示。

18 使用相同的方法，绘制一个路径并添加描边命令，效果如图 6-103 所示。

图6-102 设置描边

图6-103 路径效果

19 在工具箱中选择"椭圆工具" ◯，在场景中按住 Shift 键的同时拖动鼠标，绘制 4 个不同大小的圆形，然后使用选择"选择工具" ▶，选择绘制的圆形并调整位置和大小，调整后的效果如图 6-104 所示。

20 使用"选择工具" ▶ 选择绘制 4 个圆形，然后在菜单栏中选择"窗口"→"对象和版面"→"路径查找器"命令，打开"路径查找器"面板，单击"相加" ◘ 按钮，如图 6-105 所示。

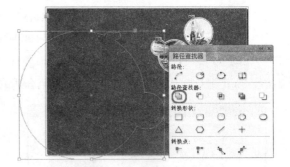

图6-104　绘制圆形　　　　　　　　　图6-105　"路径查找器"面板

STEP 21 确认路径处于选中状态，按F5键打开"色板"面板，将填充颜色设置为"纸色"，如图 6-106 所示。

STEP 22 继续选择该路径，在菜单栏中选择"对象"→"效果"→"内投影"命令，如图 6-107 所示。

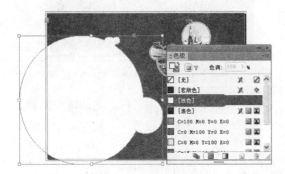

图6-106　设置填充颜色　　　　　　　图6-107　添加"内阴影"命令

STEP 23 弹出"效果"对话框，勾选"预览"复选项，将"混合"选项组下的"距离"设置 为2毫米，"角度"设置为110°；将"选项"选项组下的"大小"设置为3毫米，如图 6-108 所示。

STEP 24 单击"确定"按钮，继续选择该路径，单击鼠标右键，在弹出的快捷菜单中选择"锁 定"命令，效果如图 6-109 所示。

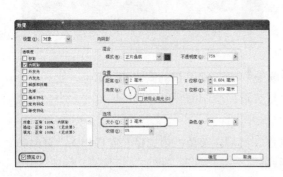

图6-108　设置"内阴影"　　　　　　　图6-109　路径效果

25 使用相同的制作方法，设计师根据排版要求可以在场景中添加不同的图形，如图6-110所示。

26 在工具箱中选择"椭圆工具" ⬭，按住 Shift 键的同时拖动鼠标，在文档窗口中绘制一个圆形，如图6-111所示。

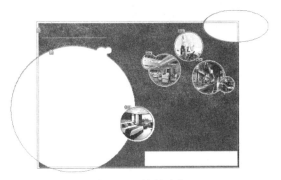

图6-110　绘制路径

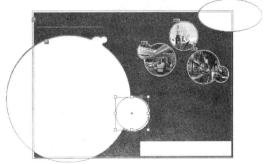

图6-111　路径效果

27 确认该圆形处于选中状态，按 Ctrl+D 组合键，打开"置入"对话框，选择随书附带光盘中的素材\第6章\05.jpg 文件，如图6-112所示。

28 单击"打开"按钮，在工具箱中选择"直接选择工具" ▷，选择置入的素材图片，按住 Shift 键对图片进行等比缩放，调整至合适的大小和位置，如图6-113所示。

图6-112　选择素材文件

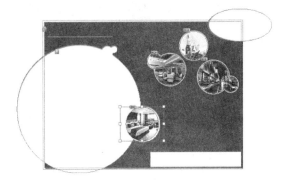

图6-113　调整图片大小

29 按 W 键预览效果，在工具箱中选择"文字工具" T.，在文档窗口中按住鼠标进行拖动，绘制出一个文本框，打开随书附带光盘中的素材\第6章\服务设施.txt 文件，将文字选中，复制粘贴至文本框中；选中文字后在控制面板中，将字体设置为"方正北魏楷书简体"，将"文字大小"设置为12，如图6-114所示。

30 使用"文字工具" T.，选中"服务设施"文字，在控制面板中将字体设置为"方正粗圆简体"，"字体大小"设置为14，单击"下划线"按钮，为其添加下划线，按 Ctrl+T 组合键，打开"字符"面板，将"倾斜" *T* 的数值设置为20°，按 F5 键打开"色板"面板，选择"C=0 M=0 Y=0 K=0"，如图6-115所示。

图6-114 粘贴并设置文字　　　　　　　　　　　图6-115 设置文字

31 使用相同的方法，制作其他文本效果，如图6-116所示。

32 使用相同的方法，制作文本，然后将"文字大小"设置为18，设计师可以根据排版要求设置其他文字的样式和颜色，如图6-117所示。

图6-116 制作文本　　　　　　　　　　　　图6-117 制作文本

33 在工具箱中选择"矩形工具" ，在文档窗口中按住鼠标进行拖动，绘制出一个矩形，并在菜单栏中选择"窗口"→"对象和版面"→"路径查找器"命令，在"路径查找器"面板中，单击 按钮，将矩形转换为如图6-118所示的形状。

34 确认绘制的矩形处于选中状态，按F6键打开"颜色"面板，将填充颜色设置为"C=38 M=98 Y=100 K=4"，如图6-119所示。

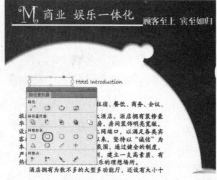

图6-118 绘制矩形　　　　　　　　　　　　图6-119 设置填充颜色

35 确认绘制的矩形处于选中状态，在工具箱中选择"文字工具" T.，在矩形内单击鼠标，然后输入文字"酒店简介"，选中文字，将字体设置为"长城新艺体"，"文字大小"设置为24，如图6-120所示。

36 在工具箱中选择"文字工具" T.，在文档窗口中按住鼠标进行拖动，绘制出一个文本框，输入文字"铭君大酒店"，选中文字，在控制面板中，将字体设置为"长城新艺体"，"字体大小"设置为60，如图6-121所示。

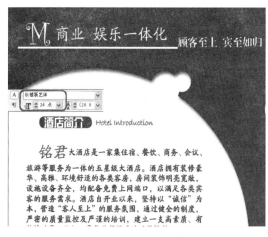

图6-120 设置文字

图6-121 设置文字

37 在工具箱中选择"选择工具" ▶，选择刚刚制作的文本，在菜单栏中选择"对象"→"效果"→"投影"命令，在"效果"对话框中，将"混合"选项卡下的"不透明度"设置为40%，将"位置"选项卡下的"距离"设置为3毫米，"角度"设置为-150°，将"选项"选项卡下的"大小"设置为1毫米，如图6-122所示。

38 单击"确定"按钮，文字效果如图6-123所示。

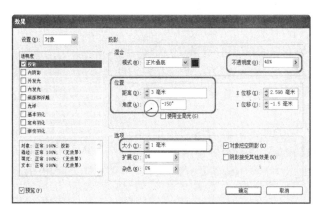

图6-122 "效果"对话框

图6-123 文字效果

39 使用相同的方法，制作右上角的文字效果，最终效果如图6-124所示。

40 场景制作完成后，按Ctrl+E组合键，打开"导出"对话框，在该对话框中指定导出的路径，为其命名，并将"保存类型"设置为JPEG格式，如图6-125所示。

图6-124　最终效果

图6-125　"导出"对话框

STEP 41 单击"保存"按钮，在弹出的"导出JPEG"对话框中，使用默认值，如图6-126所示。

STEP 42 单击"导出"按钮，在菜单栏中选择"文件"→"存储为"命令，为其指定命名并将"保存类型"设置为"InDesign CS6文档"，单击"保存"按钮，如图6-127所示。

图6-126　"导出JPEG"对话框

图6-127　"存储为"对话框

6.8 习题

一、填空题

（1）路径类型可以分为（　　）、（　　）和（　　）3种类型。

（2）（　　）和（　　）以及（　　）等都可以创建复合路径。

二、简答题

（1）怎样将多个路径转换为一个对象？

（2）复合形状的定义是什么？

第**7**章　Chapter

制表符与表的基本操作

07

本章要点：

　　InDesign CS6 不仅具有强大的绘图功能，而且还有强大的表格编辑功能，本章将介绍如何在 InDesign CS6 中编辑制表符和表。通过本章的学习，使读者可以快速创建复杂而精美的表格。

学习目标：

- 制表符
- 创建表
- 文本和表之间的转换
- 在表中添加图像
- 修改表
- 设置单元格的格式
- 添加表头和表尾
- 为表添加描边与填色

7.1 制表符

在 InDesign CS6 中，用户可以根据需要在"制表符"面板中将文本框中的文字以特定的水平位置排列，本节将对其进行简单介绍。

7.1.1 "制表符"面板

用户可以通过在菜单栏中选择"文字"→"制表符"命令，打开"制表符"面板，如图7-1 所示。

下面介绍"制表符"面板的使用方法。

STEP 01 在菜单栏中选择"文件"→"打开"命令，在弹出的对话框中选择随书附带光盘中的素材\第 7 章\素材 01.indd 文件，如图 7-2 所示。

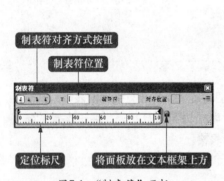

制表符对齐方式按钮
制表符位置
定位标尺
将面板放在文本框架上方

图7-1 "制表符"面板

图7-2 选择素材文件

STEP 02 选择完成后，单击"打开"按钮，将选中的素材文件打开，如图 7-3 所示。

STEP 03 选择工具箱中的"选择工具" ，然后在文档窗口中选择文本框，如图 7-4 所示。

图7-3 打开的素材文件

图7-4 选择文本框

STEP 04 在菜单栏中选择"文字"→"制表符"命令，如图 7-5 所示。

STEP 05 打开"制表符"面板，单击面板中的"将面板放在文本框架上方"按钮 ⚓，即可将"制表符"面板与选中的文本框对齐，如图 7-6 所示。

图7-5　选择"制表符"命令

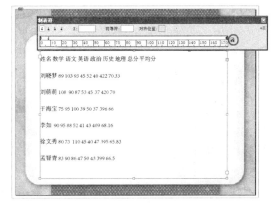

图7-6　"制表符"面板

STEP 06 在定位标尺上单击鼠标，可添加制表符，将制表符平均分为 9 份，单击并拖动制表符，可调整制表符的位置，如图 7-7 所示。

STEP 07 在工具箱中单击"文字工具" T.，将光标插入到"名"字的后面，如图 7-8 所示。

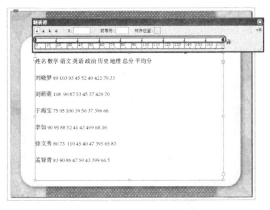

图7-7　添加制表符

图7-8　插入光标

STEP 08 按 Tab 键，"名"字后面的文字将自动向后推移到第一个制表符后面，效果如图 7-9 所示。

STEP 09 使用同样的方法，可以对文本框中的其他文字进行调整，如图 7-10 所示。调整完成后，单击"制表符"面板右上角的"关闭"按钮 ⊠，将"制表符"面板关闭即可。

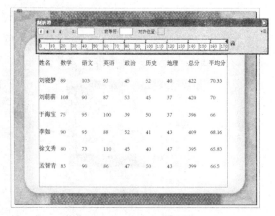

图7-9　调整文字位置　　　　　　　　　图7-10　调整其他文字的位置

7.1.2　设置制表符对齐方式

在 InDesign CS6 中，用户可以通过"制表符"面板中的 4 个设置制表符的对齐方式的功能按钮来进行对齐，分别是"左对齐制表符"按钮、"居中对齐制表符"按钮、"右对齐制表符"按钮和"对齐小数位（或其他指定字符）制表符"按钮。

如果需要设置制表符的对齐方式，可以在"制表符"面板中选中需要设置的制表符，如图7-11 所示。然后在"制表符"面板中单击相应的对齐方式按钮即可。

- "左对齐制表符"按钮：单击该按钮后，制表符停止点为文本的左侧，是默认的制表符对齐方式。
- "居中对齐制表符"按钮：单击该按钮后，制表符停止点为文本的中心，效果如图7-12 所示。

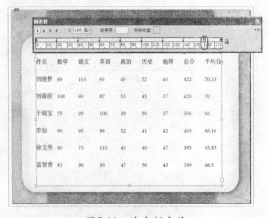

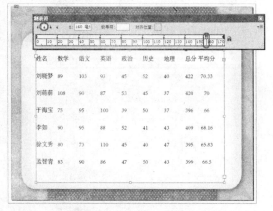

图7-11　选中制表符　　　　　　　　　图7-12　居中对齐制表符

- "右对齐制表符"按钮：单击该按钮后，制表符停止点为文本的右侧，效果如图7-13 所示。
- "对齐小数位（或其他指定字符）制表符"按钮：单击该按钮后，制表符停止点为文本的小数点位置，如果文本中没有小数点，InDesign 会假设小数点在文本的最后面，效果如图 7-14 所示。

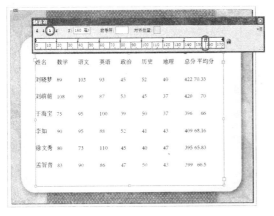

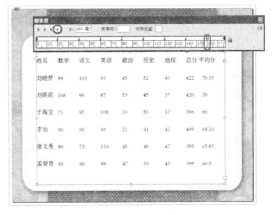

图7-13　右对齐制表符　　　　　　　　图7-14　对齐小数位制表符

7.1.3 "前导符"文本框

在"前导符"文本框中输入字符后，可以将输入的字符填充到每个制表符之间的空白处，在该文本框中最多可以输入 8 个字符作为填充，不可以输入特殊类型的空格，如窄空格或细空格等。

在"制表符"面板中选中一个制表符，如图 7-15 所示。然后在"前导符"文本框中输入字符，并按 Enter 键确认，即可在空白处填充输入的字符，效果如图 7-16 所示。

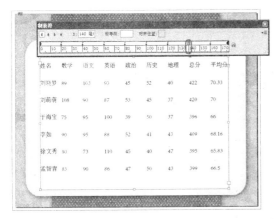

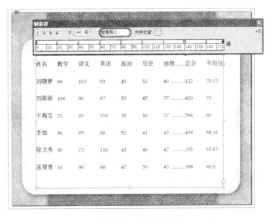

图7-15　选中制表符　　　　　　　　　图7-16　填充字符

7.1.4 "对齐位置"文本框

当在"制表符"面板中单击"对齐小数位（或其他指定字符）制表符"按钮后，可以在"对齐位置"文本框中设置对齐的对象，默认为"."。

在"制表符"面板中选中一个制表符，如图 7-17 所示。然后单击"对齐小数位（或其他指定字符）制表符"按钮，并在"对齐位置"文本框中输入字符作为对齐的对象，例如输入"#"，输入完成后按 Enter 键确认，效果如图 7-18 所示。如果在文本中没有发现输入的字符时，将会假设该字符是每个文本对象的最后一个字符。

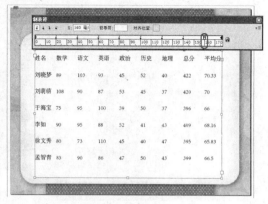
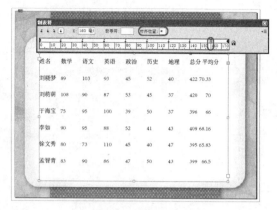

图7-17　选中制表符　　　　　　图7-18　输入"#"

7.1.5　通过"X"文本框移动制表符

在"制表符"面板中的"X"文本框（制表符位置文本框）中可以精确地调整选中的制表符的位置。

在"制表符"面板中选中一个需要调整的制表符，如图 7-19 所示。然后在"X"文本框中输入 50，并按 Enter 键确认，即可将选中的制表符调整到指定的位置，如图 7-20 所示。

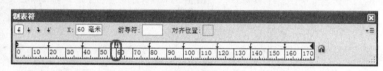

图7-19　选择制表符

图7-20　输入数值

7.1.6　定位标尺

定位标尺中的三角形缩进块可以显示和控制选定文本的首行、左、右缩进，左侧是由两个三角形组成的缩进块，拖动上面的三角形可以调整首行缩进位置，下面的三角形可以调整左侧的缩进距离，右侧的三角形可以调整右侧的缩进距离，如图 7-21 所示。

7.1.7　"制表符"面板菜单

单击"制表符"面板右上角的 ▾≡ 按钮，在弹出的下拉菜单中可以选择需要应用的命令，包括"清除全部"、"删除制表符"、"重复制表符"和"重置缩进"，如图 7-22 所示。

1. 清除全部

在下拉菜单中选择"清除全部"命令时，可以删除所有已经创建的制表符，所有使用制表符放置的文本全部恢复到最初的位置，清除前与清除后的效果如图 7-23 所示。

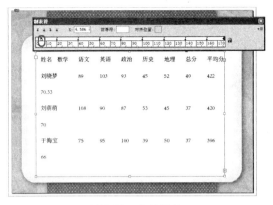

图7-21　定位标尺　　　　　　　　　　　图7-22　"制表符"面板菜单

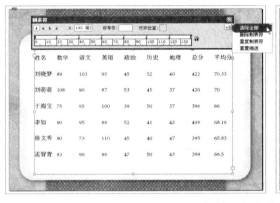

图7-23　清除制表符前与清除后的效果

2. 删除制表符

在 InDesign CS6 中，如果不想将所有的制表符清除，可以删除单个制表符，具体操作步骤如下。

01 在"制表符"面板中选择一个要删除的制表符，如图 7-24 所示。

02 单击"制表符"面板右上角的 ▼≡ 按钮，在弹出的下拉菜单中选择"删除制表符"命令，如图 7-25 所示。

03 执行该命令后即可将选中的制表符删除，如图 7-26 所示。

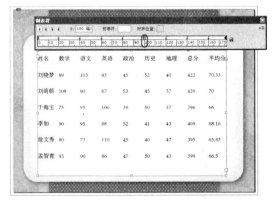
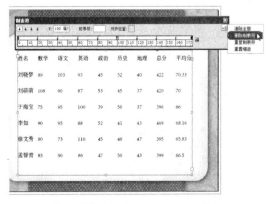

图7-24　选择要删除的制表符　　　　　　图7-25　选择"删除制表符"命令

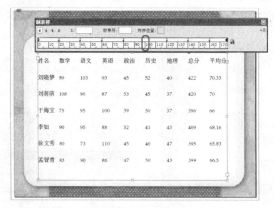

图7-26 删除后的效果

3. 重复制表符

在下拉菜单中选择该命令后，可以自动测量选中的制表符与左边距之间的距离，并将被选中的制表符之后的所有制表符全部替换成选中的制表符。

4. 重置缩进

在下拉菜单中选择该命令后，可以将文本框中的缩进设置全部恢复成默认设置。

7.2 创建表

与 Word 基本相同，在 InDesign CS6 中，用户可以根据需要创建表，表是由成行和成列的单元格组成的。单元格类似于文本框架，用户可以在其中添加文本等，本节将简单介绍创建表的操作步骤。

STEP 01 启动 InDesign CS6，按 Ctrl+O 组合键，在弹出的对话框中选择随书附带光盘中的素材\第 7 章\素材 02.indd 文件，如图 7-27 所示。

STEP 02 选择完成后，单击"打开"按钮，打开的素材文件如图 7-28 所示。

图7-27 "打开文件"对话框

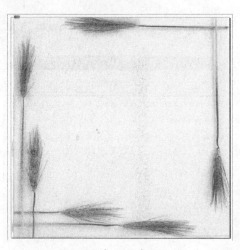

图7-28 打开的素材文件

STEP 03 在工具箱中选择"文字工具" T.，然后在需要创建表的位置绘制一个文本框，如图 7-29 所示，也可以在要创建表的文本框中单击插入光标。

STEP 04 在菜单栏中选择"表"→"插入表"命令，如图 7-30 所示。

图7-29　绘制文本框

图7-30　"插入表"对话框

STEP 05 在"正文行"文本框中设置水平单元格数，在"列"文本框中设置垂直单元格数，如果创建的表将跨多个列或多个框架，可以在"表头行"和"表尾行"文本框中指定要在其中重复信息的表头行或表尾行的数量，如图 7-31 所示。

STEP 06 设置完成后单击"确定"按钮，即可创建表格，如图 7-32 所示。

图7-31　输入数值

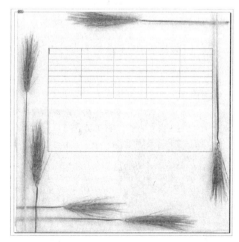

图7-32　创建的表格

7.3　文本和表之间的转换

为了方便操作，用户可以在 InDesign CS6 中进行文本与表之间的相互转换，本节将对其进行简单介绍。

7.3.1 将文本转换为表

下面介绍如何将文本转换为表，具体操作步骤如下。

STEP 01 启动 InDesign CS6，按 Ctrl+O 组合键，在弹出的对话框中选择随书附带光盘中的素材 \ 第 7 章 \ 素材 03.indd 文件，如图 7-33 所示。

STEP 02 选择完成后，单击"打开"按钮，打开的素材文件如图 7-34 所示。

图7-33　选择素材文件

图7-34　打开的素材文件

STEP 03 在工具箱中选择"文字工具" T.，然后单击并拖动鼠标，选择需要转换为表的文本，如图 7-35 所示。

STEP 04 在菜单栏中选择"表"→"将文本转换为表"命令，如图 7-36 所示。

图7-35　选择文本

图7-36　选择"将文本转换为表"命令

STEP 05 执行该命令后，弹出"将文本转换为表"对话框，在这里使用默认设置即可，如图 7-37 所示。

STEP 06 单击"确定"按钮，即可将文本转换为表，效果如图 7-38 所示。

图7-37 "将文本转换为表"对话框 　　　　　图7-38 将文本转换为表

7.3.2 将表转换为文本

下面介绍如何将表转换为文本，具体操作步骤如下。

01 继续上面的操作，使用"文字工具" T,在表中的任意一个单元格中单击插入光标，如图 7-39 所示。

02 在菜单栏中选择"表"→"将表转换为文本"命令，如图 7-40 所示。

图7-39 在单元格中插入光标 　　　　　图7-40 选择"将表转换为文本"命令

03 弹出"将表转换为文本"对话框，在该对话框中指定行和列要使用的分隔符，在这里使用默认设置即可，如图 7-41 所示。

04 单击"确定"按钮，将表转换为文本后的效果如图 7-42 所示。

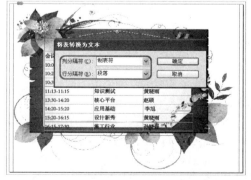

图7-41 "将表转换为文本"对话框 　　　　　图7-42 将表转换为文本

7.4 在表中添加图像

本节介绍如何向表中添加图像,具体操作步骤如下。

STEP 01 继续上面的操作,在工具箱中选择"文字工具" T,然后单击并拖动鼠标,选择如图7-43所示的文本。

STEP 02 在菜单栏中选择"表"→"将文本转换表"命令,在弹出的对话框中单击"确定"按钮,将选中的文本转换为表,如图7-44所示。

图7-43 选择文本

图7-44 转换为表

STEP 03 在需要添加图形的单元格中单击插入光标,如图7-45所示。

STEP 04 按Ctrl+D组合键,在弹出的对话框中选择随书附带光盘中的素材\第7章\001.psd文件,如图7-46所示。

图7-45 将光标置入到单元格中

图7-46 选择素材文件

STEP 05 单击"打开"按钮,在文本框中调整该图像的大小,调整后的效果如图7-47所示。

图7-47 调整后的效果

7.5 修改表

表创建完成后，用户可以根据需要，使用 InDesign 中提供的多种方法来修改创建的表。例如，为单元格添加对角线，调整行、列或表的大小，合并与拆分单元格，插入行和列，删除行、列或表等。

7.5.1 选择不同的对象

在 InDesign CS6 中，如果要对表或单元格进行修改，必须要选择该对象，本节介绍如何选择表和单元格。

1. 选择单元格

下面介绍如何选择单元格，具体操作步骤如下。

STEP 01 启动 InDesign CS6，按 Ctrl+O 组合键，在弹出的对话框中选择随书附带光盘中的素材 \ 第 7 章 \ 素材 04.indd 文件，如图 7-48 所示。

STEP 02 选择完成后，单击"打开"按钮，打开的素材文件如图 7-49 所示。

图7-48 选择素材文件

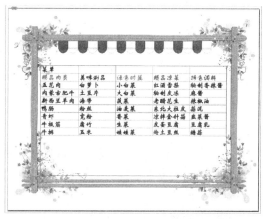

图7-49 打开的素材文件

STEP 03 在工具箱中选择"文字工具"**T.**，在要选择的单元格内单击，如图 7-50 所示。

STEP 04 在菜单栏中选择"表"→"选择"→"单元格"命令，即可将单元格选中，如图 7-51 所示。

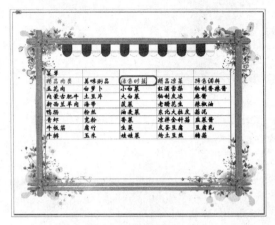

图7-50　将光标置入单元格中　　　　　　　　图7-51　选择单元格

2. 选择整行或整列

在 InDesign CS6 中，用户可以根据需要选择整行或整列单元格，下面将对其进行简单介绍。

使用"文字工具"**T.**在单元格内单击，或选择单元格中的文本，在菜单栏中选择"表"→"选择"→"行"命令或"列"命令，即可选中单元格所在的整行或整列。

选择"文字工具"**T.**，将鼠标移到要选择的行的左边缘，当鼠标变为➡形状时，单击鼠标左键，即可选中整行，效果如图 7-52 所示。

选择"文字工具"**T.**，将鼠标移到要选择的列的上边缘，当鼠标变为⬇形状时，单击鼠标左键，即可选中整列，效果如图 7-53 所示。

图7-52　选择整行　　　　　　　　　　　　图7-53　选择整列

3. 选择表

下面介绍如何选择整个表，具体操作步骤如下。

STEP 01 使用"文字工具"**T.**在任意一个单元格内单击，或选择单元格中的文本，如图 7-54 所示。

STEP 02 在菜单栏中选择"表"→"选择"→"表"命令，即可选中整个表，如图 7-55 所示。

图7-54　将光标置入到单元格中

图7-55　选择"表"命令

STEP 03 执行该命令后，即可选择整个表，效果如图 7-56 所示。

选择"文字工具" T.，将鼠标移到表的左上角，当指针变为 ↘ 形状时，单击鼠标左键，即可选中整个表，效果如图 7-57 所示。

图7-56　选择整个表

图7-57　选择表

4. 选择所有表头行、表尾行或正文行

使用"文字工具" T.在任意一个单元格内单击，或选择单元格中的文本，在菜单栏中选择"表"→"选择"→"表头行"命令，如图 7-58 所示。即可选中所有表头行，如图 7-59 所示。

图7-58　选择"表头行"命令

图7-59　选择表头行

在菜单栏中选择"表"→"选择"→"表尾行"命令，即可选中所有表尾行，如图7-60所示。

在菜单栏中选择"表"→"选择"→"正文行"命令，即可选中所有正文行，如图7-61所示。

图7-60　选择表尾行

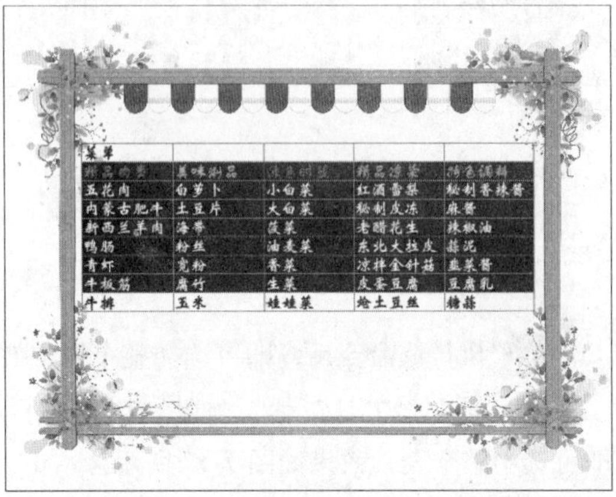

图7-61　选择正文行

7.5.2　为单元格添加对角线

在 InDesign CS6 中，用户可以根据需要为单元格添加对角线，具体操作步骤如下。

STEP 01 使用"文字工具" T.在需要添加对角线的单元格中单击插入光标，如图 7-62 所示。

STEP 02 在菜单栏中选择"表"→"单元格选项"→"对角线"命令，图 7-63 所示。

图7-62　将光标置入到单元格中

图7-63　选择"对角线"命令

STEP 03 在弹出的"单元格选项"对话框中，单击"从左上角到右下角的对角线（同 5023）"按钮，其他参数使用默认设置，如图 7-64 所示。

STEP 04 设置完成后单击"确定"按钮，添加对角线后的效果如图 7-65 所示。

"单元格选项"对话框中的选项功能介绍如下。

● 对角线类型按钮：通过单击对角线类型按钮可以设置单元格中的对角线的类型，包括"无对角线"按钮、"从左上角到右下角的对角线"按钮、"从右上角到左下角的对角线"按钮☑和"交叉对角线"按钮☒。

- 在"线条描边"选项组中可以指定所需对角线的粗细、类型、颜色和间隙颜色等，指定"色调"百分比和"叠印描边"选项。
- "绘制"选项：在下拉列表中选择"对角线置于最前"选项，可以将对角线放置在单元格内容的前面；选择"内容置于最前"选项，可以将对角线放置在单元格内容的后面。

图7-64　"单元格选项"对话框

图7-65　添加对角线后的效果

7.5.3　调整行高、列宽与表的大小

在 InDesign CS6 中，用户可以根据需要对行、列或表的大小进行调整。

1. 调整行和列的大小

STEP 01　使用"文字工具" T.在单元格内单击，如图 7-66 所示。

STEP 02　在菜单栏中选择"表"→"单元格选项"→"行和列"命令，如图 7-67 所示。

图7-66　在单元格内单击

图7-67　选择"行和列"命令

03 弹出"单元格选项"对话框,在"行高"和"列宽"文本框中输入需要的行高和列宽,如图 7-68 所示。

04 输入完成后,单击"确定"按钮,即可调整单元格所在的行的高度和列的宽度,效果如图 7-69 所示。

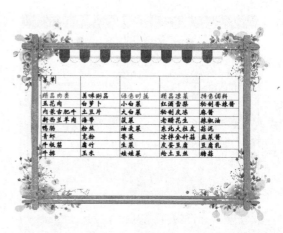

图7-68 "单元格选项"对话框　　　　　　　　图7-69 调整后的效果

2. 调整表的大小

选择"文字工具" T,将鼠标放置在表的右下角,如图 7-70 所示,当鼠标变为 时,单击并向下或向上拖动鼠标,即可增大或减小表的大小,如图 7-71 所示。

图7-70 将鼠标放置在表的右下角　　　　　　图7-71 调整后的效果

3. 均匀分布行或列

下面介绍如何均匀分布行或列,具体操作步骤如下。

01 使用"文字工具" T,在任意一个单元格中单击,在菜单栏中选择"表"→"选择"→"选择表"命令,如图 7-72 所示。

02 执行该操作后,即可选中整个表,如图 7-73 所示。

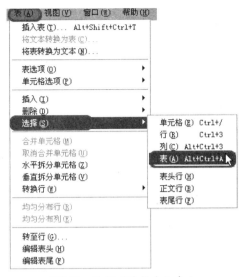

图7-72 选择"选择表"命令

图7-73 选择整个表

STEP 03 在菜单栏中选择"表"→"均匀分布行"命令,如图7-74所示。

STEP 04 执行该操作后,即可均匀分布选择的行,效果如图7-75所示。

图7-74 选择"均匀分布行"命令

图7-75 均匀分布各行

在 InDesign CS6 中,用户可以使用同样的方法对列进行平均分布。

7.5.4 合并和拆分单元格

本节介绍如何合并和拆分单元格,合并就是指把两个或多个单元格合并为一个单元格,与合并不同,拆分是把一个单元格拆分为两个单元格。

1. 合并单元格

选择"文字工具" T., 拖动鼠标将需要合并的单元格选中,如图7-76所示。在菜单栏中选择"表"→"合并单元格"命令，即可将选中的单元格合并，如图7-77所示。

图7-76　选择单元格

图7-77　合并单元格

提示　在 InDesign CS6 中，如果需要取消单元格的合并，在菜单栏中选择"表"→"取消合并单元格"命令，即可取消单元格的合并。

2. 拆分单元格

使用"文字工具" T.选择需要拆分的单元格，如图7-78所示。在菜单栏中选择"表"→"垂直拆分单元格"命令，如图7-79所示。

图7-78　选择要拆分的单元格

图7-79　选择"垂直拆分单元格"命令

垂直拆分单元格后的效果如图7-80所示。

提示　在 InDesign CS6 中，当用户选择要拆分的单元格后，右击鼠标，弹出快捷菜单，在其中可以选择"水平拆分单元格"或"垂直拆分单元格"命令，如图7-81所示。

7-80　垂直拆分单元格后的效果　　　　　　图7-81　快捷菜单

7.5.5　插入行和列

在使用表的过程中，可以根据需要在表内插入行和列。在 InDesign 中可以一次插入一行或一列，也可以同时插入多行或多列。

1. 插入行

使用"文字工具" T. 在单元格中单击插入光标，如图 7-82 所示。

图7-82　单击插入光标　　　　　　　　　图7-83　设置参数

在菜单栏中选择"表"→"插入"→"行"命令，弹出"插入行"对话框，在该对话框中，"行数"选项用于设置需要插入的行数，"上"和"下"单选按钮用于指定新行将显示在选择的单元格所在的行的上面还是下面，如图 7-83 所示。然后单击"确定"按钮，插入行后的效果如图 7-84 所示。

2. 插入列

使用"文字工具" T. 在单元格中单击插入光标，如图 7-85 所示。在菜单栏中选择"表"→"插入"→"列"命令，弹出"插入列"对话框，在该对话框中，"列数"选项用于设置需要插入的列数，"左"和"右"单选按钮用于指定新列将显示在选择的单元格所在的列的左边还是右边，如图 7-86 所示。然后单击"确定"按钮，插入列后的效果如图 7-87 所示。

图7-84　插入行的效果

图7-85　单击插入光标

图7-86　"插入列"对话框

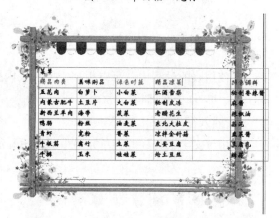

图7-87　插入列

3. 插入多行和多列

使用"文字工具" T. 在单元格中单击插入光标，如图 7-88 所示。在菜单栏中选择
"表"→"表选项"→"表设置"命令，如图 7-89 所示。

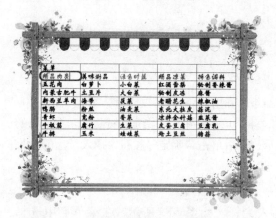

图7-88　单击插入光标

图7-89　选择"表设置"命令

弹出"表选项"对话框，在该对话框中，将"正文行"设置为 8，"列"设置为 6，如图
7-90 所示。设置完成后单击"确定"按钮，即可插入多行和多列，效果如图 7-91 所示。

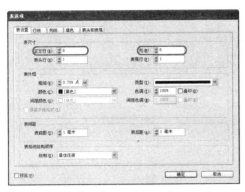

图7-90　设置标尺寸

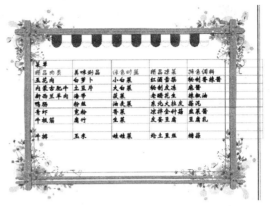

图7-91　插入多行和多列

7.5.6　删除行、列或表

使用"文字工具" T. 在需要删除的行的任意一个单元格中单击插入光标，在菜单栏中选择"表"→"删除"→"行"命令，即可将单元格所在的行删除；使用"文字工具" T. 在需要删除的列的任意一个单元格中单击插入光标，在菜单栏中选择"表"→"删除"→"列"命令，即可将单元格所在的列删除；使用"文字工具" T. 在任意一个单元格中单击插入光标，在菜单栏中选择"表"→"删除"→"表"命令，即可将表删除。

7.6　设置单元格的格式

在 InDesign CS6 中，用户可以通过使用"单元格选项"对话框来更改单元格的边距、对齐方式以及排版方向等，本节将对其进行简单介绍。

7.6.1　更改单元格的内边距

更改单元格内边距的具体操作步骤如下。

图7-92　选择素材文件

图7-93　打开的素材文件

STEP 01 启动 InDesign CS6，按 Ctrl+O 组合键，在弹出的对话框中选择随书附带光盘中的素材 \ 第 7 章 \ 素材 05.indd 文件，如图 7-92 所示。

STEP 02 选择完成后，单击"打开"按钮，打开的素材文件如图 7-93 所示。

STEP 03 选择"文字工具" T.，拖动鼠标选择需要更改内边距的单元格，如图 7-94 所示。

STEP 04 在菜单栏中选择"表"→"单元格选项"→"文本"命令，如图 7-95 所示。

图7-94 选择单元格

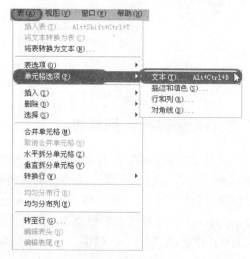

图7-95 选择"文本"命令

STEP 05 弹出"单元格选项"对话框，在"单元格内边距"选项组中，单击"将所有设置设为相同"按钮，取消该选项的链接，然后将"上"设置为 6 毫米，如图 7-96 所示。

STEP 06 设置完成后单击"确定"按钮，效果如图 7-97 所示。

图7-96 "单元格选项"对话框

图7-97 设置后的效果

7.6.2 改变单元格中文本的对齐方式

改变单元格中文本的对齐方式的具体操作步骤如下。

Chapter 07

STEP 01 选择"文字工具"T.，拖动鼠标选择需要更改对齐方式的文本，如图 7-98 所示。

STEP 02 在菜单栏中选择"表"→"单元格选项"→"文本"命令，如图 7-99 所示。

图7-98　选择文本

图7-99　选择"文本"命令

STEP 03 在弹出的"单元格选项"对话框中，将"垂直对齐"选项组中的"对齐"设置为"居中对齐"，如图 7-100 所示。

STEP 04 设置完成后，单击"确定"按钮，即可改变选中文本的对齐方式，效果如图 7-101 所示。

图7-100　设置对齐方式

图7-101　改变后的效果

7.6.3 旋转文本

旋转单元格中的文本的具体操作步骤如下。

STEP 01 使用"文字工具"T.选择需要旋转的文本，如图 7-102 所示。

STEP 02 在菜单栏中选择"表"→"单元格选项"→"文本"命令，弹出"单元格选项"对话框，在"文本旋转"选项组中的"旋转"下拉列表中选择 90°，如图 7-103 所示。

图7-102　选择要进行旋转的文本

图7-103　选择旋转角度

STEP 03 选择完成后，单击"确定"按钮，即可改变旋转角度，效果如图 7-104 所示。

图7-104　旋转后的效果

7.6.4　更改排版方向

在 InDesign CS6 中，用户可以根据需要对元格中文字的排版方向进行更改，下面介绍如何更改文字的排版方向，具体操作步骤如下。

STEP 01 使用"文字工具" T.选择要更改排版方向的文本，如图 7-105 所示。

图7-105　选择文本

STEP 02 在菜单栏中选择"表"→"单元格选项"→"文本"命令，弹出"单元格选项"对话框，在"排版方向"下拉列表中选择"垂直"，如图 7-106 所示。

STEP 03 然后单击"确定"按钮即可，选择"垂直"排版方向后的效果如图 7-107 所示。

图7-106　选择"垂直"

图7-107　垂直排版后的效果

7.7　添加表头和表尾

除了在创建表时可以添加表头行和表尾行外，还可以将正文行转换为表头行或表尾行。也可以使用"表选项"对话框来添加表头行和表尾行，并更改它们在表中的显示方式。

7.7.1　将现有行转换为表头行或表尾行

选择"文字工具" T.，在第一行中的任意一个单元格中单击插入光标，然后在菜单栏中选择"表"→"转换行"→"到表头"命令，即可将现有行转换为表头行。

选择"文字工具" T.，在最后一行中的任意一个单元格中单击插入光标，然后在菜单栏中选择"表"→"转换行"→"到表尾"命令，即可将现有行转换为表尾行。

7.7.2　更改表头行或表尾行选项

使用"文字工具" T.在表中的任意一个单元格中单击插入光标，然后在菜单栏中选择"表"→"表选项"→"表头和表尾"命令，弹出"表选项"对话框，如图7-108所示。

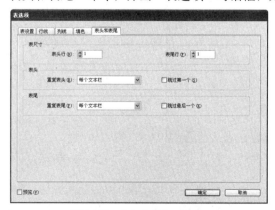

图7-108　"表选项"对话框

（1）"表尺寸"选项组

在"表尺寸"选项组中的"表头行"和"表尾行"文本框中指定表头行或表尾行的数量，可以在表的顶部或底部添加空行。

（2）"表头"和"表尾"选项组

在这两个选项组中的"重复表头"和"重复表尾"文本框中指定表头或表尾中的信息是显示在每个文本栏中，还是每个文本框架显示一次，或是每页只显示一次。

如果不希望表头信息显示在表的每一行中，则勾选"跳过第一个"复选框；若不希望表尾信息显示在表的最后一行中，则勾选"跳过最后一个"复选框。

7.8 为表添加描边与填色

在 InDesign CS6 中，用户可以根据需要为表添加描边与填色，使其更加美观。将描边（即表格线）和填色添加到表中有多种方式。使用"表选项"对话框可以更改表边框的描边，并向列和行中添加交替描边和填色。如果要更改个别单元格或表头/表尾单元格的描边和填色，可以使用"单元格选项"对话框，或者使用"色板"面板、"描边"面板和"颜色"面板等。

7.8.1 设置表的描边

为表设置描边的具体操作步骤如下。

STEP 01 启动 InDesign CS6，按 Ctrl+O 组合键，在弹出的对话框中选择随书附带光盘中的素材 \ 第 7 章 \ 素材 06.indd 文件，如图 7-109 所示。

STEP 02 选择完成后，单击"打开"按钮，打开的素材文件如图 7-110 所示。

图7-109　选择素材文件

图7-110　打开的素材文件

STEP 03 使用"文字工具" T.在任意一个单元格中单击插入光标，如图 7-111 所示。

STEP 04 在菜单栏中选择"表"→"表选项"→"表设置"命令，弹出"表选项"对话框，如

图 7-112 所示。其中,"表外框"选项组用于指定所需的表框粗细、类型、颜色、色调和间隙颜色等。在"表格线绘制顺序"选项组中的"绘制"下拉列表中,有以下几个参数。

图7-111　插入光标

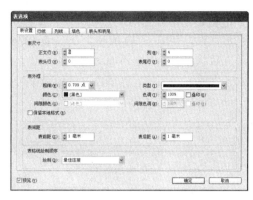

图7-112　"表选项"对话框

- "最佳连接":在不同颜色的描边交叉处行线将显示在上面。当描边(如双线)交叉时,描边会连接在一起,并且交叉点也会连接在一起。
- "行线在上":行线显示在上面。
- "列线在上":列线显示在上面。
- "InDesign2.0 兼容性":行线显示在上面。当多条描边(如双线)交叉时,它们会连接在一起,且仅在多条描边呈 T 形交叉时,多个交叉点才会连接在一起。

STEP 05 在弹出的对话框中将"粗细"设置为 1 点,在"颜色"下拉列表中选择一种颜色,将"类型"设置为"虚线(4 和 4),如图 7-113 所示。

STEP 06 设置完成后单击"确定"按钮,效果如图 7-114 所示。

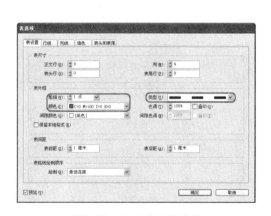

图7-113　设置表边框参数

图7-114　设置表边框后的效果

7.8.2　设置单元格的描边

在 InDesign 中,使用"单元格选项"对话框、"描边"面板都可为单元格设置描边,本节将对其进行简单介绍。

1. 使用"单元格选项"对话框设置描边

下面介绍如何使用"单元格选项"对话框为单元格设置描边，具体操作步骤如下。

STEP 01 使用"文字工具" T. 选择需要添加描边的单元格，如图 7-115 所示。

STEP 02 在菜单栏中选择"表"→"单元格选项"→"描边和填色"命令，弹出"单元格选项"对话框，如图 7-116 所示。在"单元格描边"选项组的预览区域中，单击蓝色线条后，线条呈灰色状态，此时将不能对其进行描边。在其他选项中可以指定所需线条的粗细、类型、颜色和色调等。在"单元格填色"选项组中可以指定所需要的颜色和色调。

图7-115　选择需要添加描边的单元格

图7-116　"单元格选项"对话框

STEP 03 在"单元格描边"选项组中，将"粗细"设置为 2 点，"颜色"设置为绿色，然后在"类型"下拉列表中选择"点线"，如图 7-117 所示。

STEP 04 设置完成后单击"确定"按钮，效果如图 7-118 所示。

图7-117　设置参数

图7-118　设置描边后的效果

2. 使用"描边"面板设置描边

STEP 01 使用"文字工具"选择需要描边的单元格，如图 7-119 所示。

STEP 02 按 F10 键打开"描边"面板,在预览区域中单击不需要添加描边的线条,将"粗细"设置为 3 点,在"类型"下拉列表中选择一种描边类型,如图 7-120 所示。

图7-119　选择单元格

图7-120　设置描边

STEP 03 设置完成后按 Enter 键确认,效果如图 7-121 所示。

7.8.3　为单元格填色

在 InDesign CS6 中,不光可以为单元格描边,还可以根据需要为单元格填色,本节将对其进行简单介绍。

图7-121　设置描边后的效果

图7-122　选择单元格

1. 为单元格填充纯色

为单元格填充纯色的具体操作步骤如下。

STEP 01 使用"文字工具"T.选择需要填色的单元格,如图 7-122 所示。

STEP 02 在菜单栏中选择"窗口"→"颜色"→"色板"命令,打开"色板"面板,在该面板中选择选择 CMYK 值为(15、100、100、0)的颜色,如图 7-123 所示。

STEP 03 为选择的单元格填充颜色完成,效果如图 7-124 所示。

图7-123　选择颜色

图7-124　为单元格填充颜色

2. 为单元格填充渐变

为单元格填充渐变颜色的具体操作步骤如下。

01 使用"文字工具" T.选择需要填色的单元格，如图 7-125 所示。

02 在菜单栏中选择"窗口"→"颜色"→"渐变"命令，打开"渐变"面板，在该面板中设置一种渐变颜色，如图 7-126 所示。

图7-125　选择要填充渐变色的单元格

图7-126　设置渐变颜色

03 执行该操作后，即可为选择的单元格填充渐变颜色，效果如图 7-127 所示。

图7-127　为单元格填充渐变颜色后的效果

7.8.4 设置交替描边与填色

1. 为表设置交替描边

使用"文字工具" T.在表中的任意一个单元格中单击插入光标，如图 7-128 所示。在菜单栏中选择"表"→"表选项"→"交替行线"命令，弹出"表选项"对话框，如图 7-129 所示。

图7-128　插入光标

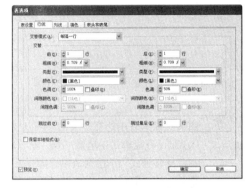

图7-129　"表选项"对话框

在"交替模式"下拉列表中选择"每隔一行"选项，然后对其他参数进行设置，如图 7-130 所示。设置完成后单击"确定"按钮，效果如图 7-131 所示。

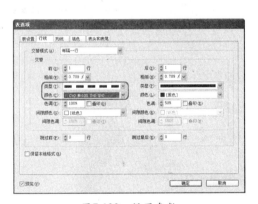

图7-130　设置参数

图7-131　设置交替描边后的效果

提示　在菜单栏中选择"表"→"表选项"→"交替列线"命令，在弹出的"表选项"对话框中可以为列线进行设置。

2. 为表设置交替填色

使用"文字工具" T.在表中的任意一个单元格中单击插入光标，在菜单栏中选择"表"→"表选项"→"交替填色"命令，弹出"表选项"对话框，在"交替模式"下拉列表中选择"每隔一行"选项，然后对其他参数进行设置，如图 7-132 所示。设置完成后单击"确定"按钮，效果如图 7-133 所示。

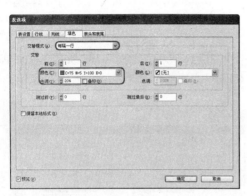

图7-132　设置交替颜色参数　　　　　　　　图7-133　设置交替填色后的效果

提示

如果想取消表中的交替填色，可以使用"文字工具" T.在表中的任意一个单元格中单击插入光标，在菜单栏中选择"表"→"表选项"→"交替填色"命令，弹出"表选项"对话框，在"交替模式"下拉列表中选择"无"选项，然后单击"确定"按钮，即可取消表中的交替填色。使用同样的方法，可以取消交替行线和列线。

7.9 拓展练习——制作时尚台历

本例介绍如何制作时尚台历，通过本例的制作，使读者巩固本章所学的内容，效果如图 7-134 所示。

图7-134　时尚台历

STEP 01 启动 InDesign CS6，按 Ctrl+N 组合键，打开"新建文档"对话框，将"宽度"和"高度"分别设置为 104、56，如图 7-135 所示。

STEP 02 在该对话框中单击"边距和分栏"按钮，再在弹出的对话框中将"上"、"下"、"左"、"右"都设置为 0，如图 7-136 所示。

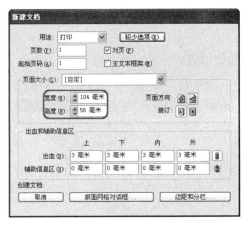

图7-135 "新建文档"对话框

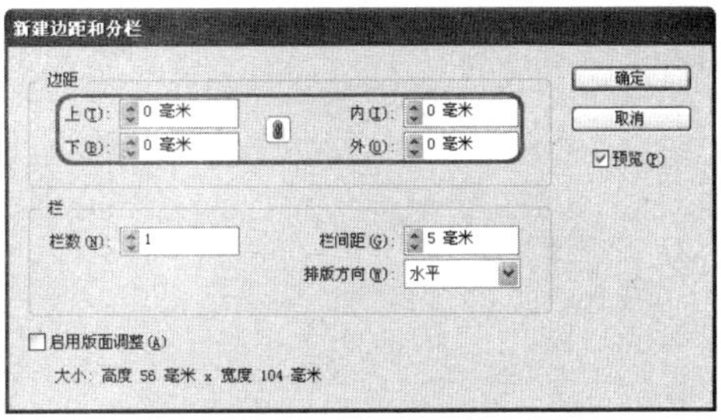

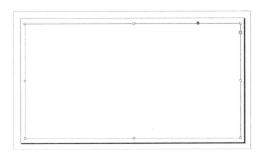

图7-136 设置边距

STEP 03 设置完成后，单击"确定"按钮，即可创建一个新的文档，如图7-137所示。

STEP 04 在工具箱中单击"矩形工具" ，在文档窗口中绘制一个矩形，将颜色设置为纸色，将描边设置为"无"，如图7-138所示。

图7-137 新建的文档

图7-138 绘制矩形

STEP 05 确认图形处于选中状态，按Ctrl+Shift+F10组合键，打开"效果"面板，在该面板中单击"向选定的目标添加对象效果"按钮 ，在弹出的快捷菜单中选择"投影"命令，如图7-139所示。

STEP 06 在弹出的对话框中，将"不透明度"设置为50，将"距离"设置为1毫米，勾选"使用全局光"复选框，将"X位移"设置为0.5，在弹出的对话框中单击"确定"按钮，将"Y位移"设置为0.866，如图7-140所示。

图7-139 选择"投影"命令

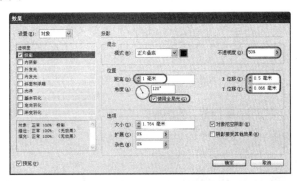

图7-140 设置投影参数

07 设置完成后，单击"确定"按钮，即可为选中的对象添加投影，效果如图 7-141 所示。

08 按 Ctrl+D 组合键，在弹出的对话框中选择随书附带光盘中的素材 \ 第 7 章 \ 背景图案 .psd 文件，如图 7-142 所示。

图7-141　添加投影后的效果

图7-142　选择素材文件

09 选择完成后，单击"打开"按钮，将该素材置入到文档窗口中，并调整其大小及位置，调整后的效果如图 7-143 所示。

10 在工具箱中单击"钢笔工具" ，在文档中窗口中绘制一个如图 7-144 所示的图形。

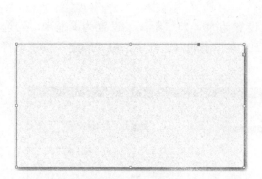

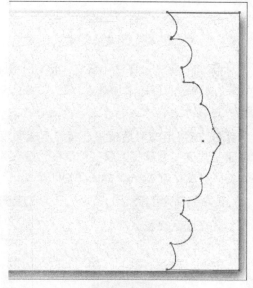

图7-143　置入素材

图7-144　绘制图形

11 在"控制"面板中，将"填色"设置为红色，将"描边"设置为"无"，如图 7-145 所示。

12 使用"钢笔工具" 在文档窗口中绘制一个如图 7-146 所示的图形。

图7-145　设置填色及描边

图7-146　绘制图形

STEP 13 使用同样的方法绘制其下方的其他图形，绘制后的效果如图 7-147 所示。

STEP 14 在工具箱中单击"选择工具" ，在文档窗口中选择所绘制的图形，在菜单栏中选择"对象"→"路径"→"建立复合路径"命令，如图 7-148 所示。

图7-147　绘制其他图形

图7-148　选择"建立复合路径"命令

STEP 15 确认该图形处于选中状态，按 F6 键打开"颜色"面板，将"描边"设置为"无"，将"填色"的 CMYK 值设置为（0、20、60、20），如图 7-149 所示。

STEP 16 按 Ctrl+D 组合键，在弹出的对话框中选择随书附带光盘中的素材 \ 第 7 章 \ 图案 .psd 文件，如图 7-150 所示。

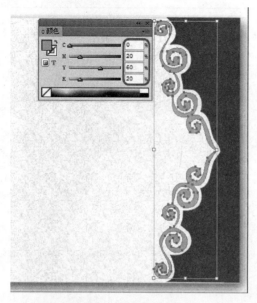

图7-149　设置填色及描边

图7-150　选择素材文件

STEP 17 选择完成后，单击"打开"按钮，将素材置入到文档窗口中，在文档窗口中调整其大小及位置，如图 7-151 所示。

STEP 18 在工具箱中单击"文字工具" T.，在文档窗口中绘制一个文本框，并输入文字，选中所有的文字，在"控制"面板中将字体设置为"方正大标宋简体"，将所有的数字的"字体大小"设置为6，将其他文字的"字体大小"设置为3，如图 7-152 所示。

图7-151　置入素材文件

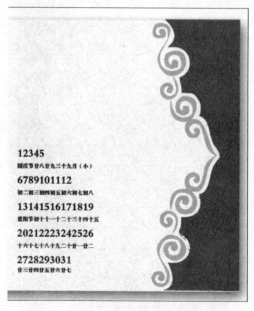

图7-152　输入文字

STEP 19 使用"选择工具"将其选中，在菜单栏中选择"文字"→"制表符"命令，如图 7-153 所示。

STEP 20 打开"制表符"面板，单击面板中的"将面板放在文本框架上方"按钮 🔒，即可将"制表符"面板与选中的文本框对齐，将制表符分成如图 7-154 所示的八份。

图7-153 选择"制表符"命令

图7-154 设置制表符

STEP 21 选择工具箱中的"文字工具" T，将光标插入到"1"字的前面，按两次 Tab 键调整其位置，如图 7-155 所示。

STEP 22 使用同样的方法，将光标置入不同的位置，对文本框中的其他文字进行调整，调整完成后的效果如图 7-156 所示。

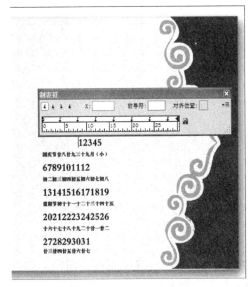

图7-155 调整文字位置

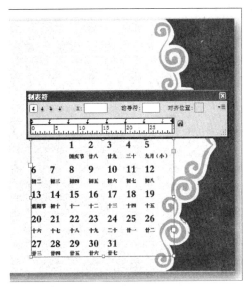

图7-156 调整完成后的效果

STEP 23 关闭"制表符"面板，使用"文字工具" T 选择数字"5"，在控制面板中将"填色"设置为绿色，如图 7-157 所示。

STEP 24 使用同样的方法，为其他文字设置颜色，设置后的效果如图 7-158 所示。

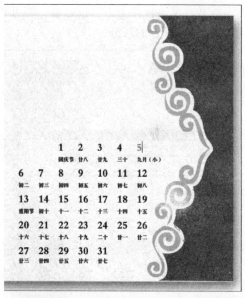

图7-157 设置文字颜色

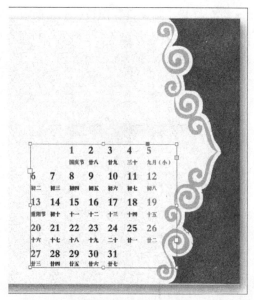

图7-158 设置后的效果

STEP 25 在工具箱中单击"矩形工具" ▢，在文档窗口中绘制一个矩形，在"控制"面板中，将"填色"设置为红色，将"描边"设置为"无"，如图 7-159 所示。

图7-159 绘制矩形

图7-160 绘制其他矩形后的效果

STEP 26 选择工具箱中的"文字工具" T，在文档窗口中绘制一个文本框，并输入文字，选中输入的位置，在"控制"面板中，将字体设置为"方正华隶简体"，将字体大小设置为"5"，如图 7-161 所示。

STEP 27 使用"选择工具"将其选中，在菜单栏中选择"文字"→"制表符"命令，打开"制表符"面板，单击面板中的"将面板放在文本框架上方"按钮 ▣，即可将"制表符"面板与选中的文本框对齐，将制表符分成如图 7-162 所示的七份。

图7-161　输入文字

图7-162　设置制表符

STEP 28 选择工具箱中的"文字工具" T.，将光标插入到"SUN"字的后面，按 Tab 键调整其位置，如图 7-163 所示。

STEP 29 使用同样的方法，将光标置入不同的位置，对文本框中的其他文字进行调整，调整完成后的效果如图 7-164 所示。

图7-163　调整文字位置

图7-164　调整后的效果

STEP 30 将"制表符"面板关闭，使用"文字工具"选择"SUN"，在"控制"面板中，将"填色"设置为"纸色"，再选择"SAT"，在"控制"面板中将"填色"设置为"纸色"，设置后的效果如图 7-165 所示。

STEP 31 使用同样的方法创建其他文字及矩形，并对其进行相应的设置，效果如图 7-166 所示。

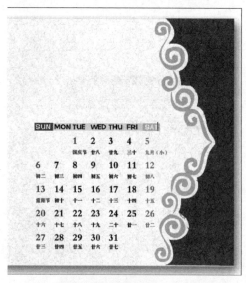

图7-165 设置文字颜色

图7-166 创建其他文字及矩形

STEP 32 按 Ctrl+D 组合键，在弹出的对话框中选择随书附带光盘中的素材 \ 第 7 章 \002.psd 文件，如图 7-167 所示。

STEP 33 选择完成后，单击"打开"按钮，将选中的素材文件置入到文档窗口中，并调整其大小及位置，调整后的效果如图 7-168 所示。

图7-167 选择素材文件

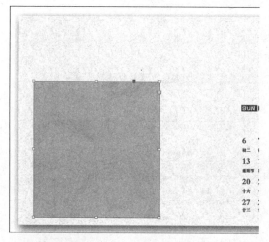

图7-168 置入素材文件

STEP 34 选择工具箱中的"钢笔工具"，在文档窗口中绘制如图 7-169 所示的图形。

STEP 35 确认该图形处于选中状态，按 F6 键打开"颜色"对话框，将"填色"的 CMYK 值设置为（0、2、15、0），单击描边，单击"颜色"面板右上角的 ▼≡ 按钮，在弹出的下拉菜单中选择"CMYK"，将描边的 CMYK 值设置为（15、30、71、1），如图 7-170 所示。

STEP 36 在工具箱中选择"钢笔工具"，在文档窗口中绘制如图 7-171 所示的图形。

STEP 37 确认该图形处于选中状态，在"颜色"面板中，将"填色"的 CMYK 值设置为（27、98、99、0），将"描边"设置为"无"，如图 7-172 所示。

图7-169 绘制图形

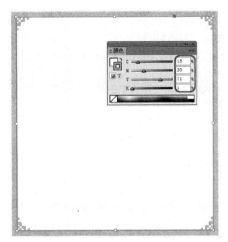

图7-170 设置填色及描边

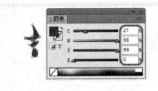

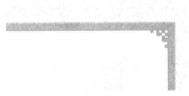

图7-171 绘制图形

图7-172 设置填充颜色

38 使用钢笔工具继续绘制其他图形，绘制后的效果如图 7-173 所示。

39 选中所绘制的图形，按 Ctrl+8 组合键建立复合路径，效果如图 7-174 所示。

图7-173 绘制其他图形

图7-174 建立复合路径

STEP 40 继续选中该图形，按 Alt+Ctrl+M 组合键，打开"效果"对话框，在该对话框中，将阴影的"不透明度"设置为 35，将"距离"设置为 0.6，勾选"使用全局光"复选框，将"大小"设置为 0.5，如图 7-175 所示。

STEP 41 设置完成后，单击"确定"按钮，即可为选中的图形设置阴影，如图 7-176 所示。

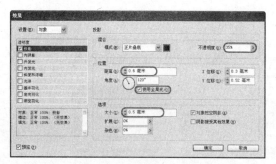

图7-175 设置阴影参数 　　　　图7-176 添加阴影后的效果

STEP 42 使用同样的方法绘制其他图形并输入相应的文字，效果如图 7-177 所示。

STEP 43 按 Ctrl+D 组合键，在弹出的对话框中选择随书附带光盘中的素材 \ 第 7 章 \ 花 .png 文件，在文档窗口中调整其位置及大小，如图 7-178 所示。

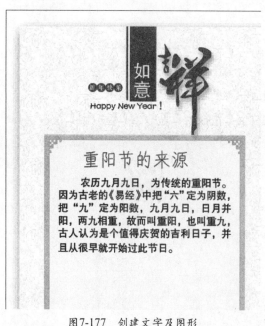

图7-177 创建文字及图形 　　　　图7-178 置入素材文件

STEP 44 使用同样的方法将其他素材文件置入到文档窗口中，并调整其位置及大小，效果如图 7-179 所示。

图7-179 置入素材

STEP 45 场景制作完成后，按 Ctrl+E 组合键，打开"导出"对话框，在该对话框中指定导出的路径，为其命名并将"保存类型"设置为 JPEG 格式，如图 7-180 所示。

STEP 46 单击"保存"按钮，在弹出的"导出 JPEG"对话框中，使用默认值，如图 7-181 所示。

图7-180 "导出"对话框

图7-181 "导出JPEG"对话框

STEP 47 单击"导出"按钮，在菜单栏中选择"文件"→"存储为"命令，为其命名并将"保存类型"设置为"InDesign CS6 文档"，如图 7-182 所示，单击"保存"按钮。

图7-182 储存文件

7.10 习题

一、填空题

(1) 表是由（　　）和（　　）的单元格组成的。

(2) 在 InDesign CS6 中，可以使用（　　）、（　　）、（　　）或（　　）为单元格设置描边和填色。

二、简答题

(1) 简述合并和拆分的定义。

(2) 添加表头和表尾的方法有哪几种？

第 **8** 章　Chapter **08**

图文混排与打印输出

本章要点：

　　本章主要介绍在 InDesign CS6 中实现图文混排中的一些基本操作，包括文本绕排、使用剪切路径和设置脚注等。

　　完成文档的制作后，需要将文档制作成印刷品。在印刷之前应该设置打印机与打印机选项。本章还将对打印输出进行详细的介绍。

学习目标：

- 文本绕排
- 使用剪切路径
- 创建与编辑脚注
- 颜色校准
- 使用陷印
- 对打印文档进行检查并打包
- 选择最佳输出选项
- 输出文件

8.1 文本绕排

在"文本绕排"面板中提供了多种文本绕排的形式，如沿定界框绕排、沿对象形状绕排、上下型绕排和下型绕排等。应用好文本绕排效果可以使设计的杂志或报刊更加生动美观。

在菜单栏中选择"窗口"→"文本绕排"命令，如图 8-1 所示，即可打开"文本绕排"面板，如图 8-2 所示。

图8-1 选择"文本绕排"命令

图8-2 "文本绕排"面板

8.1.1 文本绕排方式

在 InDesign 中，文本围绕障碍对象的排列是由障碍对象所用的文本绕排设置决定的，下面将对文本绕排方式进行详细的介绍。

STEP 01 在菜单栏中选择"文件"→"打开"命令，在弹出的对话框中打开随书附带光盘中的素材 \ 第 8 章 \001.indd 文档，然后使用"选择工具" 选择需要应用文本绕排的图形对象，如图 8-3 所示。

STEP 02 在菜单栏中选择"窗口"→"文本绕排"命令，打开"文本绕排"面板，然后在面板中单击"沿定界框绕排"按钮 ，如图 8-4 所示。

图8-3 选择图形对象

图8-4 单击"沿定界框绕排"按钮

STEP 03 单击"沿定界框绕排"按钮后的文档效果如图8-5所示。

STEP 04 在"文本绕排"面板中,单击"沿对象形状绕排"按钮 ▣,文档效果如图8-6所示。

图8-5　文档效果　　　　　　　　　图8-6　沿对象形状绕排

STEP 05 在"文本绕排"面板中单击"上下型绕排"按钮 ▣,文档效果如图8-7所示。

STEP 06 在"文本绕排"面板中单击"下型绕排"按钮 ▣,文档效果如图8-8所示。

图8-7　上下型绕排　　　　　　　　　图8-8　下型绕排

STEP 07 如果要使用图形分布文本,在"文本绕排"面板中勾选"反转"复选框即可,绕排效果如图8-9所示。

STEP 08 如果需要设置图形与文本的间距,可以通过在"上位移"、"下位移"、"左位移"和"右位移"文本框中输入数值来调整,如图8-10所示为设置各个位移数值为10毫米时的效果。

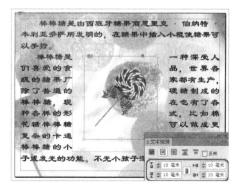

图8-9　使用图形分布文本　　　　　　　图8-10　设置位移为10毫米时的效果

STEP 09 在"绕排选项"的"绕排至"下拉列表中,可以指定绕排是应用于书脊的特定一侧、朝向书脊还是背向书脊。其中包括"右侧"、"左侧"、"左侧和右侧"、"朝向书脊侧"、"背向书脊侧"和"最大区域"选项,如图 8-11 所示。

STEP 10 在"绕排至"下拉列表中选择"右侧"选项后的效果如图 8-12 所示。

图8-11 "绕排至"下拉列表

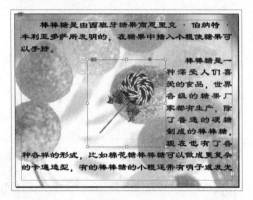

图8-12 右侧

STEP 11 在"绕排至"下拉列表中选择"朝向书脊侧"选项后的效果如图 8-13 所示。

STEP 12 在"绕排至"下拉列表中选择"背向书脊侧"选项后的效果如图 8-14 所示。

图8-13 朝向书脊侧

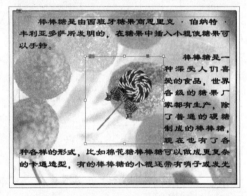

图8-14 背向书脊侧

8.1.2 沿对象形状绕排

当选择绕排方式为"沿对象形状绕排"时,"文本绕排"面板中的"轮廓选项"会被激活,在该面板中可以对绕排轮廓进行设置。

STEP 01 打开 001.indd 素材文档,设置绕排方式为"沿对象形状绕排",如图 8-15 所示。

STEP 02 在"类型"下拉列表中可以对图形的绕排轮廓进行设置,其中包括"定界框"、"检测边缘"、"Alpha 通道"、"Photoshop 路径"、"图形框架"、"与剪切路径相同"和"用户修改的路径"选项,如图 8-16 所示。

STEP 03 选择"定界框"选项可以将文本绕排至由图像的高度和宽度构成的矩形,如图 8-17 所示。

STEP 04 选择"检测边缘"选项可以使用自动边缘检测生成边界,如图 8-18 所示。

图8-15　沿对象形状绕排

图8-16　"类型"下拉列表

图8-17　"定界框"选项

图8-18　"检测边缘"选项

05 选择"Alpha 通道"选项可以使用随图像存储的 Alpha 通道生成边界，如图 8-19 所示。如果此选项不可用，则说明没有随该图像存储任何 Alpha 通道。

06 选择"图形框架"选项可以使用框架的边界绕排，如图 8-20 所示。

图8-19　"Alpha通道"选项

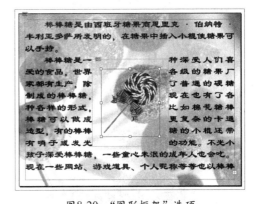

图8-20　"图形框架"选项

　　选择"Photoshop 路径"选项可以使用随图像存储的路径生成边界。如果"Photoshop 路径"选项不可用，则说明没有随该图像存储任何已命名的路径；选择"与剪切路径相同"选项可以使用导入图像的剪切路径生成边界；选择"用户修改的路径"选项可以使用修改的路径生成边界。

8.2 使用剪切路径

剪切路径可裁剪掉部分图稿，使图稿只有的一部分透过创建的形状显示出来。

8.2.1 使用不规则的形状剪切图形

在 InDesign 中提供了不规则形状编辑工具，可以通过使用形状编辑工具绘制形状，再利用形状编辑文本绕排边界。

STEP 01 新建一个空白文档，在工具箱中选择"钢笔工具" ，然后在文档中绘制形状，如图 8-21 所示。

STEP 02 使用"选择工具" 选择新绘制的形状，然后在菜单栏中选择"文件"→"置入"命令，如图 8-22 所示。

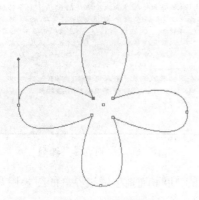

图8-21　绘制形状　　　　　　　　　　图8-22　选择"置入"命令

STEP 03 在弹出的对话框中选择随书附带光盘中的素材\第 8 章\图片 01.jpg 图片，单击"打开"按钮，即可将图片置入到形状中，如图 8-23 所示。

也可以使用下面的方法剪切图形。

STEP 01 先将图片置入到文档窗口中，然后使用"钢笔工具" 在图片上要显示的部分创建不规则形状，如图 8-24 所示。

图8-23　将图片置入到形状中　　　　　　　图8-24　绘制形状

02 选择置入的图片，在菜单栏中选择"编辑"→"复制"命令，然后选择刚绘制的不规则形状，在菜单栏中选择"编辑"→"帖入内部"命令，如图 8-25 所示。

03 即可将图片粘贴到绘制的不规则形状中，然后移开置入的图片，可以看到效果如图 8-26 所示。

图8-25   选择"帖入内部"命令

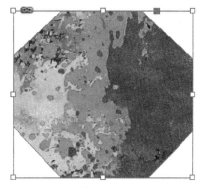

图8-26   将图片粘贴到形状中

8.2.2   使用"剪切路径"命令

下面介绍使用"剪切路径"命令创建剪切路径的方法，具体的操作步骤如下。

01 新建一个空白文档，在工具箱中选择"椭圆工具" ，然后在文档中绘制椭圆，如图 8-27 所示。

02 在菜单栏中选择"文件"→"置入"命令，在弹出的对话框中选择随书附带光盘中的素材\第8章\图片 02.jpg 文档，单击"打开"按钮，将图片置入到椭圆中，如图 8-28 所示。

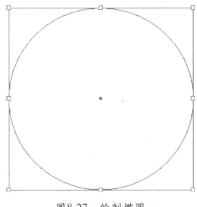

图8-27   绘制椭圆

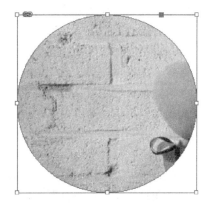

图8-28   将图片置入到椭圆中

03 双击置入的图片，将其选中，然后向左调整图片的位置，如图 8-29 所示。

04 单击选择椭圆形，在菜单栏中选择"对象"→"剪切路径"→"选项"命令，如图 8-30 所示。

05 此时会弹出"剪切路径"对话框，如图 8-31 所示。

STEP 06 在"类型"下拉列表中有 5 个选项，分别是"无"、"检测边缘"、"Alpha 通道"、"Photoshop 路径"和"用户修改的路径"选项，在该下拉列表中选择"检测边缘"选项，如图 8-32 所示，即可将下面相应的选项激活，各选项的功能介绍如下。

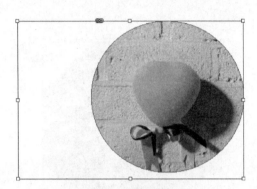

图8-29　调整图片

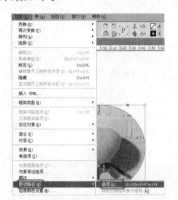

图8-30　选择"选项"命令

图8-31　"剪切路径"对话框

图8-32　选择"检测边缘"选项

- "阈值"：定义生成的剪切路径最暗的像素值。从 0 开始增大像素值可以使得更多的像素变得透明。

- "容差"：指定在像素被剪切路径隐藏以前，像素的亮度值与"阈值"的接近程度。增加"容差"值有利于删除由孤立像素所造成的不需要的凹凸部分，这些像素比其他像素暗，但接近"阈值"中的亮度值。通过增大包括孤立的较暗像素在内的"容差"值附近的值范围，通常会创建一个更平滑、更松散的剪切路径。降低"容差"值会通过使值具有更小的变化来收紧剪切路径。

- "内陷框"：相对于由"阈值"和"容差"值定义的剪切路径收缩生成的剪切路径。与"阈值"和"容差"不同，"内陷框"值不考虑亮度值，而是均匀地收缩剪切路径的形状。稍微调整"内陷框"值可以帮助隐藏使用"阈值"和"容差"值无法消除的孤立像素。输入负值可使生成的剪切路径比由"阈值"和"容差"值定义的剪切路径大。

- 反转：通过将最暗色调作为剪切路径的开始，来切换可见和隐藏区域。

- 包含内边缘：使存在于原始剪切路径内部的区域变得透明。默认情况下，"剪切路径"命令只使外面的区域变为透明，因此使用"包含内边缘"选项可以正确地表现图形中的空洞。当希望其透明区域的亮度级别与必须可见的所有区域均不匹配时，该选项的效果最佳。

- 限制在框架中：创建终止于图形可见边缘的剪切路径。当使用图形的框架裁剪图形时，使用"限制在框架中"选项可以生成更简单的路径。
- 使用高分辨率图像：为了获得最大的精确度，应使用实际文件计算透明区域。取消选择"使用高分辨率图像"复选框，系统将根据屏幕显示分辨率来计算透明度，这样会使速度更快，但精确度较低。

STEP 07 在该对话框中，将"阈值"设置为55，将"容差"设置为10，然后勾选"限制在框架中"复选框，如图8-33所示。

STEP 08 设置完成后单击"确定"按钮，完成对剪切路径的设置，效果如图8-34所示。

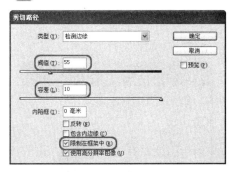

图8-33　设置参数

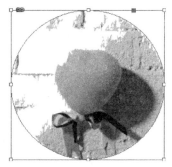

图8-34　设置剪切路径后的效果

8.3　使用其他方法创建剪切路径

　　在 InDesign 中可以将文本字符和复合形状作为图形框架，也可以使用"剪刀工具" ✂ 对图形框架或空白文本框架等进行剪切。

8.3.1　将文本字符作为图形框架

　　在 InDesign 中通过使用"创建轮廓"命令可以将选中的文本转换为可编辑的轮廓线，然后将图形置入到字符形状中。对使用"创建轮廓"命令创建的字符轮廓线，还可以进行修改，修改方法与修改其他形状一样。

STEP 01 新建一个空白文档，使用工具箱中的"文字工具" T 在文档中拖出一个矩形文本框架，在文本框架中输入文字，然后在"字符"面板中将字体设置为"方正超粗黑简体"，将"字体大小"设置为72点，如图8-35所示。

STEP 02 在菜单栏中选择"文字"→"创建轮廓"命令，如图8-36所示。

STEP 03 选择该命令后，即可将文本转换为可编辑的轮廓线，如图8-37所示。

STEP 04 选择该轮廓线，在菜单栏中选择"文件"→"置入"命令，在弹出的对话框中选择随书附带光盘中的素材 \ 第8章 \001.indd 图片，如图8-38所示。

STEP 05 单击"打开"按钮，即可将图片置入到轮廓线中，效果如图8-39所示。

STEP 06 使用"直接选择工具" ▸ 可以调整导入的图片的位置，也可以调整轮廓线的形状，效果如图8-40所示。

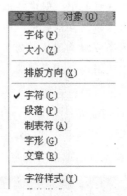

图8-35　输入并设置文字　　　　　　　图8-36　选择"创建轮廓"命令

图8-37　将文本转换为轮廓线　　　　　　图8-38　选择素材图片

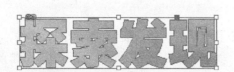

图8-39　将图片置入到轮廓线中　　　　　图8-40　调整轮廓线形状

8.3.2　将复合形状作为图形框架

　　将多个路径组合为单个对象，此对象称为复合路径。下面介绍将复合形状作为图形框架的方法。

　　01 新建一个空白文档，在菜单栏中选择"文件"→"置入"命令，在弹出的对话框中选择随书附带光盘中的素材\第8章\背景.jpg图片，单击"打开"按钮，将图片置入文档中，并调整图片的大小和位置，如图8-41所示。

　　02 再次在菜单栏中选择"文件"→"置入"命令，在弹出的对话框中选择附带光盘中的素材\第8章\笔记本电脑.jpg图片，单击"打开"按钮，将图片置入文档中，然后调整其位置，如图8-42所示。

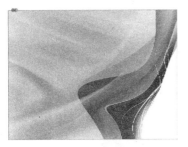

图8-41 置入图片"背景.jpg"

图8-42 置入图片"笔记本电脑.jpg"

STEP 03 最后再次导入一个图片，将图片的大小调整至与笔记本电脑屏幕的大小相同，如图8-43所示。

STEP 04 选择工具箱中的"选择工具" ▶ ，在按住Shift键的同时，单击选择新置入的图片和笔记本电脑图片，如图8-44所示。

图8-43 置入图片并调整大小

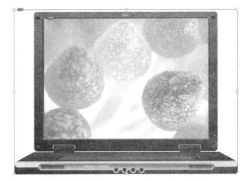

图8-44 选择图片

STEP 05 在菜单栏中选择"对象"→"路径"→"建立复合路径"命令，如图8-45所示。

STEP 06 创建复合路径后的图形效果如图8-46所示。

图8-45 选择"建立复合路径"命令

图8-46 创建复合路径后的图形效果

8.3.3 使用"剪刀工具"

使用工具箱中的"剪刀工具" ✂ ，可以将对象切成两半。该工具允许在任何锚点处或沿任何路径段拆分路径、图形框架或空白文本框架。

STEP 01 新建一个空白文档，在菜单栏中选择"文件"→"置入"命令，在弹出的对话框中选择随书附带光盘中的素材\第8章\背景.jpg图片，单击"打开"按钮，将图片置入文档中，如图8-47所示。

STEP 02 在工具箱中选择"剪刀工具" ✂，将鼠标指针放到图形边框上，当指针变成 ◇ 形状后，在图形边框上单击鼠标，效果如图8-48所示。

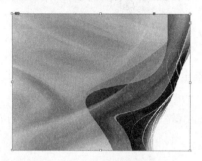

图8-47 置入图片

图8-48 在边框上单击

STEP 03 再次在图形边框的其他位置上单击鼠标，效果如图8-49所示。

STEP 04 使用工具箱中的"选择工具" ▶ 选择文档中的图形，可以看到图形已经被切成两半，然后移动选择的图形，效果如图8-50所示。

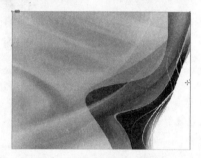

图8-49 在其他边框上单击

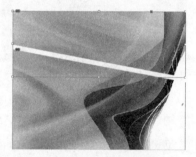

图8-50 剪切图片后的效果

提示
如果使用"剪刀工具" ✂ 切开的是设置了描边的框架，则产生的新边不包含描边。

8.4 脚注

脚注是由显示在文本中的脚注引用编号和显示在栏底部的脚注文本两个链接部分组成。脚注的样式、外观和位置等都可以进行编辑，但是不能将脚注添加到表或脚注文本中。

8.4.1 创建脚注

创建脚注的操作步骤如下。

STEP 01 在菜单栏中选择"文件"→"打开"命令，在弹出的对话框中打开随书附带光盘中的素材\第8章\002.indd文档,使用"文字工具"⊤在需要插入脚注的位置单击插入光标,如图8-51所示。

STEP 02 在菜单栏中选择"文字"→"插入脚注"命令,如图8-52所示。

图8-51 插入光标

图8-52 选择"插入脚注"命令

STEP 03 在光标处插入脚注的引用编号后,在栏底输入脚注文本即可,效果如图8-53所示。

8.4.2 编辑脚注

创建完脚注后,可以对脚注的样式、位置和外观等进行设置,具体的操作步骤如下。

STEP 01 继续上一小节的操作。在工具箱中选择"文字工具"⊤,然后在脚注引用编号的后面插入光标,如图8-54所示。

图8-53 输入脚注文本

图8-54 插入光标

STEP 02 在菜单栏中选择"文字"→"文档脚注选项"命令,如图8-55所示。

STEP 03 弹出"脚注选项"对话框,如图8-56所示。

STEP 04 选择"编号与格式"选项卡,在"样式"下拉列表中选择一种新的样式,如图8-57所示。

STEP 05 勾选左下角的"预览"复选框,预览的效果如图8-58所示。

图8-55 选择"文档脚注选项"命令

图8-56 "脚注选项"对话框

图8-57 选择样式

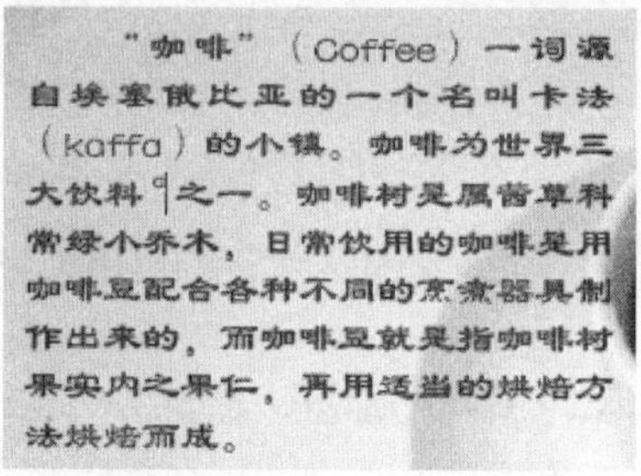

图8-58 设置样式后的预览效果

STEP 06 勾选"显示前缀/后缀于"复选框,激活"前缀"和"后缀"选项,单击"前缀"右侧的 ▶ 按钮,在弹出的下拉菜单中选择"米字号"命令,如图8-59所示。

STEP 07 即可为脚注引用编号添加前缀,预览效果如图8-60所示。

图8-59 选择"米字号"命令

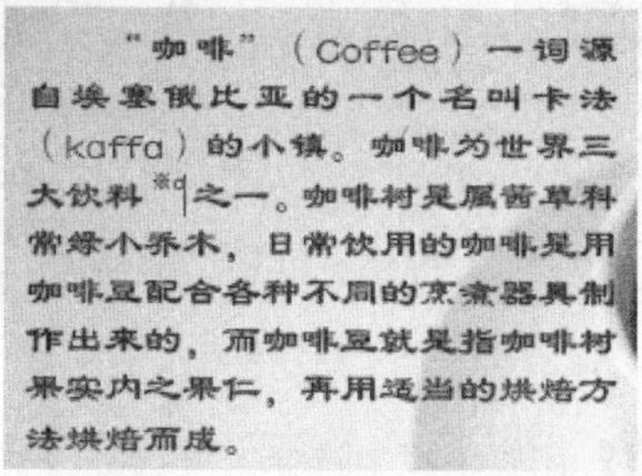

图8-60 添加前缀后的预览效果

STEP 08 在"文本中的脚注引用编号"选项组中的"位置"下拉列表中选择"下标"选项,如图8-61所示。

STEP 09 即可改变文本中的脚注引用编号的位置,预览效果如图8-62所示。

图8-61　选择"下标"选项　　　　　　图8-62　改变脚注引用编号位置后的预览效果

STEP 10 选择"版面"选项卡，在"位置选项"选项组中勾选"脚注紧随文章结尾"复选框，如图 8-63 所示。

STEP 11 即可使脚注文本紧随文章的结尾，预览效果如图 8-64 所示。

图8-63　勾选"脚注紧随文章结尾"复选框　　　　图8-64　脚注文本紧随文章的结尾

STEP 12 在"脚注线"选项组中，将"粗细"设置为 4 点，将"类型"设置为"圆点"，将"颜色"设置为蓝色，如图 8-65 所示。

STEP 13 设置脚注线后的预览效果如图 8-66 所示。用户还可以根据需要对其他选项进行设置，全部设置完成后，单击"确定"按钮即可。

图8-65　设置脚注线　　　　　　　　图8-66　设置脚注线后的效果

8.4.3 删除脚注

在 InDesign 中，用户可以根据需要将脚注删除，具体的操作步骤如下。

STEP 01 继续上一小节的操作。使用工具箱中的"文字工具" T. 选择脚注的引用编号，如图 8-67 所示。

STEP 02 按 Backspace 键或按 Delete 键可将脚注删除，效果如图 8-68 所示。

图8-67　选择脚注的引用编号　　　　　　图8-68　删除脚注

提示　如果仅需删除脚注文本，则脚注引用编号和脚注结构将保留下来。

8.5 颜色校准

InDesign 中带有的颜色管理系统选项有助于确保准确地打印导入图像中的颜色和 InDesign 中定义的颜色。这些颜色管理系统选项的作用为追踪源图像中的颜色、显示器可显示的颜色以及打印机可打印的颜色。如果显示器或打印机不支持文档中的某种颜色，那么这些选项会把该颜色转换成（校准）最接近的颜色。

8.5.1 系统设置

只有对各项参数进行精确设置，才能在屏幕上显示出最佳的印刷颜色效果。对系统控制得越精细，在屏幕上看到的颜色就会和打印出的颜色越接近。

- 将亮度调暗：显示器亮度过高，会因为在显示器中看到的蓝色太多、而红色不足使得颜色失真。将显示器的亮度调整到最高为 60%～75%之间。
- 将显示器的颜色温度改变为 K 氏 7200 度：大多数显示器都可以通过控件，调整至该选项进行设置。
- 使用显示器颜色配置文件：在 Windows 操作系统下，选择"开始"→"设置"→"控制面板"命令,打开"控制面板"对话框,在该对话框中单击"外观和主题"图标,如图 8-69 所示,弹出"外观和主题"对话框,在其中单击"显示"图标,如图 8-70 所示,弹出"显示 属性"对话框。

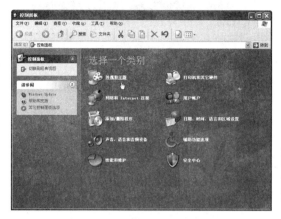

图8-69 单击"外观和主题"图标

图8-70 单击"显示"图标

在"显示 属性"对话框中选择"设置"选项卡,如图 8-71 所示,然后单击"高级"按钮,在弹出的对话框中选择"颜色管理"选项卡,如图 8-72 所示,用户可以在该选项卡中设置显示器颜色的配置。

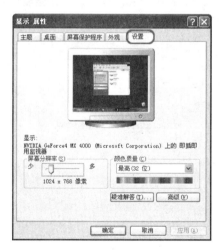

图8-71 选择"设置"选项卡

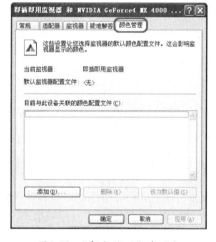

图8-72 "颜色管理"选项卡

8.5.2 调整屏幕显示

在菜单栏中选择"编辑"→"颜色设置"命令,如图 8-73 所示。弹出"颜色设置"对话框,如图 8-74 所示。

在"RGB"下拉列表中可以选择显示器显示模式,如图 8-75 所示。

在"CMYK"下拉列表中可以选择输出设置,如图 8-76 所示。

在"颜色管理方案"选项组中可以导入图像的颜色管理方案。

在"颜色设置"对话框中单击"存储"按钮,可将设置完成的颜色进行保存。

图8-73　选择"颜色设置"命令

图8-74　"颜色设置"对话框

图8-75　"RGB"下拉列表

图8-76　"CMYK"下拉列表

8.5.3　校准导入的颜色

校准导入的颜色的操作步骤如下。

STEP 01 在菜单栏中选择"文件"→"置入"命令，弹出"置入"对话框，在其中选择需要导入的图像并勾选"显示导入项目"复选框，如图8-77所示。

STEP 02 单击"打开"按钮；弹出"图像导入选项"对话框，切换到"颜色"选项卡，在该选项卡中可以选择一种合适的图像颜色配置，如图8-78所示。

图8-77 "置入"对话框

图8-78 "颜色"选项卡

提示

如果需要对置入到文档中的图片进行颜色设置，可以先使用"选择工具" ![] 将图片选中，然后在菜单栏中选择"对象"→"图像颜色设置"命令，如图8-79所示，弹出"图像颜色设置"对话框，在该对话框中可以对置入的图像进行设置，如图8-80所示。

图8-79 选择"图像颜色设置"命令

图8-80 "图像颜色设置"对话框

8.5.4 改变文档的颜色设置

在菜单栏中选择"编辑"→"指定配置文件"命令，如图8-81所示。弹出"指定配置文件"对话框，在该对话框中可以通过"RGB配置文件"、"CMYK配置文件"、"纯色方法"、"默认图像方法"和"混合后方法"等相关选项对颜色进行设置，如图8-82所示。

图8-81 选择"指定配置文件"命令

图8-82 "指定配置文件"对话框

8.6 使用陷印

　　陷印是一种叠印技术，它能够避免在印刷时由于稍微没对齐而使打印图像出现小的缝隙。在 InDesign 中提供了适度的陷印控制，足够设置基本的文档，但是没有达到商用打印机的专业水平。在使用 InDesign 陷印之前，可以先了解一些关于彩色印刷的知识，有助于打印输出的设置。

8.6.1 阻塞与扩散的比较

　　阻塞是指一个对象包围另一个对象的过程，这时第 1 个对象会扩大而与第 2 个对象重叠。扩散是指被包围的对象扩大以至于渗透到包围的对象的过程。

　　阻塞和扩散的区别在于两个对象的相对位置不同。可以把阻塞看作一个孔，它使内部的对象变小，而把扩散看作是使孔内的对象扩大。

　　颜色通过称为阻塞和扩散的过程而陷印。两个过程都会使对象略微增大，因此使相接的对象出现微微的叠印。陷印可以调整彩色对象的边界，以防止相接的颜色之间出现缝隙。

　　陷印技术有 3 种类型，扩散使内部对象的颜色向外出血，阻塞使外部对象的颜色向内出血，事实就是使被阻塞元素的区域变小。黑线表示内部对象的大小，阻塞的深色对象向浅色对象扩大，实际上就是改变了深色对象的大小。如果图像没有陷印，则图像的负片在印刷时一旦位置稍微发生变化，就会产生缝隙。

　　InDesign 支持的第 3 种类型的陷印技术是居中，居中既是阻塞也是扩散，它分离了两个对象之间的区别。这将使陷印看起来更好看，尤其是浅色和深色对象之间，有规则的阻塞和扩散可渗透浅色对象。

中性密度将陷印作为色调和偏色调整，以减小颜色陷印处产生深色线的可能性。但这一点对位图图像很危险，当陷印从像素到像素变化时，很有可能创建不平滑的边界。

实际上，陷印还涉及颜色是否挖空或者叠印的设置。陷印默认值是一个元素在另一个元素上面时，去掉任何重叠。

在 InDesign 中，可以使用"属性"面板为文本、框架、形状和线条等对象设置陷印，在菜单栏中选择"窗口"→"输出"→"属性"命令，如图 8-83 所示，打开"属性"面板，从"属性"面板中可以选择 4 种陷印选项，分别为"叠印填充"、"叠印描边"、"叠印间隙"和"非打印"选项，如图 8-84 所示。大多数对象并非是所有 4 个选项都可用，因为并非所有的对象都有填充、间隙和描边，但所有的对象都有"非打印"选项可以使用。"非打印"选项会阻止对象打印。

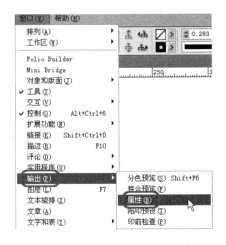

图8-83　选择"属性"命令

图8-84　"属性"面板

8.6.2　陷印预设

陷印预设是陷印设置的集合，可将这些设置应用于文档中的一页或一个页面范围。"陷印预设"面板提供了一个用于输入陷印设置和存储陷印预设的界面。如果没有对陷印页面范围应用陷印预设，那么该页面范围将使用"默认"的陷印预设。

下面介绍新建陷印预设的方法，操作步骤如下。

STEP 01 在菜单栏中选择"窗口"→"输出"→"陷印预设"命令，如图 8-85 所示。

STEP 02 选择该命令后，即可打开"陷印预设"面板，如图 8-86 所示。

STEP 03 在"陷印预设"面板中单击右上角的 按钮，在弹出的下拉菜单中选择"新建预设"命令，如图 8-87 所示。

STEP 04 即可弹出"新建陷印预设"对话框，如图 8-88 所示。在该对话框中可以对陷印预设进行设置。

"新建陷印预设"对话框中的各选项功能如下。

- "名称"：设置陷印样式的名称。
- "陷印宽度"：主要用于设置陷印宽度，一种常用的设置。"默认"选项用于设置黑白之外的所有颜色。可以使用"黑色"选项单独为黑色设置陷印宽度，该值较大的原因

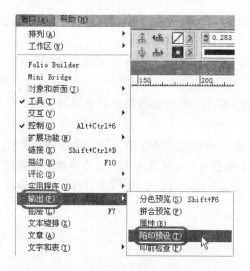

图8-85　选择"陷印预设"命令

图8-86　"陷印预设"面板

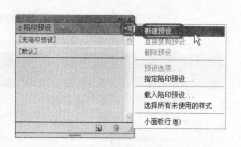

图8-87　选择"新建预设"命令

图8-88　"新建陷印预设"对话框

是使黑色具有更多的活动余地，将颜色扩散进黑色不会改变黑色，如果将黄色扩散进
蓝色会产生绿色，因而需要最小化这种扩散。

- "陷印外观"：正如对描边一样，也可以选择陷印连接和终点的样式，其中，"连接样
式"下拉列表中包括"斜接"、"圆形"和"斜角"3个选项，如图8-89所示；"终点
样式"下拉列表中包括"斜接"和"重叠"两个选项，如图8-90所示。几乎在每一种
情况下，都要选择"斜接"选项，因为斜接可以保持陷印被限制到邻接的图像。如果
选择其他的选项，阻塞或扩散会略微超过对象。如果对象任意一边的颜色是白色或浅
色，用户就可以看到这些微小的扩展。

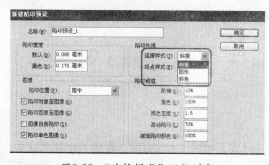

图8-89　"连接样式"下拉列表

图8-90　"终点样式"下拉列表

- "图像"：InDesign 允许用户使用几个选项控制如何应用陷印，包括"陷印位置"和4个图像专用的设置，即"陷印对象至图像"、"陷印图像至图像"、"图像自身陷印"和"陷印单色图像"。

  ◆ "陷印位置"：用于确定如何处理图像与邻接的纯色之间的陷印，其中包括"居中"、"收缩"、"中性密度"和"扩展"4个选项，如图8-91所示。如果选择"居中"选项，陷印将跨骑在图像和邻接的彩色对象之间。如果选择"收缩"选项，邻接彩色对象依据"陷印宽度"的值叠印图像；如果选择"扩展"选项，图像依据"陷印宽度"的值叠印邻接彩色对象。

图8-91 "陷印位置"下拉列表

  ◆ "陷印对象至图像"：打开图像与邻接的任何在 InDesign 中创建的对象的陷印。

  ◆ "陷印图像至图像"：打开图像和任何邻接图像的陷印。

  ◆ "图像自身陷印"：实际上在位图图像内陷印颜色。该选项只能用于高对比度图像，例如，动画片和计算机屏幕抓图。这些图的颜色色阶较少，并且色带更宽且一致。

  ◆ "陷印单色图像"：将黑白图像陷印至任何相邻对象。印刷时，如果出现重合不良，该设置可以阻止黑色部分周围出现白色。

- "陷印阈值"：该选项指导在 InDesign 中如何应用陷印设置。

  ◆ "阶梯"：在实现陷印之前赋予 InDesign 颜色差异阈值，默认值为10%，大多数对象使用该值。阶梯值越大，陷印的对象越少。该值一般设置得较小，这意味着不必担心在相似的颜色之间是否进行陷印。大多数情况下，该值在8%～20%之间。

  ◆ "黑色"：定义 InDesign 应该将深灰色作为黑色处理的点，以便用黑色宽度来定义陷印宽度。对于粗糙的纸张，较深色调和灰色常常看起来像纯色。在这些情况下，要使用"黑色"，使85%的黑色对象像100%的黑色对象那样陷印。

  ◆ "黑色密度"：与"黑色"相似，但它是基于油墨密度将深颜色当作黑色处理的，可输入值的范围为0～10，默认值是1.6。

  ◆ "滑动陷印"：调整阻塞或扩展的方式，常用值为70%。当油墨密度的差异在70%以上时，该选项告诉 InDesign 不要将较深的颜色太多地渗透到较浅的颜色之中。两种颜色之间的对比度越大，当较深颜色渗入较浅颜色对象时，较浅颜色对象变形就越大。该值为0%时，所有陷印被调整为两个对象之间的中线，当该值为100%时，阻塞或扩散则按全陷印宽度进行。

  ◆ "减低陷印颜色"：控制某些陷印可能产生的油墨过量。默认值为100%，意味着陷印的重叠颜色按100%生成，这样，在某情况下，由于颜色的混合，会造成陷印比两种被陷印的颜色更深，在"减低陷印颜色"中选择较小的值，可以使重叠颜色变浅，以减少颜色加深，0%的值会使重叠颜色不比被陷印的两种颜色更深。

除此之外，用户也可以在"陷印预设"面板中单击右上角的 ▼≡ 按钮，在弹出的下拉菜单中选择"删除预设"和"指定陷印预设"命令等。

8.6.3 指定陷印的页面

可以将陷印预设指定给文档或文档中的页面范围。如果对没有相邻颜色的页面使用陷印，则可以加快这些页面的打印速度。

单击"陷印预设"面板右上角的 按钮，在弹出的下拉菜单中选择"指定陷印预设"命令，如图 8-92 所示，弹出"指定陷印预设"对话框，如图 8-93 所示。

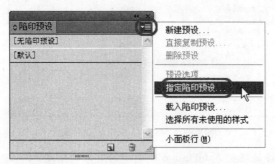

图8-92 选择"指定陷印预设"命令

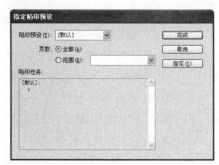

图8-93 "指定陷印预设"对话框

可以从"陷印预设"下拉列表中选择一种预设，然后选择要应用该预设的页面。在"页数"选项区域中进行选择，如果选中"全部"选项，表示将所有的页面都应用预设，当选中"范围"选项时，在右侧的文本框中输入数值指定预设的页数。单击"指定"按钮完成陷印预设对所选页面的应用。可以为文档中的不同页面设置多个预设，在"指定陷印预设"对话框底部，将会显示页面应用的是什么陷印预设。

8.7 对打印文档检查并打包

设置完打印机的相关属性后，用户可以在 InDesign 中使用"打包"命令检查打印文档并最终将文档的相关内容打包。

在运行"打包"命令之前，首先要设置打印机的输出，才能够让该命令精确地检查文档的设置，具体操作步骤如下。

01 在菜单栏中选择"文件"→"打印"命令，如图 8-94 所示。

02 弹出"打印"对话框，在左侧的列表中选择"输出"选项，如图 8-95 所示。

03 在右侧的"输出"选项组中，对打印机输出的相关选项进行设置，设置完成后，单击"存储预设"按钮，弹出"存储预设"对话框，在该对话框中可以输入保存设置的名称，如图 8-96 所示。

04 输入完成后，单击"确定"按钮，返回到"打印"对话框中，单击"取消"按钮，关闭"打印"对话框。再在菜单栏中选择"文件"→"打包"命令，如图 8-97 所示。

05 选择该命令后，弹出"打包"对话框，如图 8-98 所示。

● 小结：可以在"小结"选项卡中查看文档的总体检查结果。

● 字体：该选项卡主要用于查看文档中文字的检查结果，"字体"选项卡如图 8-99 所示。

图8-94 选择"打印"命令

图8-95 选择"输出"选项

图8-96 "储存预设"对话框

图8-97 选择"打包"命令

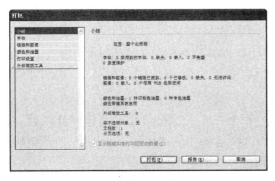

图8-98 "打包"对话框

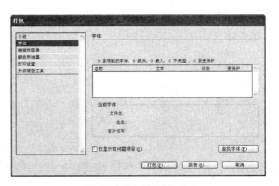

图8-99 "字体"选项卡

> **提示** 在打包文档时，如果文档拥有的文字与图像过多，会在检查时很难查找，此时若勾选"仅显示有问题项目"复选框，会只显示文档中错误的文字与图像信息，可以方便文档的检查。

● 链接和图像：该选项卡主要用于检查文档中是否有图像丢失与图像的链接是否不正确，或在置入图像时是否修改过原图像，如图 8-100 所示。

● 颜色和油墨：该选项卡主要用于检查输出中将要使用的油墨的颜色，如图 8-101 所示。

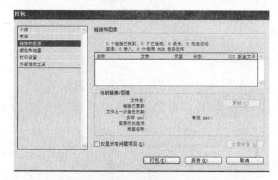

图8-100 "链接和图像"选项卡   图8-101 "颜色和油墨"选项卡

● 打印设置：该选项卡主要用于检查打印的一些相关信息，就是检查在前面设置"打印"对话框中的"输出"选项的一些信息，如图 8-102 所示。

● "外部增效工具"：该选项卡主要用于检查在输出文件时必须的所有增效工具，如图 8-103 所示。

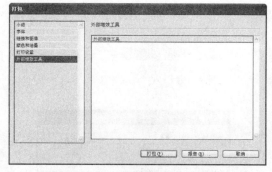

图8-102 "打印设置"选项卡   图8-103 "外部增效工具"选项卡

06 检查完毕后，单击"报告"按钮，弹出"存储为"对话框，在该对话框中设置输出路径并输入文件名，然后单击"保存"按钮，如图 8-104 所示。

07 即可生成一个 .txt 格式的报告文档，双击鼠标将其打开，可以看到报告信息，如图 8-105 所示。

08 在"打包"对话框中单击"打包"按钮，可以将所有相关的字体和文件保存到一个文件夹中，如果在单击该按钮之前对文档进行存储，则会弹出一个提示对话框，提示用户进行保存，如图 8-106 所示。单击"存储"按钮，在弹出的对话框中完成存储后，弹出"打印说明"对话框，在该对话框中可以设置打包文件的相关信息，如图 8-107 所示。

● "文件名"：在该文本框中输入打包文件的文件名称。

图8-104　"存储为"对话框

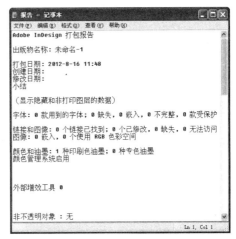

图8-105　查看报告文档

图8-106　弹出的提示对话框

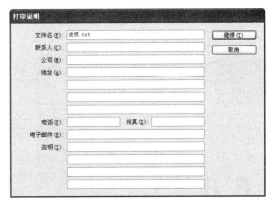

图8-107　"打印说明"对话框

- "联系人"：在该文本框中设置联系人的名称。
- "公司"：在该文本框中设置公司的名称。
- "地址"：在该文本框中输入公司的地址。
- "电话"：在该文本框设置联系人的电话号码。
- "传真"：在该文本框中设置联系人的传真号码。
- "电子邮件"：在该文本框中设置联系人的电子邮件地址。
- "说明"：在该文本框中设置该文件的相关说明，如打印的相关信息。

09 在"打印说明"对话框中进行相应的设置，单击"继续"按钮，弹出"打包出版物"对话框，如图8-108所示。

- "复制字体（CJK 除外）"：复制所有必需的各款字体文件，而不是整个字体系列。勾选此复选框不会复制 CJK（中文、日文、朝鲜语）字体。
- "复制链接图形"：勾选该复选框，将链接的图形文件复制到包文件夹位置。
- "更新包中的图形链接"：勾选该复选框，将图形链接更改到包文件夹位置。
- "仅使用文档连字例外项"：勾选该复选框，将文档中的连字排除在文件夹外。
- "包括隐藏和非打印内容的字体和链接"：勾选该复选框，打包位于隐藏图层和关闭"打印图层"选项的图层上的对象。

● "查看报告"：打包后，立即在文本编辑器中打开打印说明报告。要在完成打包过程之前编辑打印说明，请单击"说明"按钮。

STEP 10 单击"打包"按钮，将会弹出一个"警告"对话框，提示软件的限制与文字的限制，如图 8-109 所示。单击"确定"按钮，完成文件的打包。

图8-108 "打包出版物"对话框

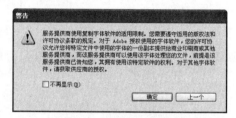

图8-109 "警告"对话框

8.8 选择最佳输出选项

在 InDesign CS6 中，可以将文件输出为 Adobe PDF 或 EPS 格式，还可以使用"打印"面板中的相关选项设置打印文件。

8.8.1 常规选项

在"打印"对话框左侧列表中有 8 个设置选项，如图 8-110 所示。用户可以在该对话框中进行相应的设置，设置完成后单击"打印"按钮，即可将文档提交至打印机中，打印机将会打印提交的文档。

● 下面对"打印"对话框中的部分常规选项进行介绍。
● "打印预设"：在该下拉列表中可以选择预先定义好的打印预设。
● "打印机"：在该下拉列表中可以选择需要使用的打印机。
● "PPD"：在该下拉列表中可以选择打印机专用的配置和特性信息。
● "页面预览"面板：在该面板中可以预览设置文档后打印的效果。
● "存储预设"：单击该按钮，弹出"存储预设"对话框，如图 8-111 所示。在该对话框中输入名称，然后单击"确定"按钮即可保存打印预设。
● "设置"：单击该按钮，弹出"警告"对话框，提示在 InDesign 中打印可能会出现的问题，如图 8-112 所示。单击"确定"按钮，弹出"打印"对话框，如图 8-113 所示。

图8-110 "打印"对话框

图8-111 "存储预设"对话框

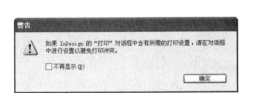

图8-112 "警告"对话框

图8-113 "打印"对话框

用户可以在该对话框中选择打印机的种类、打印范围与打印的份数等。

● "打印": 单击该按钮, 将根据当前设置打印文档。

● "取消": 单击该按钮可取消打印。

8.8.2 导出到 EPS

使用 EPS 文件可以直接进行打印, 但是每一页或跨页会被发送到不同的文件, 因此, EPS 文件没有 PostScript 与 PDF 文件打印方便。

8.8.3 导出到印前 PostScript

如果知道服务部门输出文档的设备设置, 可以创建 PostScript 印前文件, 将所有的打印机设置都嵌入文件, 则只有目标打印机才能可靠地打印该文件。

8.9 创建 PDF 文件

在 InDesign CS6 中，用户除了可以通过打印的方式来查看制作出的文件，还可以根据文档的用途创建高质量的 PDF 文件，从而使出版物在网上发行或应用于不同的平台，使共享和传输成为可能。

PDF 是一种通用的便携文档格式，这种文件格式保留在各种应用程序和平台上创建的字体、图像和版面。Adobe PDF 是对全球使用的电子文档和表单进行安全可靠的分发和交换的标准。Adobe PDF 文件小而完整，任何使用免费 Adobe Reader 软件的人都可以对其进行共享、查看和打印。

当以 Adobe PDF 格式存储时，可以选择创建一个符合 PDF/X 规范的文件。PDF/X（便携文档格式交换）是 Adobe PDF 的子集，其消除了导致打印问题的许多颜色、字体和陷印变量。

8.9.1 导出 PDF 文件

下面介绍将文档导出为 PDF 文件的方法，具体操作步骤如下。

01 在菜单栏中选择"文件"→"打开"命令，在弹出的对话框中打开随书附带光盘中的素材 \ 第 8 章 \003.indd 文件，如图 8-114 所示。

02 在菜单栏中选择"文件"→"导出"命令，如图 8-115 所示。

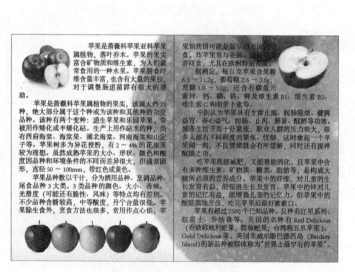

图8-114　打开的素材文件

图8-115　选择"导出"命令

03 弹出"导出"对话框，在该对话框中选择文件的导出路径，并设置文件名，然后在"保存类型"下拉列表中选择"Adobe PDF（打印）"，如图 8-116 所示。

04 单击"保存"按钮，在弹出的"导出 Adobe PDF"对话框中使用默认的参数设置，然后单击"导出"按钮，如图 8-117 所示。

图8-116　"导出"对话框

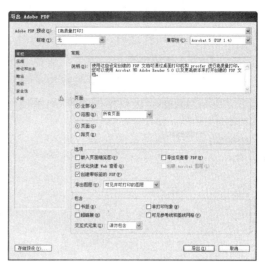

图8-117　"导出Adobe PDF"对话框

05 导出完成后，在本地磁盘中双击鼠标，打开导出的 PDF 文件，如图 8-118 所示。

8.9.2　标准与兼容性

PDF 文件的导出与打印相似，同样可以直接导出或者预设导出选项。PDF 文件的导出首先需要设置的是"标准"和"兼容性"选项，下面将对这两个选项进行详细的介绍。

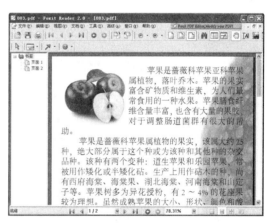

图8-118　导出的文件

● "标准"：用来指定文件的 PDF/X 格式。PDF/X 标准是由国际标准化组织（ISO）指定的，适用于图形内容交换。在 PDF 转换过程中，将对照指定标准检查要处理的文件。如果 PDF 不符合选定的 ISO 标准，则会显示一条消息，要求选择是取消转换还是继续创建不符合标准的文件。应用最广泛的打印发布工作流程标准为 PDF/X 格式，"标准"下拉列表如图 8-119 所示。

◆ PDF/X-1a：使用这些设定创建的 Adobe PDF 文档符合 PDF/X—la：2001 规范。这是一个专门为图形内容交换而指定的 ISO 标准。关于创建符合 PDF/X-1a 规范的 PDF 文档的详细信息，可以参阅 Acrobat 相关书籍。可以使用 Acrobat 和 AdobeReader 4.0 以及更高版本来打开创建的 PDF 文档。

◆ PDF/X-3：使用这些设定创建的 Adobe PDF 文档符合 PDF/X-3:2002 规范。这是一个专门为图形内容交换而指定的 ISO 标准。可以使用 Acrobat 和 AdobeReader 4.0 以及更高版本来打开创建的 PDF 文档。

◆ PDF/X-4：使用这些设定创建的 Adobe PDF 文档符合 PDF/X-4:2010 规范。这是一个专门为图形内容交换而指定的 ISO 标准。可以使用 Acrobat 和 Adobe Reader 5.0 以及更高版本来打开创建的 PDF 文档。

● "兼容性"选项:在创建PDF文件时,需要确定使用哪个PDF版本。另存为PDF或编辑PDF预设时,可以通过选择"兼容性"选项来改变PDF版本。"导出Adobe PDF"对话框中的"兼容性"选项用于指定文件的PDF版本,"兼容性"下拉列表如图8-120所示,通过不同的兼容性选项创建的PDF文件的功能会有所差别。

图8-119 "标准"下拉列表   图8-120 "兼容性"下拉列表

◆ "Acrobat4(PDF1.3)":选择该选项时,可以在Acrobat 3.0和Acrobat Reader 3.0及更高版本中打印PDF,并且支持40位RC4安全性。由于不支持图层,无法包含使用实时透明度效果的图稿。所以在转换为PDF 1.3之前,必须拼合任何透明区域。

◆ "Acrobat 5(PDF1.4)":选择该选项时,可以在Acrobat 3.0和AcrobatReader 3.0及更高版本中打印PDF,但更高版本的一些特定功能可能丢失或无法查看,支持128位RC4安全性。虽然不支持图层,但支持在图稿中使用实时透明度效果。

◆ "Acrobat 6(PDF 1.5)":选择该选项时,大多数PDF可以用Acrobat 4.0和Acrobat Reader 4.0和更高版本打开,但更高版本的一些特定功能可能丢失或无法查看。PDF除了支持在图稿中使用实时透明度效果外,还支持从生成分层PDF文档的应用程序创建PDF文件时保留图层。

◆ "Acrobat 7(PDF 1.6)和Acrobat 8/9(PDF1.7)":这两个选项与Acrobat 6.0(PDF1.5)的功能基本相同,只是在安全性方面,支持128位RC4和128位AES(高级加密标准)安全性。

8.9.3 为PDF文件设置密码

下面介绍为PDF文件设置密码的方法,具体的操作步骤如下。

STEP 01 打开003.indd素材文件,在菜单栏中选择"文件"→"导出"命令,如图8-121所示。

STEP 02 在弹出的"导出"对话框中选择导出路径,并输入文件

图8-121 选择"导出"命令

名，如图 8-122 所示。

STEP 03 设置完成后，单击"保存"按钮，在弹出的对话框中选择"安全性"选项卡，在右侧的选项区域中勾选"打开文档所要求的口令"复选框，再在"文档打开口令"文本框中输入口令，例如输入 123，如图 8-123 所示。

图8-122 "导出"对话框   图8-123 输入文档打开的口令

STEP 04 设置完成后，单击"导出"按钮，在弹出的"口令"对话框中输入刚才输入的口令，如图 8-124 所示。

STEP 05 输入完成后，单击"确定"按钮，即可为导出的 PDF 文件添加密码，当再打开该PDF 文件时，将会弹出如图 8-125 所示的对话框，只有输入正确的密码才可查看该文件。

图8-124 "口令"对话框   图8-125 "密码"对话框

8.10 创建 EPS 文件

下面介绍如何将 InDesign CS6 文件导出为 EPS 文件，具体操作步骤如下。

STEP 01 打开 003.indd 素材文件，按 Ctrl+E 组合键，打开"导出"对话框，在对话框中为文件指定导出路径，输入文件名，并将"保存类型"设置为"EPS"，如图 8-126 所示。

STEP 02 单击"保存"按钮，在弹出的"导出 EPS"对话框中进行相应的设置，如图 8-127所示。

STEP 03 设置完成后，单击"导出"按钮，弹出"正在导出 EPS"对话框，即可将文件导出为EPS 文件，如图 8-128 所示。

图8-126 "导出"对话框

图8-127 "导出EPS"对话框

1. "常规"选项卡

常规选项卡中的相关选项如下。

- "全部页面": 勾选该单选按钮后,可将文
  档中的所有页面导出。

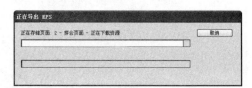

图8-128 "正在导出EPS"对话框

- "范围": 勾选该单选按钮后,在其右侧的
  文本框中输入相应的范围,即可打印输入范围内的页面。
- "跨页": 勾选该单选按钮后,将对页导出为跨页EPS文件,否则导出单个EPS文件。
- "PostScript": 在该下拉列表中指定PostScript输出设备中解释器的兼容性级别。对于
  在PostScript级别2或更高级别输出设备上打印图形,级别2通常会提高打印速度和
  输出质量。级别3提供最佳速度和输出品质。
- "颜色": 可以在该下拉列表中指定打印时的颜色模式。
- "预览": 确定文件中存储的预览图像的特性。此预览图像在无法直接显示EPS图片的
  应用程序中显示。如果不想创建预览图像,可以在该下拉列表中选择"无"选项。
- "嵌入字体": 可以在该下拉列表中选择嵌入字体的形式。
- "数据格式": 在该下拉列表中有两个选项。"ASCII"选项生成的文件较大,但熟悉
  PostScript语言的工作人员可以对文件进行编辑;"二进制"选项生成的文件较小,但
  是无法进行编辑。
- "出血": 输入0~36毫米之间的值,为超出页面或裁切区域边缘的图形指定额外空间。

2. "高级"选项卡

在"导出EPS"对话框中单击"高级"选项卡,如图8-129所示,其相关选项如下。

- "图像": 指定要包括在导出文件中置入位图图像中的图像数据量。
    - "全部": 包括导出文件中所有可用的高分辨率图像数据,需要的磁盘空间最大。
      如果要将文件打印到高分辨率的输出设备上,可选择该选项。
    - "代理": 在导出文件中仅包括置入位图图像的屏幕分辨率版本 (72 dpi)。如果要
      在屏幕上查看生成的PDF文件,请同时选择此选项和"OPI图像替换"选项。
- "OPI图像替换": 启用InDesign可以在输出时用高分辨率图形替换低分辨率EPS代理
  的图形。

- "在 OPI 中忽略"：在将图像数据发送到打印机或文件时有选择地忽略导入图形，只保留 OPI 链接（注释），以便由 OPI 服务器进行日后处理。
- "透明度拼合"：选择"预设"下拉列表中的某一拼合预设，可以指定透明对象在导出文件中的显示方式。该选项与"打印"对话框中的"透明度拼合"选项相同。
- "油墨管理器"：更正所有与油墨相关的选项，而不更改文档的设计，单击该按钮后，将弹出"油墨管理器"对话框，如图 8-130 所示。

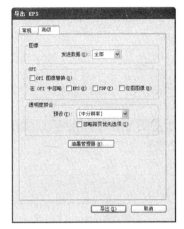

图8-129 "高级"选项卡

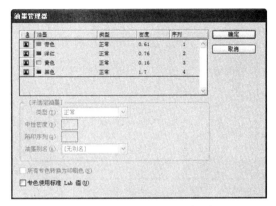

图8-130 "油墨管理器"对话框

8.11 创建 PostScript 印前文件

在 InDesign 中，用户可以将文档用 PostScript 语言描述，并存储为 PS 文件，以便在远程打印机上打印。具体操作步骤如下。

STEP 01 打开 003.indd 素材文件，在菜单栏中选择"文件"→"打印"命令，如图 8-131 所示。

STEP 02 弹出"打印"对话框，在该对话框的"打印机"下拉列表中选择"PostScript（R）文件"选项，如图 8-132 所示。

图8-131 选择"打印"命令

图8-132 选择"PostScript（R）文件"

> 03 单击"存储"按钮，弹出"存储 PostScript（R）文件"对话框，在该对话框中选择存储路径，如图 8-133 所示。

> 04 设置完成后，单击"保存"按钮，弹出"正在存储 PostScript（R）文件"对话框，如图 8-134 所示。即可将文件存储为 PS 格式的文件。

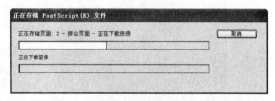

图8-133 "存储PostScript（R）文件"对话框　　　　图8-134 "正在存储PostScript（R）文件"对话框

提示　　PostScript 文件的大小通常大于原始的 InDesign 文档，因为其中嵌入了图形和字体。

8.12 拓展练习——制作杂志内页

本例介绍杂志内页的制作，首先置入相应的图片并输入大标题，然后使用"钢笔工具" 绘制文本框，并在绘制的文本框中输入文字，效果如图 8-135 所示。

图8-135 杂志内页效果

STEP 01 在菜单栏中选择"文件"→"新建"→"文档"命令，弹出"新建文档"对话框，在该对话框中，将"页数"设置为2，勾选"对页"复选框，将"宽度"和"高度"设置为210毫米、285毫米，如图8-136所示。

STEP 02 单击"边距和分栏"按钮，弹出"新建边距和分栏"对话框，在该对话框中，将"上"、"下"、"内"、"外"边距设置为10毫米，如图8-137所示。

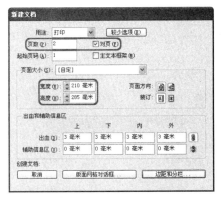

图8-136 "新建文档"对话框

图8-137 设置边距

STEP 03 按F12键打开"页面"面板，然后单击面板右上角的 按钮，在弹出的下拉菜单中取消"允许文档页面随机排布"选项与"允许选定的跨页随机排布"选项的选择状态，如图8-138所示。

STEP 04 在"页面"面板中选择第二页，并将其拖动至第一页的右侧，如图8-139所示。

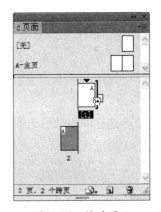

图8-138 取消选项选择状态

图8-139 拖动页面

STEP 05 松开鼠标左键，即可将页面排列成如图8-140所示的样式。

STEP 06 在工具箱中选择"矩形工具" ，然后在文档窗口中绘制矩形，如图8-141所示。

STEP 07 选择新绘制的矩形，在菜单栏中选择"窗口"→"颜色"→"渐变"命令，打开"渐变"面板，在"类型"下拉列表中选择"径向"选项，如图8-142所示。

STEP 08 在渐变颜色条上选择第一个色标，再在菜单栏中选择"窗口"→"颜色"→"颜色"命令，打开"颜色"面板，在该面板中将C、M、Y、K值分别设置为（0、100、100、0），如图8-143所示。

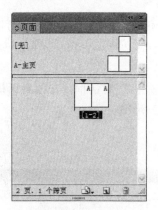

图8-140 排列页面

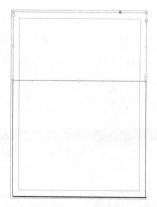

图8-141 绘制矩形

图8-142 "渐变"面板

图8-143 设置颜色

STEP 09 再在渐变颜色条上选择第二个色标，在"颜色"面板中单击右上角的 ▼☰ 按钮，在弹出的下拉菜单中选择CMYK命令，并将C、M、Y、K值分别设置为（0、100、100、75），如图8-144所示。

STEP 10 完成为选择的矩形填充渐变颜色，然后在"控制"面板中将"描边"设置为"无"，如图8-145所示。

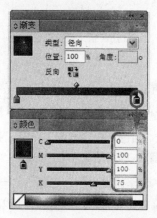

图8-144 为第二个色标设置颜色

图8-145 填充渐变颜色并设置描边

11 在工具箱中选择"文字工具" T. ，在文档窗口中绘制文本框并输入文字，选择输入的文字，在"字符"面板中，将"字体"设置为"方正综艺简体"，"字体大小"设置为 65 点，将文字颜色设置为黄色，如图 8-146 所示。

12 使用同样的方法，输入其他文字，并设置文字的字体和大小，如图 8-147 所示。

图8-146 输入并设置文字

图8-147 输入其他文字

13 在菜单栏中选择"文件"→"置入"命令，弹出"置入"对话框，在对话框中选择随书附带光盘中的素材\第 8 章\底纹 .psd 文件，如图 8-148 所示。

14 单击"打开"按钮，在文档窗口中单击置入图片，在按住 Ctrl+Shift 键的同时拖动图片，调整其大小和位置，如图 8-149 所示。

图8-148 选择图片

图8-149 调整图片大小和位置

15 使用同样的方法，置入其他的素材图片，并调整置入图片的大小和位置，效果如图 8-150 所示。

16 在工具箱中选择"钢笔工具" ，然后在文档窗口中绘制图形，并选择绘制的图形，在"控制"面板中将"描边"设置为"无"，如图 8-151 所示。

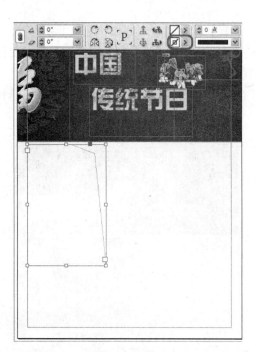

图8-150 置入其他素材图片　　　　　图8-151 绘制图形

17 在工具箱中选择"文字工具" **T.**，在绘制的图形中输入文字，选择输入的文字，在"控制"面板中将"字体大小"设置为15点，如图8-152所示。

18 选择文字"中"，在"控制"面板中，将"字体大小"设置为18点，如图8-153所示。

图8-152 输入文字并设置大小　　　　图8-153 设置文字"中"的大小

19 将光标置入段落中的任意位置，在"段落"面板中，将"首字下沉行数"设置为2，效果如图8-154所示。

20 再次选择文字"中"，在"控制"面板中，将"字体"设置为"方正大黑简体"，将"填色"设置为红色，效果如图8-155所示。

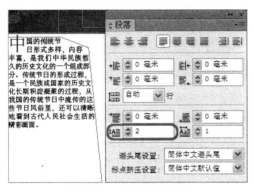

图8-154　设置首字下沉

图8-155　设置文字效果

21 在"控制"面板中单击"段落格式控制"按钮 ¶，将"强制行数"设置为2行，效果如图 8-156 所示。

22 在工具箱中选择"钢笔工具" ✎，在文档窗口中绘制图形，并选择绘制的图形，在"控制"面板中将"描边"设置为红色，将描边样式设置为虚线，将描边粗细设置为3点，如图 8-157 所示。

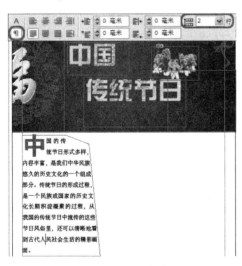

图8-156　设置强制行数

图8-157　绘制并设置图形

23 在工具箱中选择"矩形工具" ▢，在文档窗口中绘制矩形，在"控制"面板中，将"填色"设置为红色，"描边"设置为"无"，如图 8-158 所示。

24 在工具箱中选择"文字工具" T，在文档窗口中绘制文本框并输入文字，然后选择输入的文字，在"控制"面板中，将"字体"设置为"方正大黑简体"，将"字体大小"设置为 26 点，如图 8-159 所示。

25 将文字的"填色"设置为纸色，效果如图 8-160 所示。

图8-158　绘制并设置矩形

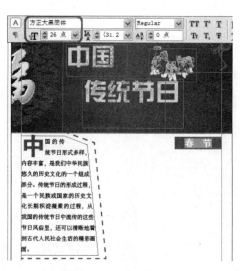

图8-159　输入并设置文字

STEP 26 在工具箱中选择"钢笔工具"，然后在文档窗口中绘制图形。选择绘制的图形，在"控制"面板中将"描边"设置为"无"，如图 8-161 所示。

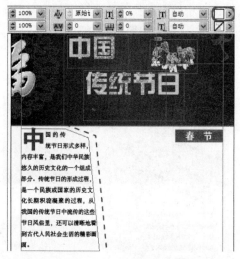

图8-160　设置文字填充颜色

图8-161　绘制图形并设置描边

STEP 27 在绘制的图形中输入文字，并使用前面介绍的方法对文字进行设置，效果如图 8-162 所示。

STEP 28 在工具箱中选择"钢笔工具"，在文档窗口中绘制图形。选择绘制的图形，在"控制"面板中，将"描边"设置为红色，将描边样式设置为虚线，将描边粗细设置为 3 点，如图 8-163 所示。

STEP 29 在文档窗口中，按住 Shift 键的同时选择红色矩形和文字"春节"，然后按 Ctrl+C 键进行复制，如图 8-164 所示。

STEP 30 再按 Ctrl+V 键进行粘贴，并调整复制后的对象的位置，然后使用"文字工具"将"春节"更改为"元宵节"，如图 8-165 所示。

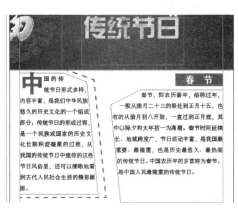

图8-162　输入并设置文字

图8-163　绘制并设置图形

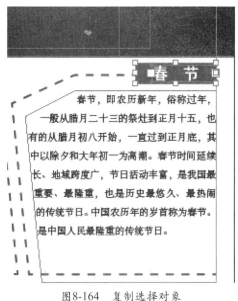

图8-164　复制选择对象

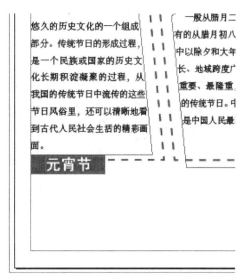

图8-165　复制对象并更改文字

31 使用"钢笔工具" 绘制图形，将图形的"描边"设置为"无"，并在图形中输入文字，然后对输入的文字进行设置，效果如图8-166所示。

32 在工具箱中选择"钢笔工具" ，在文档窗口中绘制图形。选择绘制的图形，在"控制"面板中，将"描边"设置为红色，将描边样式设置为虚线，将描边粗细设置为3点，如图8-167所示。

33 在工具箱中选择"椭圆工具" ，在文档窗口中按住Shift键绘制正圆，然后在"控制"面板中将"描边"设置为红色，将描边样式设置为虚线，将描边粗细设置为3点，如图8-168所示。

34 确定新绘制的正圆处于选择状态，在菜单栏中选择"文件"→"置入"命令，在弹出的对话框中选择随书附带光盘中的素材\第8章\元宵节.jpg文件，如图8-169所示。

图8-166　绘制图形并输入文字

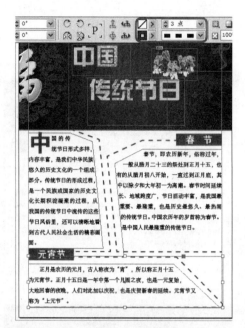

图8-167　绘制并设置图形

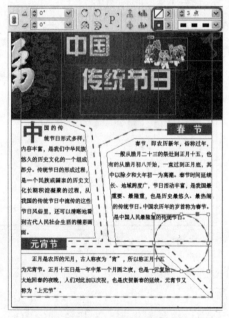

图8-168　绘制并设置正圆

图8-169　选择素材文件

35 单击"打开"按钮，即可将选择的图片置入正圆中，然后双击图片将其选中，并在按住 Shift 键的同时拖动图片，调整其大小和位置，如图 8-170 所示。

36 选择绘制的正圆，在菜单栏中选择"窗口"→"文本绕排"命令，如图 8-171 所示。

37 打开"文本绕排"面板，在其中单击"沿对象形状绕排"按钮，将"上位移"设置为 4 毫米，如图 8-172 所示。

38 为正圆设置文本绕排后的效果如图 8-173 所示。

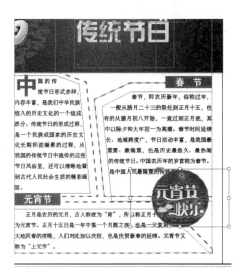

图8-170　调整图片大小

图8-171　选择"文本绕排"命令

图8-172　"文本绕排"面板

图8-173　文本绕排效果

39 使用上面介绍的方法，制作右侧页面，效果如图 8-174 所示。

40 至此，杂志内页就制作完成了，按 W 键查看制作完成后的效果，如图 8-175 所示。

41 在菜单栏中选择"文件"→"导出"命令，如图 8-176 所示。

42 弹出"导出"对话框，在该对话框中指定导出路径，为其命名并将"保存类型"设置为 JPEG 格式，如图 8-177 所示。

43 单击"保存"按钮，弹出"导出 JPEG"对话框，在该对话框中勾选"跨页"单选按钮，如图 8-178 所示。

44 单击"导出"按钮，即可将文档导出。在菜单栏中选择"文件"→"存储为"命令，弹出"存储为"对话框，在该对话框中选择保存路径，为其命名并将"保存类型"设置为"InDesign CS6 文档"，单击"保存"按钮，如图 8-179 所示。

图8-174 制作右侧页面

图8-175 制作完成后的效果

图8-176 选择"导出"命令

图8-177 "导出"对话框

图8-178 "导出JPEG"对话框

图8-179 储存文件

8.13 习题

一、填空题

（1）在"文本绕排"面板中提供了多种文本绕排的形式，如（ ）、沿对象形状绕排、（ ）和下型绕排等。应用好文本绕排效果可以使设计的杂志或报刊更加生动美观。

（2）可以使用（ ）对图形框架或空白文本框架等进行剪切。

（3）按键盘上的（ ）键或按（ ）键可以将脚注删除。

二、简答题

（1）简述校准导入的颜色的方法？

（2）简述为 PDF 文件设置密码的方法？

第 9 章

颜色的定义与逃出陷阱

Chapter
09

本章要点:

在 InDesign CS6 排版中，颜色是至关重要的一部分，只有了解如何定义颜色，才能决定作品能达到什么效果。除此之外，本章还要讲解如何避免在设计制作过程中碰到的陷阱。

学习目标:

- 专色与印刷色
- 设置颜色
- 新建色调
- 创建混合油墨
- 色板的基本操作
- 设置描边
- 处理色彩图片
- 设置渐变
- 逃出陷阱

9.1 专色与印刷色

专色是指在印刷时，不是通过印刷C、M、Y、K四色合成的颜色，而是专门用一种特定的油墨来印刷该颜色。专色油墨是由印刷厂预先混合好的或是油墨厂生产的。对于印刷品的每一种专色，在印刷时都有专门的一个色版对应。使用专色可以使颜色更准确。

印刷色就是由不同百分比的C、M、Y、K颜色组成的颜色，所以称之为混合色更为合理。C、M、Y、K就是通常采用的印刷四原色。在印刷原色时，这4种颜色都有自己的色版，在色版上记录了这种颜色的网点，这些网点是由半色调网屏生成的，把4种色版合到一起，就形成了设计师所定义的原色。

9.1.1 关于专色

专色是一种预先混和的特殊油墨，是CMYK四色印刷油墨之外的另一种油墨，用于替代CMYK四色印刷油墨，它在印刷时需要使用专门的印版。当指定少量颜色并且颜色的准确度很关键时请使用专色。专色油墨可以准确地重现印刷色色域以外的颜色。但是，印刷专色的确切外观由印刷商所混合的油墨和所用纸张共同决定，而不是由用户指定的颜色值或色彩管理决定。当用户指定专色值时，只是在为显示器和复合打印机描述该颜色的模拟外观（受这些设备的色域限制的影响）。

专色共有四大特点，其特点如下。

- 准确性：每一种套色都有其本身固定的色相，所以它能够保证印刷中颜色的准确性，从而在很大程度上解决了颜色传递准确性的问题。
- 实地性：专色一般用实地色定义颜色，而无论这种颜色有多浅。当然，也可以给专色加网（Tint），以呈现专色的任意深浅色调。
- 不透明性：专色油墨是一种覆盖性质的油墨，它是不透明的，可以进行实地的覆盖。
- 表现色域宽：专色色库中的颜色的色域很宽，超过了RGB的表现色域，更不用说CMYK颜色空间了，所以，有很大一部分颜色是用CMYK四色印刷油墨无法呈现的。

9.1.2 关于印刷色

印刷色是由不同的C、M、Y和K的百分比组成的颜色，印刷色也可称为混合色。C、M、Y、K是通常采用的印刷四原色。在印刷原色时，这四种颜色都有自己的色版。在色版上记录了这种颜色的网点，这些网点是由半色调网屏生成的，把四种色版合到一起就形成了设计师所定义的原色。调整色版上网点的大小和间距就能形成其他的原色。实际上，在纸张上面的四种印刷颜色是分开的，只是相距很近，由于我们眼睛的分辨能力有一定的限制，所以分辨不出来。我们得到的视觉印象就是各种颜色的混合效果，于是产生了各种不同的原色。

以文字和黑色实地为主的印刷品，印刷色序一般采

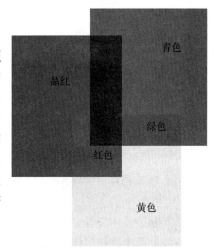

图9-1 不同的颜色叠印时产生的效果

用青、品红、黄、黑。但若有黑色文字或实地套印黄色实地，则应该把黄色放在最后一色。

印刷色序一般是先印深色墨后印浅色墨，比如，印四色墨 CMYK，第一个是 K，第二个是 C，第三个是 M，第四个是 Y，将不同的颜色叠印在一起会产生不同的颜色，如图 9-1 所示。

9.2 设置颜色

在 InDesign CS6 中，颜色是设计过程中非常重要的部分，只有在 InDesign CS6 中设置好颜色，才能保证在印刷时得到满意的作品，本节将介绍如何通过不同的对象来设置颜色。

9.2.1 通过"颜色"面板设置颜色

在 InDesign CS6 中，可以通过多种方式设置颜色，下面介绍如何通过"颜色"面板设置颜色，具体操作步骤如下。

STEP 01 在菜单栏中选择"文件"→"打开"命令，在弹出的对话框中选择随书附带光盘中的素材 \ 第 9 章 \ 素材 01.indd 素材文件，如图 9-2 所示。

STEP 02 选择完成后，单击"打开"按钮，打开选中的素材文件，如图 9-3 所示。

图9-2 选择素材文件

图9-3 打开的素材文件

STEP 03 在文档窗口中选择花形，在菜单栏中选择"窗口"→"颜色"→"颜色"命令，如图 9-4 所示。

STEP 04 执行该命令后，即可打开"颜色"面板，单击"颜色"面板右上角的 按钮，在弹出的下拉菜单中选择"CMYK"命令，如图 9-5 所示。

STEP 05 在"颜色"面板中，将 CMYK 值设置为（32、0、100、0），为选中的对象设置颜色，如图 9-6 所示。

STEP 06 如果要将设置的颜色添加到色板中，可以单击"颜色"面板右上角的 按钮，在弹出的下拉菜单中选择"添加到色板"命令，如图 9-7 所示。执行该操作后，即可将设置的颜色添加到"色板"面板中。

图9-4　选择"颜色"命令

图9-5　选择"CMYK"命令

图9-6　设置颜色后的效果

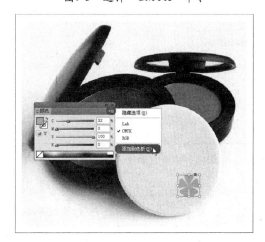

图9-7　选择"添加到色板"命令

9.2.2　通过"色板"面板设置颜色

在 InDesign CS6 中，除了可以通过"颜色"面板设置颜色外，还可以通过"色板"面板设置颜色，下面介绍如何通过"色板"面板设置颜色，具体操作步骤如下。

01 在菜单栏中选择"窗口"→"颜色"→"色板"命令，如图 9-8 所示，打开"色板"面板。

02 单击"色板"面板右上角的 按钮，在弹出的下拉菜单中选择"新建颜色色板"命令，如图 9-9 所示。

03 弹出"新建颜色色板"对话框，在该对话框中将"颜色类型"和"颜色模式"使用默认的设置，然后通过拖动滑块或输入数值来设置一种颜色，如图 9-10 所示。

04 单击"确定"按钮，在"色板"面板中显示出新创建的颜色，如图 9-11 所示。

"新建颜色色板"对话框中各选项的功能如下。

● 以颜色值命名：勾选该复选框，会将新创建的颜色以该颜色的颜色值来命名，如果取

图9-8　选择"色板"命令

图9-9　选择"新建颜色色板"命令

图9-10　"新建颜色色板"对话框

图9-11　新建的颜色

消勾选该复选框，在"色板名称"后面会出现一个文本框，在文本框中输入新创建的颜色的名称即可，如图9-12所示。

* 颜色类型：在该下拉列表中有"印刷色"和"专色"两个选项，选择"印刷色"选项时，将编辑的颜色定义为印刷色；选择"专色"选项时，将编辑的颜色定义为专色。

* 颜色模式：在该下拉列表中设置定义颜色的模式。

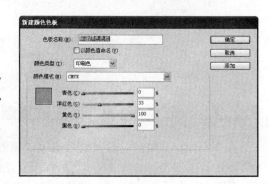

图9-12　输入新创建的颜色名称

9.2.3　通过"拾色器"对话框设置颜色

使用"拾色器"对话框可以从色域中选择颜色，或以数字方式指定颜色。可以使用 RGB、Lab 或 CMYK 颜色模式来定义颜色。使用"拾色器"对话框来创建颜色的操作步骤如下。

STEP 01 在工具箱中双击"填色"图标，弹出"拾色器"对话框，如图 9-13 所示。

STEP 02 在该对话框中设置一种需要的颜色，可以执行下列操作之一。

* 在色域内单击或拖动鼠标，十字准线指示颜色在色域中的位置。

- 沿颜色条拖动颜色滑块，或者在颜色条内直接单击。
- 在任意一种颜色模式文本框中输入数值。

STEP 03 设置完成后，单击"确定"按钮即可。如果要将该颜色添加到色板中，可以用鼠标右击工具箱中的"填色"图标，在弹出的快捷菜单中选择"添加到色板"命令，如图9-14所示。执行该操作后，即可将设置的颜色添加至"色板"面板中。

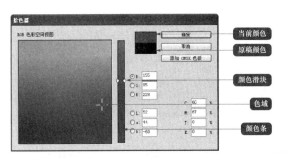

图9-13 "拾色器"对话框　　　　　　图9-14 选择"添加到色板"命令

9.3 新建色调

　　色调分为三种色调，包括单色调、调和调、对比调，本节将介绍如何创建单色调，单色调是指只用一种颜色，只在明度和纯度上作调整，间用中性色。具体操作步骤如下。

STEP 01 在菜单栏中选择"窗口"→"颜色"→"色板"命令，打开"色板"面板，在"色板"面板中，选择一种要创建色调的颜色色板，如图9-15所示。

STEP 02 单击"色板"面板右上角的 ▼≡ 按钮，在弹出的下拉菜单中选择"新建色调色板"命令，如图9-16所示。

图9-15 选择颜色色板　　　　　　图9-16 选择"新建色调色板"命令

STEP 03 弹出"新建色调色板"对话框，在其中拖动"色调"右侧的滑块可以调整色调，在右侧的文本框中输入数值，也可以调整色调的颜色深浅，如图9-17所示。

STEP 04 设置完成后，单击"确定"按钮，完成色调的创建，效果如图9-18所示。

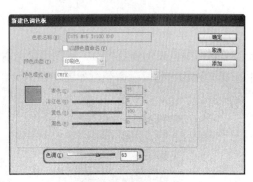

图9-17　调整色调

图9-18　创建的色调

9.4 创建混合油墨

在 InDesign CS6 中，用户还可以根据需要创建单个混合油墨色板，也可以使用"新建混合油墨组"命令一次生成多个色板。混合油墨组包含一系列由百分比不断递增的不同印刷色油墨和专色油墨创建的颜色。例如，将青色的 4 个色调（20%、40%、60%和80%）与一种专色的 5 个色调（10%、20%、30%、40%和50%）相混合，将生成包含 20 个不同色板的混合油墨组。创建单个混合油墨色板的操作步骤如下。

01 打开"色板"面板，单击"色板"面板右上角的按钮，在弹出的下拉菜单中选择"新建颜色色板"命令，如图 9-19 所示。

02 在弹出的对话框中取消"以颜色值命名"复选框，在"色板名称"文本框中输入"专色"，将"颜色"类型设置为"专色"，将 CMYK 值设置为（0、48、14、0），如图 9-20 所示。

图9-19　选择"新建颜色色板"命令

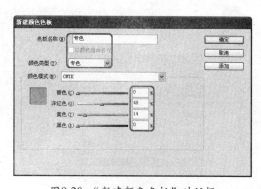

图9-20　"新建颜色色板"对话框

03 设置完成后，单击"确定"按钮，在"色板"面板中按住 Ctrl 键选择一种专色和一种印刷色，如图 9-21 所示。

04 单击"色板"面板右上角的按钮，在弹出的下拉菜单中选择"新建混合油墨色板"命令，如图 9-22 所示。

05 弹出"新建混合油墨色板"对话框，在"名称"文本框中输入混合油墨色板的名称，然后在颜色名称左侧的空白框处通过单击添加需要混合的颜色，当空白框变成样式后，表

图9-21 选择专色和印刷色

图9-22 选择"新建混合油墨色板"命令

示该颜色已被添加,如图 9-23 所示。

STEP 06 通过拖动颜色名称右侧的颜色条上的滑块,可以调整该颜色需要混合的百分比,如图 9-24 所示。

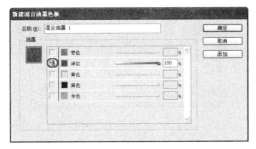

图9-23 "新建混合油墨色板"对话框

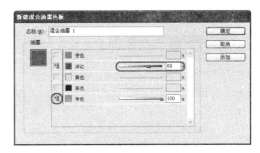

图9-24 调整颜色混合的百分比

STEP 07 设置完成后,单击"确定"按钮,完成混合油墨的创建,效果如图 9-25 所示。

图9-25 创建完成的混合油墨

图9-26 选择专色

9.5 色板的基本操作

在"色板"面板中,用户除了可以新建不同的色板外,还可以根据需要对色板进行储存、导入、复制、删除等,本节将对其进行简单介绍。

9.5.1 储存色板

在 InDesign CS6 中，为了方便操作，用户可以将设置好的色板进行储存，下面介绍如何将设置好的色板进行储存，具体操作步骤如下。

STEP 01 继续上面的操作，在"色板"中选择"专色"，如图 9-26 所示。

STEP 02 单击"色板"面板右上角的 按钮，在弹出的下拉菜单中选择"储存色板"命令，如图 9-27 所示。

STEP 03 在弹出的对话框中指定保存路径，在"文件名"文本框中输入"专色 01"，将"保存类型"设置为"Adobe 色板交换文件"，如图 9-28 所示。

图9-27　选择"储存色板"命令

图9-28　"另存为"对话框

STEP 04 设置完成后，单击"确定"按钮，即可将该色板保存。

9.5.2 载入色板

在 InDesign CS6 中，除了可以储存色板外，也可以载入外部的色板，下面介绍如何载入外部色板，具体操作步骤如下。

STEP 01 启动 InDesign CS6，单击"色板"面板右上角的 按钮，在弹出的下拉菜单中选择"载入色板"命令，如图 9-29 所示。

图9-29　选择"载入色板"命令

图9-30　选择素材文件

STEP 02 在弹出的对话框中选择随书附带光盘中的素材\第9章\紫色.ase文件，如图9-30所示。

STEP 03 单击"打开"按钮，即可将该颜色载入至"色板"面板中，如图9-31所示。

图9-31 将颜色载入"色板"面板中　　　　　　图9-32 选择要复制的颜色色板

9.5.3 复制色板

下面介绍如何复制色板，具体操作步骤如下。

STEP 01 在"色板"面板中，选择需要复制的颜色色板，如图9-32所示。

STEP 02 单击"色板"面板右上角的 按钮，在弹出的下拉菜单中选择"复制色板"命令，如图9-33所示。

STEP 03 执行该操作可将选择的颜色色板进行复制，复制出的新色板会自动排列在其他颜色色板的下方，如图9-34所示。

图9-33 选择"复制色板"命令　　　　　　图9-34 复制颜色色板后的效果

提示：除了上述方法外，用户还可以通过在要复制的颜色色板上右击鼠标，在弹出的快捷菜单中选择"复制色板"命令将色板导入。

9.5.4 删除色板

下面介绍如何删除色板，具体操作步骤如下。

STEP 01 在"色板"面板中选择需要删除的颜色色板，单击面板右上角的 ▼≣ 按钮，在弹出的下拉菜单中选择"删除色板"命令，如图 9-35 所示。

STEP 02 即可将选择的色板删除，效果如图 9-36 所示。

图9-35 选择"删除色板"命令

图9-36 删除色板

9.5.5 更改"色板"的显示模式

在 InDesign CS6 中，用户可以根据需要更改"色板"的显示模式，单击"色板"面板右上角的 ▼≣ 按钮，在弹出的下拉菜单中有 4 种显示模式，即"名称"、"小字号名称"、"小色板"和"大色板"，如图 9-37 所示。在 InDesign 中，默认的显示模式为"名称"。

如果要更改"色板"面板的显示模式，在下拉菜单中单击选择一种显示模式即可，如图 9-38 所示为"小字号名称"显示模式。

图9-37 4种显示模式

图9-38 "小字号名称"显示模式

9.6 设置描边

在 InDesign CS6 中，除了可以设置填充颜色外，可以设置描边的粗细、类型与颜色，本节简单介绍如何设置描边。

9.6.1　设置描边颜色

在工具箱中单击"描边"图标，即可在"控制"面板、"色板"面板、"颜色"面板或"渐变"面板中对描边的颜色进行设置，也可以在工具箱中双击"描边"图标，在弹出的"拾色器"对话框中对描边的颜色进行设置。

9.6.2　设置描边粗细

在 InDesign CS6 中，用户可以通过使用"描边"面板中的"粗细"选项可以设置描边的粗细，具体的操作步骤如下。

01 在菜单栏中选择"文件"→"打开"命令，在弹出的对话框中打开随书附带光盘素材\第 9 章\素材 02.indd 文件，如图 9-39 所示。

02 选择完成后，单击"打开"按钮，打开选中的素材文件，如图 9-40 所示。

图9-39　选择素材文件

图9-40　打开的素材文件

03 在文档窗口中选择心形，在工具选项栏中将描边颜色设置为黑色，在菜单栏中选择"窗口"→"描边"命令，打开"描边"面板，在"描边"面板的"粗细"下拉列表中选择 2 点，如图 9-41 所示。

04 执行该操作后，即可设置描边的粗细，效果如图 9-42 所示。

图9-41　设置描边粗细

图9-42　设置后的效果

9.6.3 设置描边类型

下面介绍如何设置描边类型，具体的操作步骤如下。

STEP 01 继续上面的操作，在"描边"面板中的"类型"下拉列表中选择一种描边类型，如图 9-43 所示。

STEP 02 执行该操作后，即可设置描边的类型，效果如图 9-44 所示。

图9-43　选择描边类型

图9-44　设置后的效果

9.7 处理彩色图片

在 InDesign 中，可以根据不同的作品需求使用导入的各种图像，这就需要用户对各种图像的格式、颜色模式以及分辨率有所了解。

9.7.1 处理 EPS 文件

InDesign 会自动从 EPS 文件中导入定义颜色，因此 EPS 文件的任何专色都会显示在 InDesign 的"色板"面板中。

在图表程序中创建 EPS 文件，颜色可能会发生以下 3 种印刷问题。

- 每种颜色都在其自身的调色板上印刷，即使将其定义为一种印刷色也一样。
- 一种专色被分离为 CMYK 印刷色后，即使在源程序或 InDesign 中，都将其定义为一种专色，也会被分离。
- 仅有一种颜色用于黑色印刷。

9.7.2 处理 TIFF 文件

在处理 TIFF 文件时，不会出现像处理 EPS 文件时遇到的问题，因为创建 TIFF 文件不会使用专色，而会被划分为 RGB 或 CMYK 颜色模式。InDesign 能对 RGB TIFF 文件与 CMYK TIFF 文件进行颜色分离。

9.7.3 处理 PDF 文件

InDesign 能够精确地导入任何用于 PDF 文件的颜色。

即使 InDesign 不支持 Hexachrome 颜色，它仍会在 PDF 文件中保留它们，直到将 InDesign 文件导出为 PDF，用于输出为止。另外，Hexachrome 颜色在印刷或从 InDesign 生成 PostScript 文件时将被转换为 CMYK。很多 Hexachrome 颜色在被转换为 CMYK 时都不能正确印刷，因此应该始终使用 Hexachrome PDF 图片将 InDesign 文件导出为 PDF。

9.8 设置渐变

渐变是两种或多种颜色之间或同一颜色的两个色调之间的逐渐混和。渐变是通过渐变条中的一系列色标定义的。在默认情况下，渐变以两种颜色开始，中点在 50%。

9.8.1 使用"色板"面板创建渐变

在 InDesign 中使用"色板"面板也可以创建渐变，具体的操作步骤如下。

STEP 01 在菜单栏中选择"窗口"→"颜色"→"色板"命令，打开"色板"面板，单击"色板"面板右上角的 ▼≡ 按钮，在弹出的下拉菜单中选择"新建渐变色板"命令，如图 9-45 所示。

STEP 02 执行该操作后，弹出"新建渐变色板"对话框，如图 9-46 所示。

- "色板名称"：在该文本框中为新创建的渐变命名。
- "类型"：在该下拉列表中有两个选项，分别为"线性"和"径向"，可以设置新建渐变的类型。
- "站点颜色"：在该下拉列表中可以选择渐变的模式，共有 4 个选项，分别为 Lab、CMYK、RGB 和色板。若要选择"色板"中已有的颜色，在该下拉列表中选择"色板"选项，然后在色板中进行选择即可。若要为渐变混合一个新的未命名颜色，请选择一种颜色模式，然后输入颜色值。
- 渐变曲线：设置渐变混合颜色的色值。

图9-45 选择"新建渐变色板"命令

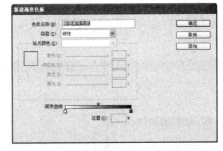

图9-46 "新建渐变色板"对话框

提示 单击"渐变曲线"渐变颜色条上的色标，可以激活"站点颜色"设置区。

03 渐变颜色由渐变颜色条上的一系列色标决定。色标是渐变从一种颜色到另一种颜色的转换点，增加或减少色标，可以增加或减少渐变色的数量。要增加渐变色标，在"渐变曲线"渐变颜色条下单击鼠标，如图9-47所示。

04 如果要删除色标，将色标向下拖动，使其脱离渐变曲线即可，如图9-48所示。

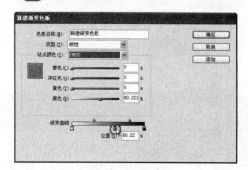

图9-47　添加色标　　　　　　　　　　　　图9-48　删除色标

05 选择左侧的色标，在"站点颜色"设置区中输入数值或拖动滑块，设置色标的颜色，如图9-49所示。

06 通过拖动"渐变曲线"渐变颜色条上的色标可以调整颜色的位置，如图9-50所示。

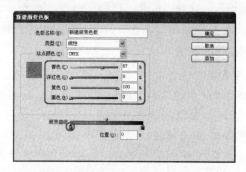

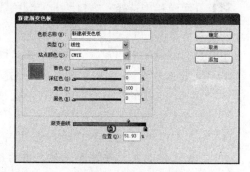

图9-49　设置左侧色标的颜色　　　　　　　　图9-50　移动色标位置

07 选择右侧的色标，此时可以看到，系统自动在"站点颜色"下拉列表中选择了"色板"选项，这是因为在默认情况下，右侧的色标应用的是色板上的黑色，如图9-51所示。

08 在"站点颜色"设置区中选择一种其他的颜色，即可更改右侧色标的颜色，如图9-52所示。

图9-51　默认颜色　　　　　　　　　　　　图9-52　选择颜色

09 在渐变颜色条上，每两个色标中间都有一个菱形的中点标记，移动中点标记可以改变该点两侧色标颜色的混合位置，如图 9-53 所示。

10 设置完成后单击"确定"按钮，即可将新创建的渐变添加到"色板"面板中，效果如图 9-54 所示。

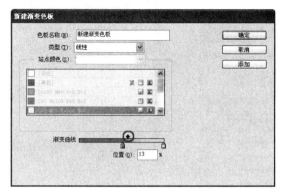

图9-53　调整颜色的混合位置

图9-54　新建的渐变色板

9.8.2　使用"渐变"面板创建渐变

下面介绍如何使用"渐变"面板创建渐变，具体的操作步骤如下。

01 在菜单栏中选择"窗口"→"颜色"→"渐变"命令，如图 9-55 所示，打开"渐变"面板。

02 在弹出的"渐变"面板中的渐变颜色条上单击鼠标，然后选择左侧的色标，再在菜单栏中选择"窗口"→"颜色"→"颜色"命令，打开"颜色"面板，如图 9-56 所示。

03 在颜色面板中，将 CMYK 值设置为（44、0、0、0），即可将"渐变"面板中的第一个色标的颜色改变成在"颜色"面板中设置的颜色，如图 9-57 所示。

图9-55　选择"渐变"命令

图9-56　"颜色"面板

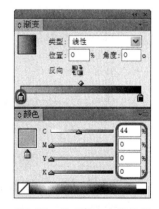

图9-57　设置颜色后的效果

04 再在"渐变"面板中选择右侧的色标，在"颜色"面板中单击 ▼≡ 按钮，在弹出的下拉列表中选择"CMYK"，将 CMYK 值设置为（100、71、0、39），如图 9-58 所示。

05 设置完成后，在"渐变"面板中右击渐变颜色条，在弹出的快捷菜单中选择"添加到色板"命令，如图 9-59 所示。

06 即可将设置的渐变颜色添加到"色板"面板中，效果如图 9-60 所示。

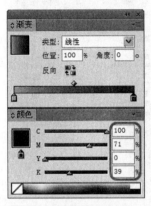
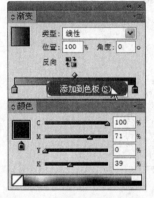

图9-58 设置颜色的CMYK值　　图9-59 选择"添加到色板"命令　　图9-60 设置渐变设上

9.8.3 编缉渐变

下面介绍如何编辑渐变颜色。创建好渐变后，还可以根据需要对色标的颜色模式与颜色进行修改，具体的操作步骤如下。

01 在"色板"面板中选择需要编辑的渐变色板，如图 9-61 所示。

02 单击"色板"面板右上角的 ▼≣ 按钮，在弹出的下拉菜单中选择"色板选项"命令，如图 9-62 所示。

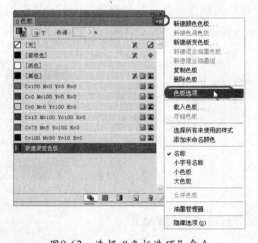

图9-61 选择渐变色板　　　　　　图9-62 选择"色板选项"命令

03 弹出"渐变选项"对话框，在"渐变选项"对话框中选中色标，然后对色标的颜色模式与颜色进行修改，如图 9-63 所示。

04 修改完成后单击"确定"按钮，即可将修改完成的渐变色板保存，效果如图 9-64 所示。

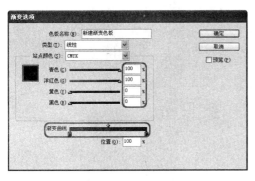

图9-63　设置渐变色

图9-64　修改渐变后的效果

提示　双击需要编辑的渐变色板，或右击需要编辑的渐变色板，在弹出的快捷菜单中选择"渐变选项"命令，也可以弹出"渐变选项"对话框。

9.9　逃出陷阱

　　本节主要讲解在设计制作过程中碰到的陷阱，包括置入带有 RGB 颜色的 word 文档如何解决，如何将文字对齐文本框以及设计底色时尽量避开黑色。这些都是在设计制作时需要留心注意的问题。

9.9.1　底色的陷阱

　　在制作文件时经常会忽略一个问题，就是在设置一个底色时，没有注意避开黑色，而设置了一个四色的底颜色。在设置文字颜色时，设计师会注意设置一个单色文字，比如单色黑，这样可以避免文字套不准，出现重影的问题。而没有注意，在设置底色时因该避开黑色，使黑版中只留下黑色的文字，这样在出片时发现错字，也能及时修补，减少再次出片的成本。下面通过案例讲解如何避免黑色底色陷阱，具体操作步骤如下。

　STEP 01　启动 InDesign CS6，按 Ctrl+O 组合键，在弹出的对话框中选择随书附带光盘中的素材 \ 第 9 章 \ 素材 03.indd 素材文件，如图 9-65 所示。

　STEP 02　单击"打开"按钮，打开选中的素材文件，如图 9-66 所示。

　STEP 03　使用"选择工具" ▶ 选择底色，打开"色板"面板，可以看到粉色的 CMYK 值为（0、40、0、0），如图 9-67 所示。

　STEP 04　通过分色预览观察青版、品版、黄版和黑版中的颜色，在菜单栏中选择"窗口"→"输出"→"分色预览"命令，如图 9-68 所示。

　STEP 05　打开"分色预览"面板，在该面板中，将"视图"设置为"分色"，如图 9-69 所示。

　STEP 06　此时可以通过"分色预览"面板，观察青版、品版、黄版和黑版中的颜色，效果如图 9-70 所示。

图9-65　选择素材文件　　　　　　　图9-66　打开的素材文件

图9-67　"色板"面板　　　　图9-68　选择"分色预览"命令　　　图9-69　"分色预览"面板

提示

从"分色预览"中看到，底色在青色版、洋红色版、黄色版和黑色版中都有颜色，文字只在黑版中有颜色。这种情况下，如果出片后发现文字有错误，要想在黑版上修补错误的文字非常麻烦。设计师在设置底色时应该尽量避免有黑色。

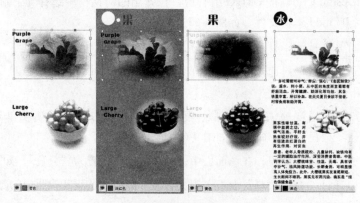

图9-70　预览效果

9.9.2 文字对齐文本框的陷阱

在排文字较多的版面时，要注意使用串接文本，这样便于版面的调整。但是在使用串接文本后，有些页面的最后一行文字并没有对齐文本框，下面介绍如何使文字对齐文本框，具体操作步骤如下。

01 继续上面的操作，在文档窗口中选择如图 9-71 所示的文字。

02 在菜单栏中选择"对象"→"文本框架选项"命令，如图 9-72 所示。

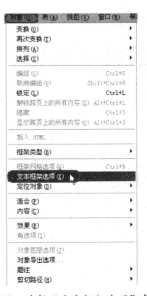

图9-71　选择文字　　　　　　　　　　图9-72　选择"文本框架选项"命令

03 在弹出的对话框中选择"常规"选项卡，在其中将"列数"设置为"弹性宽度"，将"宽度"和"最大值"都设置为90，在"垂直对齐"选项组中，将"对齐"设置为"两端对齐"，如图 9-73 所示。

04 设置完成后，单击"确定"按钮，即可完成对选择文字的设置，效果如图 9-74 所示。

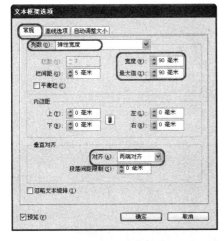

图9-73　设置参数值　　　　　　　　　图9-74　设置后的效果

9.10 习题

一、填空题

(1) 在 InDesign CS6 中，除了可以通过（　　）面板设置颜色外，还可以通过（　　）面板设置颜色。

(2) 色调分为（　　）种，包括（　　）、（　　）、（　　）。

二、简答题

(1) 简述印刷色的定义？

(2) 简述渐变的定义？

第**10**章 Chapter

提高工作效率

10

本章要点：

　　本章主要介绍设计师在制作过程中可以用到的最快捷的方法，包括培养正确的工作习惯和正确的设计制作流程、常用命令的快捷键以及设置复合字体等内容。

学习目标：

- 正确的工作习惯与流程
- 使用快捷键
- 从多种操作中选择最为快捷的方法
- 有效工作的界面设置

10.1 正确的工作习惯与流程

如果设计师在平时工作中能够按照以下 3 点规范工作习惯，会对提高工作效率非常有帮助：

- 正确的工作习惯能帮助设计师节约时间。
- 妥善管理文件能避免文件丢失。
- 规范的操作能减少出错。

10.1.1 正确的工作习惯

设计师在工作时，对于客户提供的文件和没有编辑过的素材文件，应统一放在一个文件夹里，而将编辑并应用到版面中的图片与制作文件放在同一个文件夹，图片应按放置版面的页数以及位置起好名字。在制作过程中，设计师可能需要发电子文件给客户，提出修改意见，客户也会提出修改图片、更换图片或移动图片的要求。如果前期没有将文件分类管理，那么在做文件修改时可能会导致图片出错等问题。

设计师可参照图 10-1 所示进行文件归类。

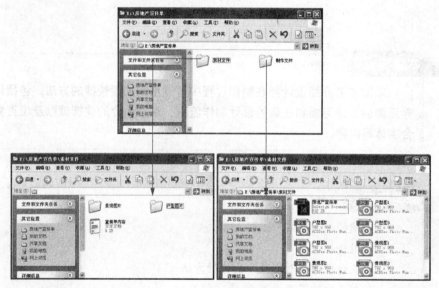

图10-1　文件归类方法

10.1.2 设计制作流程

繁琐的设计工作需要设计师规范操作，下面将设计制作流程分为 8 个知识点进行介绍，让设计师能够正确操作，减少输出时发生的各种错误。

1. 创建文档

当接到一项设计工作时，首先要了解客户的要求，如做多大尺寸、多少页、四色还是单色等。在创建文档时最重要的是尺寸设置要正确，错误的尺寸会导致整个印刷品的失败。

下面列出的是常见出版物在创建文档时各项设置应注意的问题。

（1）页数

在菜单栏中选择"文件"→"新建"→"文档"命令，如图 10-2 所示。弹出"新建文档"对话框，在对话框中设置页数时，需要考虑装订方式，如图 10-3 所示。如果设计的作品需要两个页面对折装订，则需要勾选"对页"复选框，如果设计的作品是单页装订，则不需要勾选"对页"复选框。

图10-2　选择"文档"命令　　　　　图10-3　"新建文档"对话框

（2）页面大小

页面大小的正确设置关系着整个印刷品的成败，在设置普通宣传册时，页面大小一般用 210 毫米 ×285 毫米，如图 10-4 所示。三折页的页面大小为 210 毫米 ×285 毫米，名片的页面大小为 90 毫米 ×55 毫米或 90 毫米 ×50 毫米。

（3）出血

在"新建文档"对话框中，单击"更多选项"按钮，如图 10-5 所示。展开该对话框，在展开的区域中可以对出血和辅助信息进行设置，如图 10-6 所示。

图10-4　设置页面大小　　　　　图10-5　单击"更多选项"按钮

InDesign 是专业的排版软件，在设置成品尺寸时，InDesign 会自动在页面四周加上出血，如图 10-7 所示。如果出版物为跨页，那么内出血的设置应为 0（这一点常被设计师忽略），如图 10-8 所示，设置内出血为 0 时的效果如图 10-9 所示。

图10-6　展开对话框

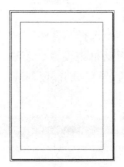

图10-7　出血

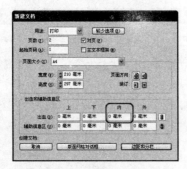

图10-8　设置内出血为0

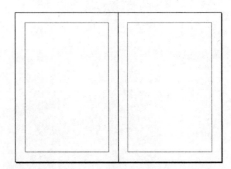

图10-9　设置内出血为0时的效果

（4）边距

在设置边距时，通常天头和地脚的留白宽度设定在 10～20 毫米之间，天头要比地脚宽，这样使版心看起来比较稳当，避免头重脚轻，如图 10-10 所示。

如果版心设得过大，会使页面看起来太满，造成阅读不方便，如图 10-11 所示；如果版心设得过小，会使页面看起来太空、不实，如图 10-12 所示。

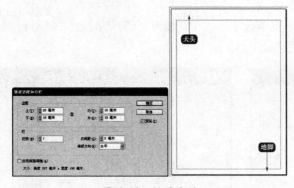

图10-10　设置边距

图10-11　版心过大

页数比较多的书籍，书本的张合不太方便，订口位置的文字看起来也会有些难度，在这种情况下，订口内侧的空白就应该留得更大一些，如图 10-13 所示。

（5）分栏

设计师在不同出版物中设置分栏也是很讲究的，报纸通常分为 5 栏或 6 栏；期刊杂志通常分为 2 栏或 3 栏；文字较多的书籍，如小说、散文、传记通常不分栏；科技类的书籍，如以文字为主的，通常是 1 栏；以图为辅助性说明的，通常是 2 栏。

图10-12　版心过小　　　　　　　　　图10-13　订口内侧

2. 制作主页

创建完文档后，接下来要在主页中添加每页用到的相同元素，比如页眉、页脚、页码和一些颜色块。

在设计制作时应操作规范。运用参考线设置主页对排版页面节省了大量的时间。使用"文字工具" T. 和"矩形框架工具" ⊠ 绘制占位符，可帮助设计师准确定位文字与图片位置，这样就节省了对齐文字与图片位置的时间。

3. 制定样式

制定完主页，下面要为正文、一级标题、二级标题和图注等设定样式。样式能使出版物降低出错率，并且快捷方便地完成统一格式的操作。在设定样式时，可以用假字填充选项，以便查看样式设置后的效果，这样可以直观并方便地更改样式设置。

4. 置入文字和图片

在置入文字和图片时，建议将它们分别放在不同的图层中，避免图压文字，使文字无法正常显示的情况出现。

5. 处理页面

每页的内容安排好后，接下来的工作就是调整页面，如果设计师需要添加内容，就需要增加页面；如果改变想法就需要移动页面；如果有多余的页面就需要删除等。

6. 制作目录

规范地对样式进行设置并命名，对接下来的制作目录工作起到很好的开头作用。创建目录样式时，首先要有应用了目录样式的段落样式，如一级标题和二级标题等。如果设计师在每页的标题中都应用了样式，那么通过创建目录样式就能够自动生成目录。

7. 校对

印刷品设计制作完成后，最后剩下的是校对工作。如果设计师能按照前面所说的规范要求进行操作，那么校对工作就很轻松了。首先要对文字进行检查，文字量大，较容易出错。比如文字缺失、使用系统字等，还需反复校对文字是否有错字和漏字。接着对文档进行预检，查看链接图片和色彩空间等。

8. 输出

查找并更改完文档后，就可以输出文件了。为了方便输出，InDesign CS6 提供了"打包"功能，可以用"打包"命令对需要输出的文件进行预检，并将输出文件中所有用到的字体与链接图片复制到指定的文件夹中。避免了文档在出片公司中丢失链接图片和少字体的情况出现。

10.2 使用快捷键

使用快捷键能有效地提高工作效率。InDesign 提供了多种快捷键，无需使用鼠标即可快速处理文档。设计师可以为常用的命令创建快捷键，也可以在编辑器中查看并生成所有快捷键的列表。下面介绍常用快捷键的分类、操作快捷键的方法以及定义快捷键等内容。

10.2.1 常用快捷键分类

下面列出了常用快捷键分类列表，方便设计师查找和记忆。熟记快捷键能为工作带来极大的方便。

1. 编辑路径

用于编辑路径的快捷键如表 10-1 所示。

表10-1 用于编辑路径的快捷键

命令	快捷键
临时选择"转换方向点工具" ⊼	"直接选择工具" + Alt + Ctrl 或 "钢笔工具" + Alt
临时在"添加锚点工具" ⍚ 和"删除锚点工具" ⍚ 之间切换	Alt
临时选择"添加锚点工具" ⍚	"剪刀工具" C + Alt
当指针停留在路径或锚点上时，让"钢笔工具" ⍚ 保持选中状态	"钢笔工具" P + Shift
绘制过程中移动锚点和手柄	"钢笔工具" P + 空格键

2. 选择和移动对象

选择和移动对象的快捷键如表 10-2 所示。

表10-2 选择和移动对象的快捷键

命令	快捷键
临时选择"选择工具" ▸ 或"直接选择工具" ▸	任何工具（除选择工具）+ Ctrl
向多对象选区中添加对象或从中删除对象	按住"选择工具"或"直接选择工具" + Shift 键单击（要取消选择，请单击中心点）
直接复制选区	按住"选择工具"或"直接选择工具" + Alt 键拖动
直接复制并偏移选区	Alt + 向左箭头键、向右箭头键、向上箭头键或向下箭头键
直接复制选区并将其偏移 10 倍	Alt + Shift + 向左箭头键、向右箭头键、向上箭头键或向下箭头键

续表

命令	快捷键
移动选区	向左箭头键、向右箭头键、向上箭头键、向下箭头键
将选区移动 1/10	Ctrl + Shift + 向左箭头键、向右箭头键、向上箭头键或向下箭头键
从文档中选择主页项目页面	按住"选择工具"或"直接选择工具"+ Ctrl + Shift 单击
选择后一个或前一个对象	按住"选择工具"+ Ctrl 单击，或者按住"选择工具"+ Alt + Ctrl 单击
在文章中选择下一个或上一个框架	Alt + Ctrl + PgDn / PgUp
在文章中选择第一个或最后一个框架	Shift + Alt + Ctrl + PgDn / PgUp

3. 变换对象

用于变换对象的快捷键如表 10-3 所示。

表10-3　变换对象的快捷键

命令	快捷键
减小大小 / 减小 1%	Ctrl+,
减小大小 / 减小 5%	Ctrl+Alt+,
增加大小 / 增加 1%	Ctrl+.
增加大小 / 增加 5%	Ctrl+Alt+.
调整框架和内容的大小	按住"选择工具"+ Ctrl 键拖动
按比例调整框架和内容的大小	"选择工具"+ Shift
约束比例	按住"椭圆工具"、"多边形工具"或"矩形工具"+ Shift 键拖动
将图像从"高品质显示"切换为"快速显示"	Shift + Esc

4. 表格

有关表格的快捷键如表 10-4 所示。

表10-4　表格的快捷键

命令	快捷键
拖动时插入或删除行或列	首先拖动行或列边框，然后在拖动时按住 Alt 键
在不更改表大小的情况下调整行或列的大小	按住 Shift 键并拖动行或列的内边框
按比例调整行或列的大小	按住 Shift 键拖动表的右边框或下边框
移至下一个 / 上一个单元格	Tab / Shift + Tab
移至列中的第一个 / 最后一个单元格	Alt + PgUp / PgDn
移至行中的第一个 / 最后一个单元格	Alt + Home / End
移至框架中的第一行 / 最后一行	PgUp / PgDn
上移 / 下移一个单元格	向上箭头键 / 向下箭头键
左移 / 右移一个单元格	向左箭头键 / 向右箭头键

续表

命令	快捷键
选择当前单元格上/下方的单元格	Shift + 向上箭头键/向下箭头键
选择当前单元格右/左方的单元格	Shift + 向右箭头键/向左箭头键
下一列的起始行	Enter（数字键盘）
下一框架的起始行	Shift + Enter（数字键盘）
在文本选区和单元格选区之间切换	Esc

5. 处理文字

有关处理文字的快捷键如表 10-5 所示。

表10-5　处理文字的快捷键

命令	快捷键
粗体	Shift + Ctrl + B
斜体	Shift + Ctrl + I
正常	Shift + Ctrl + Y
下划线	Shift + Ctrl + U
删除线	Shift + Ctrl + /
左对齐、右对齐或居中	Shift + Ctrl + L、R 或 C
全部两端对齐	Shift + Ctrl + F（所有行）或 J（除最后一行外的所有行）
加或减小点大小	Shift + Ctrl + > 或 <
将点大小增加或减小五倍	Shift + Ctrl + Alt+> 或 <
增加或减小行距（横排文本）	Alt+ 向上箭头键/向下箭头键
增加或减小行距（直排文本）	Alt+ 向右箭头键/向左箭头键
将行距增加或减小五倍（横排文本）	Alt + Ctrl + 向上箭头键/向下箭头键
将行距增加或减小五倍（直排文本）	Alt + Ctrl + 向右箭头键/向左箭头键
自动行距	Shift + Alt + Ctrl + A
增加或减小字偶间距和字符间距（横排文本）	Alt + 向左箭头键/向右箭头键
增加或减小字偶间距和字符间距（直排文本）	Alt + 向上箭头键/向下箭头键
将字偶间距和字符间距增加或减小五倍（横排文本）	Alt +Ctrl+ 向左箭头键/向右箭头键
将字偶间距和字符间距增加或减小五倍（直排文本）	Alt + Ctrl + 向上箭头键/向下箭头键
清除所有手动字偶间距调整，将字符间距重置为 0	Alt + Ctrl + Q
增加或减小基线偏移（横排文本）	Shift + Alt + 向上箭头键/向下箭头键
增加或减小基线偏移（直排文本）	Shift + Alt + 向右箭头键/向左箭头键
将基线偏移增加或减小五倍（横排文本）	Shift + Alt + Ctrl + 向上箭头键/向下箭头键
将基线偏移增加或减小五倍（直排文本）	Shift + Alt + Ctrl + 向右箭头键/向左箭头键
重排所有文章	Alt + Ctrl + /
插入当前页码	Alt + Ctrl + N

10.2.2 操作快捷键的方法

在 InDesign 中把操作快捷键的方法分为两种：工具箱快捷键和菜单快捷键。

1. 工具箱快捷键

在 InDesign 中，最常用的工具都放置在工具箱中，将鼠标放在工具按钮上停留几秒就会显示工具的快捷键，如图 10-14 所示。熟记这些快捷键可减少鼠标在工具箱和文档窗口间来回移动的次数，提高工作效率。

2. 菜单快捷键

菜单也是在设计工作中经常使用到的工具，同样，使用菜单命令的快捷键也可以提高工作效率。使用菜单快捷键的操作步骤如下。

STEP 01 在按住 Alt 键的同时按下菜单快捷键，如在按住 Alt 键的同时按下 L 键，即可弹出"版面"下拉菜单，如图 10-15 所示。

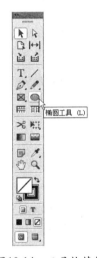

图10-14　工具快捷键　　　　　图10-15　"版面"下拉菜单

STEP 02 在弹出的下拉菜单中选择需要的命令即可。

 也可以直接在文档中按下命令的快捷键。如按 Ctrl+J 快捷键可弹出"转到页面"对话框，如图 10-16 所示。

10.2.3 定义快捷键

在 InDesign 中，有些常用的命令并没有设置快捷键，这样在操作起来会比较麻烦，但是，设计师可以根据需要为常用的命令设置快捷键，具体操作步骤如下。

图10-16　"转到页面"对话框

STEP 01 在菜单栏中选择"编辑"→"键盘快捷键"命令，如图 10-17 所示。

STEP 02 弹出"键盘快捷键"对话框，如图 10-18 所示。

图10-17　选择"键盘快捷键"命令

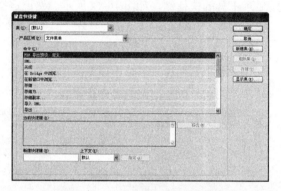

图10-18　"键盘快捷键"对话框

03 在"命令"下拉列表框中，选择需要设置快捷键的命令。如果该命令当前没有设置快捷键，则在"当前快捷键"文本框中无显示，在这里选择"打包"命令，如图10-19所示。

04 在"新建快捷键"文本框中设置快捷键，如果设置的快捷键与某个命令的快捷键重复了，则会在"新建快捷键"文本框的下方给予提示，如图10-20所示。

05 根据提示再输入一个新的快捷键，如果新输入的快捷键没有与其他命令的快捷键重复，也会在"新建快捷键"文本框的下方给予提示，如图10-21所示。

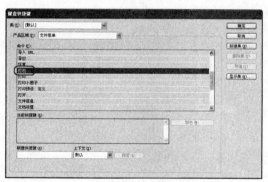

图10-19　选择"打包"命令

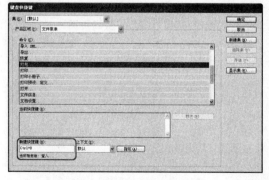

图10-20　提示快捷键重复

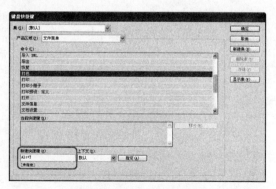

图10-21　指定新的快捷键

06 设置完成后，单击"指定"按钮，弹出信息提示对话框，在该对话框中单击"是"按钮，如图10-22所示。

STEP 07 弹出"新建集"对话框，在该对话框中使用默认设置，单击"确定"按钮，如图 10-23 所示。

图10-22 单击"是"按钮

图10-23 "新建集"对话框

STEP 08 设置快捷键的操作完成，在"键盘快捷键"对话框中单击"确定"按钮，如图 10-24 所示。

STEP 09 在按住 Alt 键的同时按下 F 键，即可弹出"文件"下拉菜单，在"打包"命令的右侧会显示出新创建的快捷键，如图 10-25 所示。

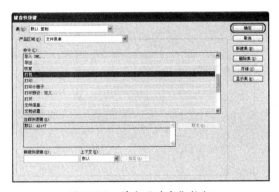

图10-24 单击"确定"按钮

图10-25 显示的快捷键

STEP 10 如果需要更改快捷键，打开"键盘快捷键"对话框，在"命令"下拉列表框中选择命令，在"当前快捷键"文本框中选择快捷键，然后单击"移去"按钮即可，如图 10-26 所示。移去快捷键后，再设置一个新的快捷键即可。

STEP 11 在"键盘快捷键"对话框中，单击"显示集"按钮，在弹出的文本文档中，可以看到菜单中全部命令的快捷键，其中，"无定义"表示该命令没有设置快捷键，如图 10-27 所示。

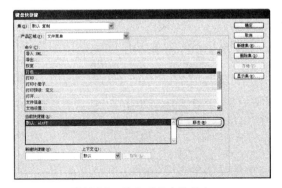

图10-26 单击"移去"按钮

图10-27 快捷键

10.3 从多种操作中选择最为快捷的方法

在 InDesign 中，设计师可以根据自己的使用经验，总结多种操作中最为快捷的方法，提高工作效率。

最常用的两种快捷操作方法如下。

1. 快速使用样式法。

2. 快速移动文本内容。

10.3.1 快速使用样式法

下面介绍快速使用样式的方法，具体操作步骤如下。

STEP 01 使用"文字工具" T.选择设置好字体字号的段落文本，在"段落样式"面板中单击"创建新样式"按钮，新建"段落样式1"，如图 10-28 所示。

STEP 02 双击"段落样式1"，在弹出的"段落样式选项"对话框中，将"样式名称"设置为"正文"，在"快捷键"文本框中输入快捷键，在这里输入 Ctrl + 0 作为正文的快捷键，如图 10-29 所示。

图10-28　新建段落样式

图10-29　设置快捷键

STEP 03 设置完成后单击"确定"按钮即可，然后在文档中输入段落文本，并选择输入的段落文本，如图 10-30 所示。

STEP 04 按 Ctrl+0 快捷键，即可为选择的文字应该新建的"正文"样式，效果如图 10-31 所示。

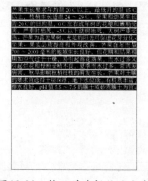

图10-30　输入并选择段落文本

芒果生长要求年均温20℃以上，最低月均温15℃以上，枝梢生长适温24～29℃，坐果和幼果生长需20℃的日均温，0℃左右成年树的花穗和嫩梢受害，严重时枯死，-3℃以下幼树冻死，大树严重受冻。芒果为喜光果树，充足的阳光可促进花芽分化、坐果、果实品质提高和外观改善。芒果在年雨量700～2000毫米的地域生长良好，但花期和结果初期如空气过于干燥，易引起落花落果，雨水过多又引起烂花和授粉受精不良，夏季雨水过多，常诱发病害，秋旱影响秋梢母枝的萌发生长。芒果对土壤的要求宜选择土层深厚，地下水位低，有机质丰富，排水良好，pH值5.5～7.5的壤土或砂质壤土为宜。

图10-31　应用"正文样式"

10.3.2 快速移动文本内容

一般情况下，如果要将一个文本框中的部分内容移动到另一个文本框中，需要先在文本框中剪切内容，然后再在另一个文本框中粘贴内容，这样做起来会比较麻烦，下面介绍一种简单的方法，具体操作步骤如下。

STEP 01 在菜单栏中选择"文件"→"打开"命令，在弹出的对话框中打开随书附带光盘中的素材\第 10 章\001.indd 文档，如图 10-32 所示。

STEP 02 在菜单栏中选择"编辑"→"首选项"→"文字"命令，如图 10-33 所示。

图10-32　打开的素材文件

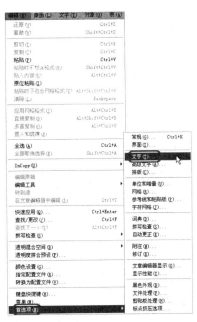

图10-33　选择"文字"命令

STEP 03 弹出"首选项"对话框，在该对话框中勾选"在版面视图中启用"和"在文章编辑器中启用"复选框，如图 10-34 所示。

STEP 04 单击"确定"按钮，使用"文字工具" **T.** 绘制一个文本框，如图 10-35 所示，

图10-34　"首选项"对话框　　　　　图10-35　绘制文本框

STEP 05 使用"文字工具" **T.** 选择一段文字后，将其拖曳至新绘制的文本框中，如图 10-36 所示。

STEP 06 松开鼠标后，即可将选择的段落文字移动至新绘制的文本框中，如图 10-37 所示。

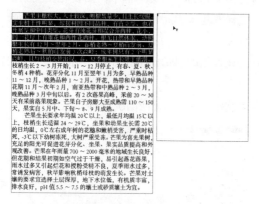

图 10-36　选择并拖曳文本　　　　　　　　　　　图 10-37　移动文字

10.4　有效工作的界面设置

　　InDesign CS6 的自定义界面可以让设计师随心所欲地进行调整，以符合自己的工作习惯。可以将常用的面板互相组合在一起，比如"字符"和"段落"面板，"渐变"和"颜色"面板，然后存储工作区，当再次打开软件时可以方便地找到需要的面板。下面讲解"色板"面板和复合字体的设置，将常用的颜色和字体提前进行设置，避免了日后工作时重复设置的麻烦。

10.4.1　设置"色板"面板

　　下面介绍如何将平时常用的颜色存储到"色板"面板中，以及如何调用存储的颜色，具体操作步骤如下。

STEP 01 按 F5 键打开"色板"面板，选择除"套版色"、"纸色"和"黑色"以外的所有颜色，如图 10-38 所示。

STEP 02 单击"删除色板"按钮 ，即可将选择的色板删除，如图 10-39 所示。

图 10-38　单击"删除色板"按钮　　　　　　　　　图 10-39　删除色板

STEP 03 单击"色板"面板右上角的 ▼≡ 按钮，在弹出的下拉菜单中选择"新建颜色色板"命令，如图 10-40 所示。

STEP 04 弹出"新建颜色色板"对话框，在其中取消勾选"以颜色值命名"复选框，然后在"色板名称"文本框中输入新名称，并通过输入 CMYK 的值来设置颜色，如图 10-41 所示。

图10-40　选择"新建颜色色板"命令

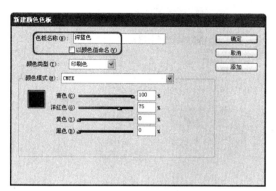

图10-41　设置颜色

STEP 05 设置完成后单击"确定"按钮，即可在"色板"面板中显示新建的颜色，如图 10-42 所示。

STEP 06 使用同样的方法，可以创建多种颜色色板，如图 10-43 所示。

图10-42　新创建的颜色色板

图10-43　新建其他颜色色板

STEP 07 按住 Shift 键的同时选择新建好的颜色色板，然后单击"色板"面板右上角的 ▼≡ 按钮，在弹出的下拉菜单中选择"存储色板"命令，如图 10-44 所示。

图10-44　选择"存储色板"命令

图10-45　"另存为"对话框

STEP 08 弹出"另存为"对话框，在该对话框中选择存储路径，输入文件名，然后单击"保存"按钮，如图 10-45 所示。

STEP 09 当设计师需要进行下一个设计工作时，可以打开"色板"面板，单击"色板"面板右上角的 按钮，在弹出的下拉菜单中选择"载入色板"命令，如图 10-46 所示。

图10-46 选择"载入色板"命令　　　　　　　图10-47 选择文件

STEP 10 弹出"打开文件"对话框，在其中选择上次保存的颜色文件"常用颜色 .ase"，单击"打开"按钮，如图 10-47 所示。

STEP 11 将前面设置的颜色自动导入到"色板"面板中，如图 10-48 所示。

图10-48 导入的颜色

10.4.2 设置复合字体

通过设置复合字体，可以省去设计师反复设置字体的麻烦，具体操作步骤如下。

图10-49 选择"复合字体"命令　　　　　　　图10-50 单击"新建"按钮

STEP 01 在打开文档之前，需先在菜单栏中选择"文字"→"复合字体"命令，如图 10-49 所示。

STEP 02 弹出"复合字体编辑器"对话框，在对话框中单击"新建"按钮，如图 10-50 所示。

STEP 03 弹出"新建复合字体"对话框，在"名称"文本框中输入"隶书＋方正综艺简体"，单击"确定"按钮，如图 11-51 所示。

图10-51 "新建复合字体"对话框

STEP 04 返回到"复合字体编辑器"对话框中，设置"汉字"、"标点"和"符号"的字体为"隶书"，设置"罗马字"和"数字"的字体为"方正综艺简体"，并设置"符号"的大小为 120%，如图 10-52 所示。设置完成后，单击"存储"按钮，然后单击"确定"按钮即可。

STEP 05 在菜单栏中选择"文件"→"打开"命令，在弹出的对话框中打开随书附带光盘中的素材 \ 第 10 章 \002.indd 文档，如图 10-53 所示。

图10-52 设置字体和大小

图10-53 打开的素材文件

STEP 06 使用"文字工具" T. 选择需要设置复合字体的段落文本，如图 10-54 所示。

STEP 07 在"字符"面板中，将"字体"设置为新创建的复合字体"隶书＋方正综艺简体"，效果如图 10-55 所示。

图10-54 选择段落文本

图10-55 设置复合字体后的效果

10.5 习题

一、填空题

(1) 在设置边距时,(　　)和(　　)的留白宽度一般设定在(　　)~(　　)毫米之间,(　　)要比(　　)宽,这样使版心看起来比较稳当,避免头重脚轻。

(2) 在按住(　　)键的同时按下(　　)键,可弹出"版面"下拉菜单。

二、简答题

(1) 规范的工作习惯包括哪3点?

(2) 简述设计制作的流程?

第11章 综合案例

Chapter
11

本章要点：

通过对前面章节的学习，想必读者对 InDesign CS6 有了简单的认识，本章将使用前面学习的知识制作综合案例，包括卡片、菜单、产品包装和宣传册的设计制作。本章中的案例都是通过 InDesign CS6 中的工具进行处理和制作的，读者在制作时，可参照本章制作的效果，拓展自己的思路，制作出更好的作品。

学习目标：

- 卡片设计
- 鲜奶吧菜单
- 产品包装设计
- 房地产宣传画册

11.1 卡片设计

　　生活中，卡片的美观程度通常也会体现出所在公司的高低档次。本章将介绍如何制作一些简单实用的卡片，使读者掌握设计卡片的理论知识，通过输入文本内容、设计字体、修改字体大小等简单基础操作，掌握设计卡片的方法。

11.1.1 制作名片

　　名片代表集体、个人的形象，一款好的名片会让人平添魅力。下面介绍如何用 InDesign CS6 快速、轻松地制作名片。其效果如图 11-1 所示。具体操作步骤如下。

图11-1　名片效果

1. 制作名片正面

　　01 首先制作名片的正面，在菜单栏中选择"文件"→"新建"→"文档"命令，在弹出的对话框中将"宽度"和"高度"设置为 90 毫米和 55 毫米，如图 11-2 所示。

　　02 单击"边距和分栏"按钮，在弹出的对话框中，将"边距"选项组中的"上"、"下"均设置为 0 毫米，如图 11-3 所示。

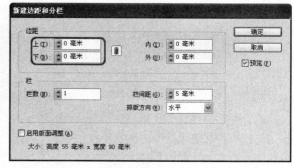

图11-2　"新建文档"对话框　　　　　　图11-3　"新建边距和分栏"对话框

　　03 设置完成后，单击"确定"按钮即可新建文档。在菜单栏中选择"文件"→"置入"命令，如图 11-4 所示。

　　04 在弹出的对话框中选择随书附带光盘中的素材 \ 第 11 章 \001.psd 文件，如图 11-5 所示。

图11-4 选择"置入"命令   图11-5 "置入"对话框

STEP 05 选择素材后，单击"打开"按钮将素材置入，并在文档中将置入文件的位置调整好，如图11-6所示。

STEP 06 单击工具箱中的"矩形工具"按钮 ，在文档中绘制一个矩形，在"控制"中将 W 和 H 分别设置为35毫米和4.3毫米，效果如图11-7所示。

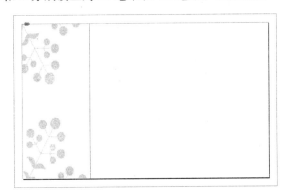

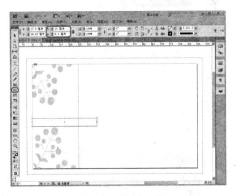

图11-6 置入素材   图11-7 绘制矩形

STEP 07 该矩形处于被选择状态，在菜单栏中选择"窗口"→"颜色"→"颜色"命令，如图11-8所示。

STEP 08 在打开的"颜色"面板中设置颜色的 CMYK 值为（55、92、83、36），如图11-9所示。

STEP 09 将"颜色"面板关闭，矩形将会被填充为设置的颜色，如图11-10所示。

STEP 10 用上述方法再次在文档中绘制一个矩形。在"控制"面板中，将 W 和 H 分别设置为55毫米和4.3毫米，并在文档中为其调整好位置，如图11-11所示。

STEP 11 再次打开"颜色"面板，将颜色的 CMYK 值设置为（44、94、100、13），如图11-12所示。

STEP 12 设置完成后，将"颜色"面板关闭，在工具箱中单击"文字工具"按钮 ，在文档

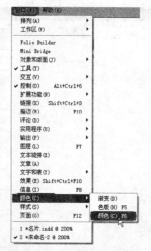

图11-8　选择"颜色"命令

图11-9　设置颜色

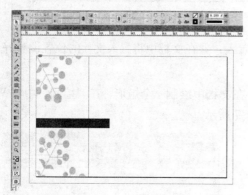

图11-10　填充颜色

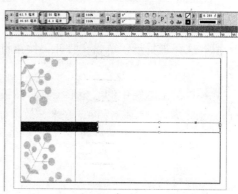

图11-11　绘制矩形

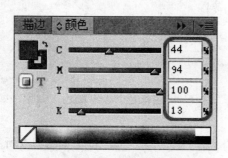

图11-12　颜色面板

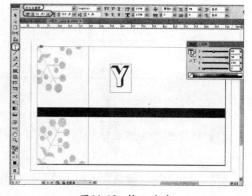

图11-13　输入文本

中创建文本框，输入大写字母"Y"，将字体设置为"汉仪立黑简"，将大小设置为"50点"，将文本颜色的CMYK值设置为（44、94、100、4），并在文档中调整其位置，如图11-13所示。

STEP 13 设置完成后，单击工具箱中的"钢笔工具"按钮 ，在文档中绘制一个如图11-14所示的图形，并调整其位置。

STEP 14 绘制完成后，在"控制"面板中，将"旋转角度"设置为"7度"，如图11-15所示。

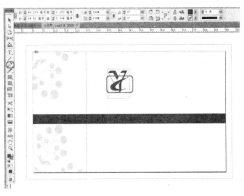

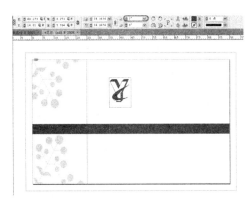

图11-14　绘制图形　　　　　　　　　　　　图11-15　旋转图形

15 在绘制的 logo 下方创建一个文本框，输入文本，在"控制"面板中，将字体设置为"方正粗倩简体"，将大小设置为 7 点，颜色设置为黑色，并在文档中调整其位置，如图 11-16 所示。

16 设置完成后，在文档的矩形中再次创建一个文本框，输入文本，在"控制"面板中，将字体设置为"方正行楷简体"，大小设置为 12, 点，颜色设置为白色，并在文档中调整其位置，如图 11-17 所示。

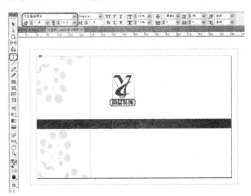

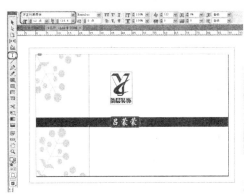

图11-16　输入文本　　　　　　　　　　　　图11-17　输入文本

17 以下使用同样的方法，输入其他文本。并在文档中调整好位置，其效果如图 11-18 所示。

18 文本创建完成后，按 Ctrl+E 键打开"导出"对话框，在该对话框中为其指定导出的路径并命名，将"保存类型"设置为 JPEG，如图 11-19 所示。

图11-18　输入其他文本　　　　　　　　　　图11-19　"导出"对话框

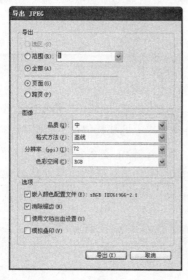

19 在弹出的"导出JPEG"对话框中使用默认值，单击"保存"按钮，如图11-20所示。设置完成后保存场景即可。

2. 制作名片背面

01 下面制作名片的背面。在菜单栏中选择"文件"→"新建"→"文档"命令，在弹出的对话框中，将"宽度"和"高度"分别设置为90毫米和55毫米，如图11-21所示。

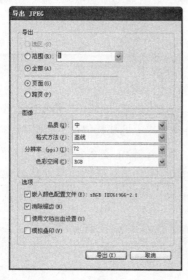

图11-20 "导出JPEG"对话框

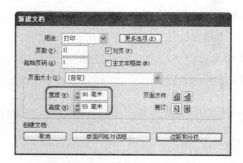

图11-21 "新建文档"对话框

02 单击"边距和分栏"按钮，在弹出的对话框中，将"边距"选项组中的"上"、"下"均设置为0毫米，如图11-22所示。

03 设置完成后，单击"确定"按钮即可新建文档。在菜单栏中选择"文件"→"置入"命令，如图11-23所示。

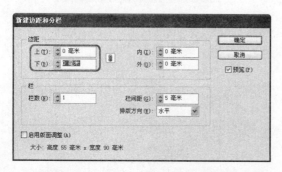

图11-22 "新建边距和分栏"对话框

图11-23 选择"置入"命令

STEP 04 在弹出的对话框中选择随书附带光盘中的素材\第 11 章\002.jpg 文件，如图 11-24 所示。

STEP 05 选择素材后，单击"打开"按钮，将素材置入，并在文档中将文件的位置调整好，如图 11-25 所示。

图11-24 "置入"对话框　　　　　　　　图11-25 置入素材

STEP 06 将制作好的"名片正面"场景打开，在文档中选择已制作好的 logo，单击鼠标右键，在弹出的快捷菜单中选择"复制"选项，将其复制，如图 11-26 所示。

STEP 07 将 logo 复制完成后，切换到本场景中，单击鼠标右键，在弹出的快捷菜单中选择"粘贴"命令，如图 11-27 所示。

图11-26 "复制"选项　　　　　　　　图11-27 "粘贴"选项

STEP 08 将其粘贴到文档中后，再将颜色的 CMYK 值更改为（0、0、0、0）。按住 Shift+Ctrl 组合键，在文档中对其进行缩放，并在文档中调整其位置，最终效果如图 11-28 所示。

STEP 09 单击工具箱中的"文字工具"按钮 T.，在文档中创建一个文本框，输入文本，在"控制"面板中，将字体设置为"方正粗倩简体"，大小设置为 10 点，将文本的颜色设置为白色，并在文档中调整文本的位置，如图 11-29 所示。

STEP 10 单击工具箱中的"直线工具"按钮 /，在文档中绘制一条直线，在"控制"面板中，将"填色"设置为白色，"粗细"设置为 0.283 点，"线型"设置为"实底"。效果如图 11-30 所示。

图11-28 设置后效果

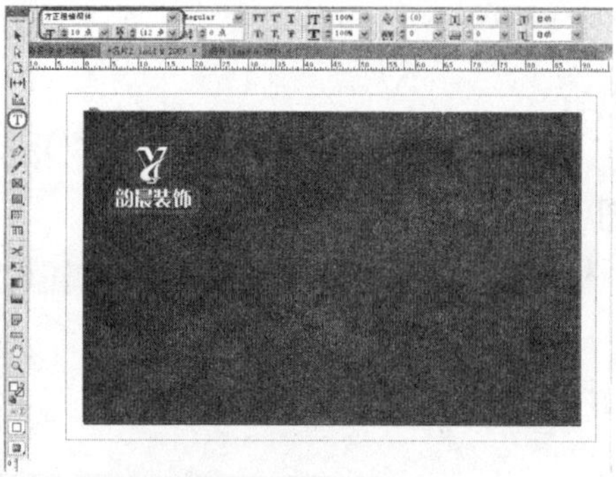

图11-29 输入文本

STEP 11 单击工具箱中的"文字工具"按钮 T，在文档中创建一个文本框，输入文本，在"控制"面板中，将"字体"设置为"Adobe 宋体 Std"，"大小"设置为 5 点，将文本的颜色设置为白色，并在文档中调整其文本的位置，如图 11-31 所示。

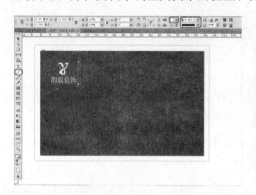

图11-30 绘制直线

图11-31 输入文本

STEP 12 文本创建完成后，按 Ctrl+E 键打开"导出"对话框，在该对话框中指定导出的路径，并为其命名，将"保存类型"设置为 JPEG，如图 11-32 所示。

STEP 13 在弹出的"导出 JPEG"对话框中使用默认值，单击"保存"按钮，如图 11-33 所示。设置完成后，保存该场景即可完成制作。

图11-32 "导出"对话框

图11-33 "导出JPEG"对话框

11.1.2 制作贵宾卡

贵宾卡是公司和产品推广与形象的宣传，贵宾卡有独具创意、彰显个性的特点，下面介绍如何制作贵宾卡，如图 11-34 所示。具体操作步骤如下。

图11-34 贵宾卡效果

1. 制作贵宾卡正面

制作贵宾卡正面的操作步骤如下。

STEP 01 在菜单栏中选择"文件"→"新建"→"文档"命令，在弹出的对话框中将"宽度"和"高度"设置为 90 毫米和 55 毫米，如图 11-35 所示。

STEP 02 单击"边距和分栏"按钮，在弹出的对话框中将"边距"选项组中的"上"、"下"均设置为 0 毫米，如图 11-36 所示。

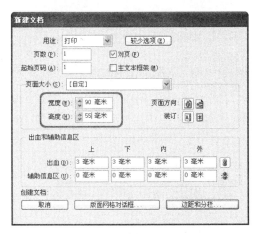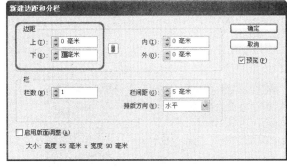

图11-35 "新建文档"对话框　　　　图11-36 "新建边距和分栏"对话框

STEP 03 设置完成后，单击"确定"按钮，在工具箱中选择"矩形工具" ▣，在文档窗口中绘制一个 90×55 毫米的矩形，并在"控制"面板中将其 X、Y 均设置为 0，如图 11-37 所示。

STEP 04 确认该矩形处于被选择状态，在菜单栏中选择"窗口"→"颜色"→"颜色"命令，如图 11-38 所示。

STEP 05 在打开的"颜色"面板中设置颜色的 CMYK 值为（81、80、82、66），如图 11-39 所示。

STEP 06 将"颜色"面板关闭，矩形将会被填充为设置的颜色，如图 11-40 所示。

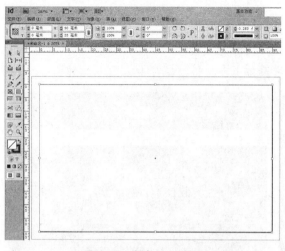

图11-37　调整矩形位置

图11-38　选择"颜色"命令

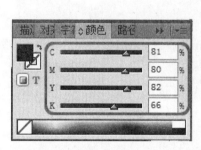

图11-39　"颜色"面板

图11-40　填充颜色

STEP 07 在工具箱中选择"钢笔工具"，在文档窗口中绘制出人脸的侧面轮廓，如图 11-41 所示。

STEP 08 再次打开"颜色"面板，将颜色的 CMYK 值设置为（0、0、0、0），如图 11-42 所示。

图11-41　绘制轮廓

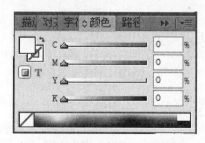

图11-42　"颜色"面板

STEP 09 将"颜色"面板关闭，绘制的轮廓部分将会被填充为白色，如图 11-43 所示。

STEP 10 在工具箱中选择"矩形工具"，在文档窗口中绘制一个 25×12 毫米的矩形，并将其调整至合适的位置，如图 11-44 所示。

图11-43　填充轮廓颜色　　　　　　　　　　图11-44　创建矩形

STEP 11 确认该矩形处于被选择状态，在菜单栏中选择"文件"→"置入"命令，如图11-45所示。

STEP 12 在打开的"置入"对话框中选择随书附带光盘中的素材 \ 第 11 章 \logo.psd 素材图片，如图 11-46 所示。

图11-45　选择"置入"命令　　　　　　　　图11-46　"置入"对话框

STEP 13 单击"打开"按钮，将选择的素材图片置入到矩形框中，可使用"直接选择工具" ⇂ 选择置入的素材图片，单击鼠标右键，在弹出的快捷菜单中选择"适合"→"使内容适合框架"命令，完成后的效果如图 11-47 所示。

STEP 14 在工具箱中选择"直线工具" ╱ ，在 logo 的下方绘制一条长 39 毫米的直线，并将其调整至合适的位置，如图 11-48 所示。

STEP 15 确认直线处于被选择状态，在菜单栏中选择"窗口"→"描边"命令，如图 11-49 所示。

STEP 16 在打开的"描边"面板中，将"粗细"设置为 1 点，如图 11-50 所示。

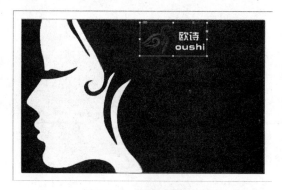

图11-47　完成后的效果

图11-48　绘制直线

图11-49　选择"描边"命令

图11-50　"描边"面板

STEP 17 在控制面板中双击"描边"缩略图，在弹出的"拾色器"对话框中，将其CMYK值设置为（0、0、0、0），如图11-51所示。

STEP 18 单击"确定"按钮，所绘制的直线即会呈现为白色的线条，如图11-52所示。

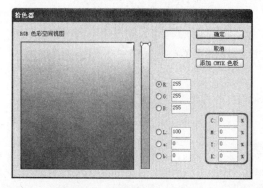

图11-51　"拾色器"对话框

图11-52　描边效果

STEP 19 在工具箱中选择"文字工具" T. ，在直线上侧绘制一个文本框，然后在该文本框中双击鼠标，输入文本"美发沙龙内容"，如图 11-53 所示。

提示 在 InDesign 中，默认的文字颜色为黑色，所以在此输入的文字没有表现出来，实为正常。

STEP 20 选择输入的文字，在控制面板中，将字体的样式设置为"方正综艺简体"，大小设置为 9 点，字体颜色设置为白色，设置完成后，将其调整至合适的位置，完成后的效果如图 11-54 所示。

图11-53　创建文字

图11-54　完成后的效果

STEP 21 在菜单栏中选择"矩形工具" ■，在文档窗口中创建一个 30×12 毫米的矩形，并调整至合适的位置，如图 11-55 所示。

STEP 22 按 Ctrl+D 组合键，在打开的"置入"对话框中选择随书附带光盘中的素材 \ 第 11 章 \ VIP.psd 素材图片，如图 11-56 所示。

图11-55　创建矩形

图11-56　"置入"对话框

STEP 23 单击"打开"按钮，即可将选择的素材图片置入到创建的矩形框中，单击鼠标右键，在弹出的快捷菜单中选择"适合"→"使内容适合框架"命令，完成后的效果如图 11-57 所示。

24 确认该素材处于被选择状态，按 Alt 键对其进行复制。然后单击鼠标右键，在弹出的快捷菜单中选择"变化"→"垂直翻转"命令，如图 11-58 所示。

图11-57　完成后的效果　　　　　　　　图11-58　选择"垂直翻转"命令

25 执行该命令后，使用选择工具将其移动至合适的位置，再次单击鼠标右键，在弹出的快捷菜单中选择"效果"→"渐变羽化"命令，如图 11-59 所示。

26 在弹出的对话框中选择左侧的色标，将其"不透明度"设置为 43%；选择右侧的色标，将"位置"设置为 51%，"类型"设置为"线性"，"角度"设置为 90°，如图 11-60 所示。

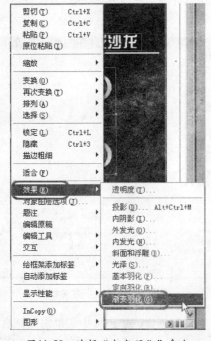

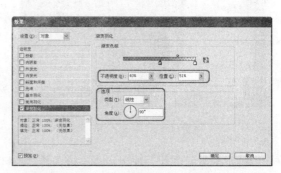

图11-59　选择"渐变羽化"命令　　　　　　图11-60　"效果"对话框

27 单击"确定"按钮，设置完成后的效果如图11-61所示。

28 使用前面讲到的方法创建一个文本框，在此文本框中输入文字，设置字体颜色的CMYK值为（27、40、75、0），其他数据设计师可自行设置，完成后的效果如图11-62所示。

图11-61　添加渐变后的效果　　　　　　　　　　图11-62　预览效果

29 最后，将背景矩形选中，在菜单栏中选择"对象"→"角选项"命令，在弹出的"角选项"对话框中，将"角选项"设置为圆角，其他为默认，如图11-63所示。

30 单击"确定"按钮，至此，贵宾卡正面就制作完成了，按W键进行预览，预览效果如图11-64所示。

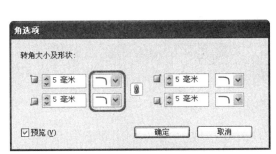

图11-63　"角选项"对话框　　　　　　　　　　图11-64　预览效果

31 场景制作完成后，按Ctrl+E组合键，打开"导出"对话框，在对话框中设置正确的导出路径，为其命名并将"保存类型"设置为JPEG格式，如图11-65所示。

32 单击"保存"按钮，在弹出的"导出JPEG"对话框中，使用默认值，如图11-66所示。设计师可以根据自己的需求，对场景进行保存。

2. 制作贵宾卡反面

下面介绍怎么制作贵宾卡的反面，操作步骤如下。

01 在菜单栏中选择"文件"→"新建"→"文档"命令，在弹出的对话框中将"宽度"和"高度"设置为90毫米和55毫米，如图11-67所示。

02 单击"边距和分栏"按钮，在弹出的对话框中，将"边距"选项组中的"上"、"下"均设置为0毫米，如图11-68所示。

图11-65 "导出"对话框

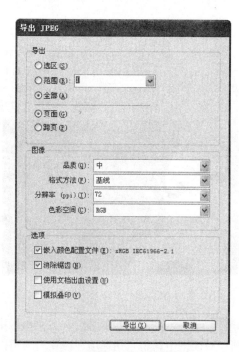

图11-66 "导出JPEG"对话框

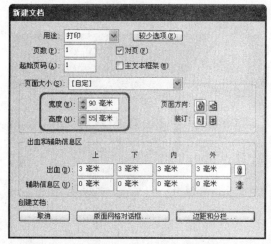

图11-67 "新建文档"对话框

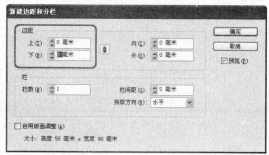

图11-68 "新建边距和分栏"对话框

03 设置完成后，单击"确定"按钮，在工具箱中选择"矩形工具" ，在文档窗口中绘制一个90毫米×55毫米的矩形，并在"控制"面板中将X、Y均设置为0，如图11-69所示。

04 确认该矩形处于被选择状态，在菜单栏中选择"窗口"→"颜色"→"颜色"命令，如图11-70所示。

05 在打开的"颜色"面板中，设置颜色的CMYK值为（81、80、82、66），如图11-71所示。

06 将"颜色"面板关闭，矩形将会被填充为刚才设置的颜色，如图11-72所示。

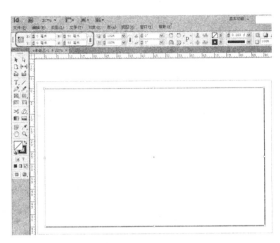

图11-69　调整矩形位置

图11-70　选择"颜色"命令

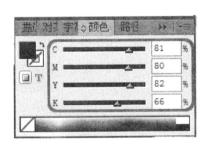

图11-71　"颜色"面板

图11-72　填充颜色

[STEP 07] 在工具箱中选择"文字工具" T.，在文档窗口中拖拽出一个文本框，并在此文本框中输入文字内容"高贵品质"，将其颜色设置为白色，字体样式设置为"汉仪中黑简"，"大小"设置为9点，如图11-73所示。

[STEP 08] 使用同样的方法，制作出右侧的文本内容，如图11-74所示。

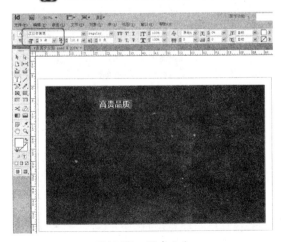

图11-73　创建文本

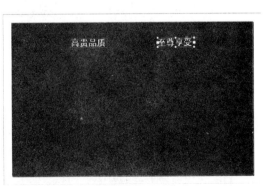

图11-74　创建文本

STEP 09 在工具箱中选择"矩形工具" ▣，在文档窗口中创建一个 12 毫米 ×9 毫米的矩形，将其调整至合适的位置，如图 11-75 所示。

STEP 10 按 Ctrl+D 组合键，在打开的"置入"对话框中选择随书附带光盘中的素材 \ 第 11 章 \ 皇冠 .psd 素材图片，如图 11-76 所示。

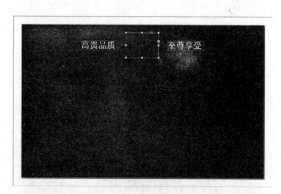

图11-75　创建矩形　　　　　　　　　　图11-76　"置入"对话框

STEP 11 单击"打开"按钮，将选择的素材图片置入创建的矩形框中，使用"直接选择工具"选中置入的素材图片，单击鼠标右键，在弹出的快捷菜单中选择"适合"→"使内容适合框架"命令，执行该操作后的效果如图 11-77 所示。

STEP 12 使用同样的方法，创建一个 90 毫米 ×6 毫米的矩形，将其填充颜色设置为白色，并将其移动至合适的位置，完成后的效果如图 11-78 所示。

图11-77　完成后的效果　　　　　　　　图11-78　创建的矩形

STEP 13 在工具箱中选择"文字工具" T.，在文档窗口中创建一个文本框，设计师可根据自己的设计理念，为其添加文本内容，并设置大小、颜色及字体样式，完成后的效果如图 11-79 所示。

STEP 14 在工具箱中选择"直线工具" ╱，在创建的文本下方绘制一条 90 毫米的直线，为其添加描边，将描边大小设置为 1 毫米，颜色设置为白色，完成后的效果如图 11-80 所示。

STEP 15 使用前面讲到的方法，创建其他文本内容，设计师可以根据自己的设计理念来设置字体的颜色、大小及字体样式，完成后的效果如图 11-81 所示。

选择创建的背景矩形，在菜单栏中选择"对象"→"角选项"命令，在打开的对话框中将"角选项"设置为圆角，设置完成后将对话框关闭，按 W 键进行预览，预览效果如图11-82 所示。

图11-79　创建文本

图11-80　创建直线

图11-81　创建其他文本

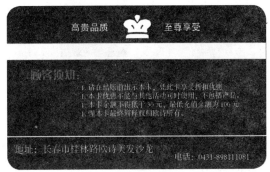

图11-82　预览效果

场景制作完成后，按 Ctrl+E 组合键，打开"导出"对话框，在该对话框中，为其命名，并指定正确的导出路径，将"保存类型"设置为 JPEG 格式，如图11-83 所示。

单击"保存"按钮，在弹出的"导出 JPEG"对话框中，使用默认值，如图11-84 所示。设计师可根据自己的需求，对场景进行保存。

图11-83　"导出"对话框

图11-84　"导出JPEG"对话框

11.2 制作鲜奶吧菜单

本例介绍鲜奶吧菜单的制作方法，主要是使用"矩形工具"▣ 来绘制背景，然后置入图片丰富页面，并为置入的图片添加"渐变羽化"效果，最后使用"文字工具"T. 输入内容，效果如图 11-85 所示。

图11-85 鲜奶吧菜单效果

11.2.1 制作右侧页面

下面介绍菜单右侧页面的制作方法，具体操作步骤如下。

01 在菜单栏中选择"文件"→"新建"→"文档"命令，弹出"新建文档"对话框，在该对话框中将"页数"设置为2，勾选"对页"复选框，将"宽度"和"高度"设置为190毫米、285毫米，如图 11-86 所示。

02 单击"边距和分栏"按钮，弹出"新建边距和分栏"对话框，在该对话框中，将"上"、"下"、"内"、"外"边距设置为 10 毫米，如图 11-87 所示。

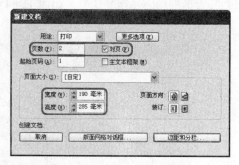

图11-86 "新建文档"对话框

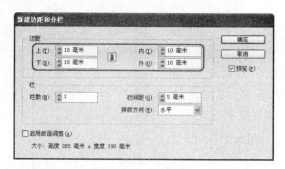

图11-87 设置边距

03 按 F12 键打开"页面"面板，单击面板右上角的▤按钮，在弹出的下拉菜单中取消"允许文档页面随机排布"选项与"允许选定的跨页随机排布"选项的选择状态，如图 11-88 所示。

04 在"页面"面板中选择第二页，并将其拖动至第一页的右侧，如图 11-89 所示。

05 松开鼠标左键，即可将页面排列成如图 11-90 所示的样式。

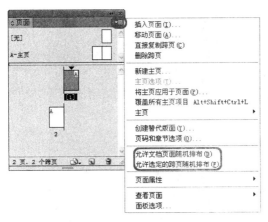

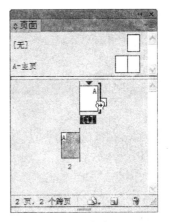

图11-88　取消选项选择状态　　　　　　　　图11-89　拖动页面

STEP 06 在工具箱中选择"矩形工具" ▦ ，在文档窗口中绘制矩形，然后在"控制"面板中将"描边"设置为"无"，如图 11-91 所示。

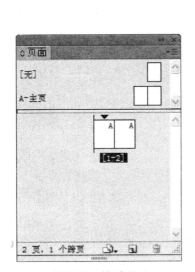

图11-90　排列页面　　　　　　　　　　图11-91　绘制矩形

STEP 07 确定新绘制的矩形处于选择状态，在工具箱中双击"填色"图标，弹出"拾色器"对话框，在该对话框中将 C、M、Y、K 值设置为（81、80、82、66），如图 11-92 所示。

STEP 08 单击"确定"按钮，即可为绘制的矩形填充颜色，如图 11-93 所示。

STEP 09 再次使用"矩形工具" ▦ 在文档窗口中绘制矩形，并在"控制"面板中将"描边"设置为"无"，如图 11-94 所示。

STEP 10 确定新绘制的矩形处于选择状态，在工具箱中双击"填色"图标，弹出"拾色器"对话框，在该对话框中将 C、M、Y、K 值设置为（4、8、42、0），如图 11-95 所示。

STEP 11 单击"确定"按钮，即可为绘制的矩形填充颜色，如图 11-96 所示。

STEP 12 在工具箱中选择"文字工具" T，在文档窗口中绘制文本框并输入文字，然后选择输

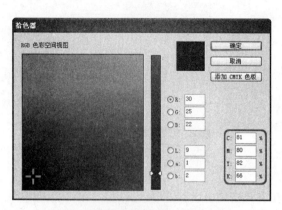

图11-92 设置颜色

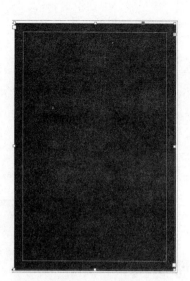

图11-93 填充颜色

图11-94 绘制矩形

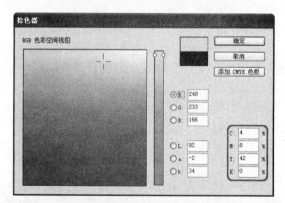

图11-95 设置颜色

入的文字，在"控制"面板中，将"字体"设置为"创意简老宋"，将"字体大小"设置为30点，将"填色"设置为纸色，如图11-97所示。

13 使用同样的方法输入其他文字，并为文字设置不同的大小，并调整文字的位置，效果如图11-98所示。

14 在工具箱中选择"文字工具" T，在文档窗口中绘制文本框并输入文字，然后选择输入的文字，在"控制"面板中，将"字体"设置为"方正书宋简体"，将"字体大小"设置为36点，将"填色"设置为纸色，如图11-99所示。

15 再次使用"文字工具" T在文档窗口中绘制文本框并输入文字，然后选择输入的文字，在"控制"面板中，将"字体"设置为"方正粗倩简体"，将"字体大小"设置为24点，将"填色"设置为黄色，如图11-100所示。

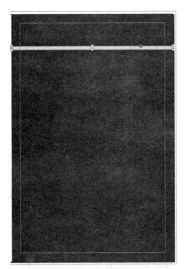

图11-96　填充颜色

图11-97　输入并设置文字

图11-98　输入其他文字

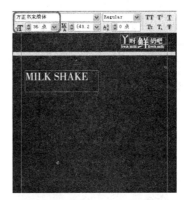

图11-99　输入并设置文字

图11-100　输入并设置文字

图11-101　选择图片

16 在菜单栏中选择"文件"→"置入"命令，弹出"置入"对话框，在该对话框中选择随书附带光盘中的素材 \ 第 11 章 \huabian.psd 文件，如图 11-101 所示。

17 单击"打开"按钮，在文档窗口中单击置入图片，然后在按住 Ctrl+Shift 键的同时拖动图片，调整其大小和位置，如图 11-102 所示。

18 在工具箱中选择"文字工具" T.，在文档窗口中绘制文本框并输入文字，然后选择输入的文字，在"控制"面板中，将"字体"设置为"黑体"，将"字体大小"设置为14点，将"填色"设置为纸色，如图11-103所示。

图11-102　调整图片大小和位置

图11-103　输入并设置文字

19 继续在文本框中输入文字"￥18"，并选择输入的文字，在"控制"面板中，将"字体"设置为"方正仿宋简体"，如图11-104所示。

20 在"控制"面板中，将"填色"和"描边"都设置为黄色，效果如图11-105所示。

图11-104　输入并设置文字

图11-105　设置文字颜色

21 继续在文本框中输入文字"元/杯"，在"控制"面板中，将"字体"设置为"黑体"，如图11-106所示。

22 将文字的"填色"设置为纸色，将"描边"设置为"无"，效果如图11-107所示。

23 按Enter键另起一行，继续输入文字，选择输入的文字，在"控制"面板中将"字体"设置为"方正书宋简体"，如图11-108所示。

24 确定文字处于选择状态，在菜单栏中选择"窗口"→"颜色"→"色板"命令，如图11-109所示。

25 弹出"色板"面板，在该面板中单击右上角的 按钮，在弹出的下拉菜单中选择"新建颜色色板"命令，如图11-110所示。

图11-106　输入并设置文字

图11-107　设置文字颜色

图11-108　输入并设置文字

图11-109　选择"色板"命令

图11-110　选择"新建颜色色板"命令

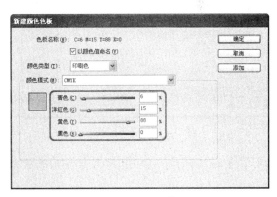

图11-111　设置颜色

STEP 26 弹出"新建颜色色板"对话框，在该对话框中将C、M、Y、K设置为（6、15、88、0），如图11-111所示。

STEP 27 单击"确定"按钮，即可将新创建的颜色色板添加到"色板"面板中，此时，选中的文字也会填充该颜色，效果如图11-112所示。

STEP 28 使用前面介绍的方法输入其他文字，效果如图11-113所示。

图11-112　为文字填充颜色　　　　　　　　图11-113　输入其他文字

STEP 29 在菜单栏中选择"文件"→"置入"命令，弹出"置入"对话框，在该对话框中选择随书附带光盘中的素材\第 11 章\奶昔 01.jpg 文件，如图 11-114 所示。

STEP 30 单击"打开"按钮，在文档窗口中单击置入图片，然后在按住 Ctrl+Shift 键的同时拖动图片，调整其大小和位置，如图 11-115 所示。

图11-114　选择图片　　　　　　　　图11-115　调整图片大小和位置

STEP 31 使用同样的方法，置入其他素材图片，并调整素材图片的大小和位置，如图 11-116 所示。

STEP 32 在工具箱中选择"矩形工具" ，在文档窗口中绘制矩形，然后在"控制"面板中将"描边"设置为"无"，如图 11-117 所示。

STEP 33 确定新绘制的矩形处于选择状态，在工具箱中双击"填色"图标，弹出"拾色器"对话框，在该对话框中将 C、M、Y、K 值设置为 (54、69、100、18)，如图 11-118 所示。

STEP 34 单击"确定"按钮，即可为绘制的矩形填充颜色，如图 11-119 所示。

STEP 35 在工具箱中选择"文字工具" ，在文档窗口中绘制文本框并输入文字，然后选择

图11-116 置入其他素材图片

图11-117 绘制矩形

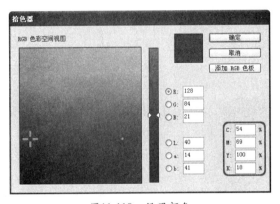

图11-118 设置颜色

图11-119 填充颜色

输入的文字,在"控制"面板中,将"字体"设置为"黑体",将"字体大小"设置为10点,将"填色"设置为纸色,如图11-120所示。

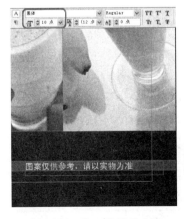

图11-120 输入并设置文字

图11-121 绘制矩形

STEP 36 在工具箱中选择"矩形工具" ，在文档窗口中绘制矩形，然后在"控制"面板中将"描边"设置为"无"，如图 11-121 所示。

STEP 37 确定新绘制的矩形处于选择状态，在工具箱中双击"填色"图标，弹出"拾色器"对话框，在该对话框中将 C、M、Y、K 值设置为（12、10、12、0），如图 11-122 所示。

STEP 38 单击"确定"按钮，即可为绘制的矩形填充颜色，如图 11-123 所示。

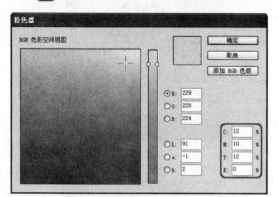

图11-122　设置颜色

图11-123　填充颜色

11.2.2　制作左侧页面

制作完右侧页面后，下面介绍左侧页面的制作方法，具体操作步骤如下。

STEP 01 在工具箱中选择"矩形工具" ，在文档窗口中绘制矩形，然后在"控制"面板中将"描边"设置为"无"，如图 11-124 所示。

STEP 02 确定新绘制的矩形处于选择状态，在工具箱中双击"填色"图标，弹出"拾色器"对话框，在该对话框中将 C、M、Y、K 值设置为（78、81、86、68），如图 11-125 所示。

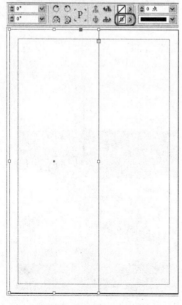

图11-124　绘制矩形

图11-125　设置颜色

03 单击"确定"按钮，即可为绘制的矩形填充颜色，如图 11-126 所示。

04 再次使用"矩形工具" ，在文档窗口中绘制矩形，并在"控制"面板中将"描边"设置为"无"，如图 11-127 所示。

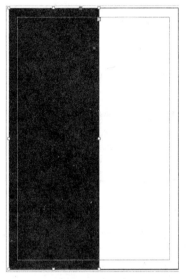

图11-126 填充颜色

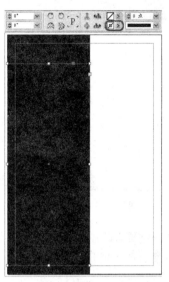

图11-127 绘制矩形

05 确定新绘制的矩形处于选择状态，在工具箱中双击"填色"图标，弹出"拾色器"对话框，在对话框中将 C、M、Y、K 值设置为 (2、4、15、0)，如图 11-128 所示。

06 单击"确定"按钮，即可为绘制的矩形填充颜色，如图 11-129 所示。

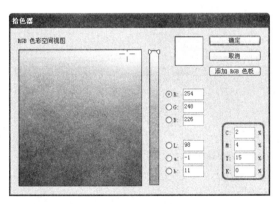

图11-128 设置颜色

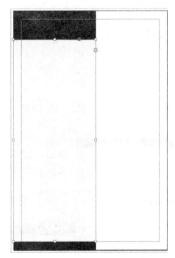

图11-129 填充颜色

07 在菜单栏中选择"文件"→"置入"命令，弹出"置入"对话框，在该对话框中选择随书附带光盘中的素材 \ 第 11 章 \ 果汁 .jpg 文件，如图 11-130 所示。

08 单击"打开"按钮，在文档窗口中单击置入图片，在按住 Ctrl+Shift 键的同时拖动图片，调整其大小和位置，如图 11-131 所示。

图11-130　选择图片　　　　　　　　图11-131　调整图片大小和位置

09 确定置入的图片处于选择状态，在菜单栏中选择"对象"→"效果"→"渐变羽化"命令，如图 11-132 所示。

10 弹出"效果"对话框，选择渐变条上的中点标记，然后在"位置"文本框中输入65%，并将"角度"设置为90°，如图 11-133 所示。

图11-132　选择"渐变羽化"命令

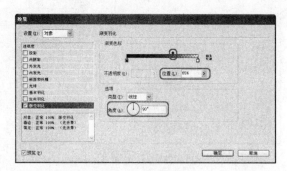

图11-133　设置参数

11 单击"确定"按钮，即可为选择的图片添加"渐变羽化"效果，如图 11-134 所示。

12 使用上一小节中介绍的方法，在文档中输入文字并设置文字的颜色，置入"huabian.psd"图片，效果如图 11-135 所示。

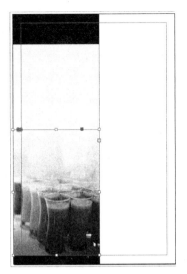

图11-134　渐变羽化效果

图11-135　输入文字并置入图片

STEP 13 在工具箱中选择"矩形工具" ■，在文档窗口中绘制矩形，然后在"控制"面板中将"描边"设置为"无"，如图 11-136 所示。

STEP 14 确定新绘制的矩形处于选择状态，在工具箱中双击"填色"图标，弹出"拾色器"对话框，在该对话框中将 C、M、Y、K 值设置为（6、8、44、0），如图 11-137 所示。

图11-136　绘制矩形

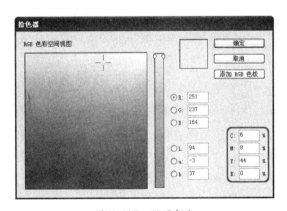

图11-137　设置颜色

STEP 15 单击"确定"按钮，即可为绘制的矩形填充颜色，如图 11-138 所示。

STEP 16 在菜单栏中选择"文件"→"置入"命令，弹出"置入"对话框，在该对话框中选择随书附带光盘中的素材 \ 第 11 章 \ 冰淇淋 .jpg 文件，如图 11-139 所示。

STEP 17 单击"打开"按钮，在文档窗口中单击置入图片，然后在按住 Ctrl+Shift 键的同时拖动图片，调整其大小和位置，如图 11-140 所示。

图11-138 填充颜色

图11-139 选择图片

图11-140 调整图片大小和位置

图11-141 在边框上单击

18 在工具箱中选择"剪刀工具" ✂ ，将鼠标指针放到图形左侧边框上，当鼠标指针变成✛形状后，在图形边框上单击鼠标，效果如图11-141所示。

19 在右侧边框上单击鼠标，如图11-142所示。

20 使用"选择工具" ▶ 选择剪切后的上半部分图形，然后在菜单栏中选择"对象"→"效果"→"渐变羽化"命令，弹出"效果"对话框，将"角度"设置为90°，如图11-143所示。

21 单击"确定"按钮，即可为选择的图形添加"渐变羽化"效果，如图11-144所示。

22 选择剪切后的下半部分图形，在菜单栏中选择"对象"→"效果"→"渐变羽化"命令，弹出"效果"对话框，选择渐变条上的中点标记，在"位置"文本框中输入45%，将"角度"设置为-90°，如图11-145所示。

23 单击"确定"按钮，即可为选择的图形添加"渐变羽化"效果，如图11-146所示。

24 使用上面介绍的方法输入文字并置入图片，效果如图11-147所示。

图11-142　在其他边框上单击

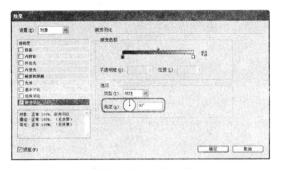

图11-143　设置角度

图11-144　渐变羽化效果

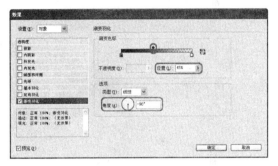

图11-145　设置参数

图11-146　渐变羽化效果

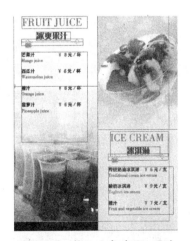

图11-147　输入文字并置入图片

STEP 25　在工具箱中选择"矩形工具" ，在文档窗口中绘制矩形，在"控制"面板中将"描边"设置为"无"，如图11-148所示。

STEP 26 确定新绘制的矩形处于选择状态，在工具箱中双击"填色"图标，弹出"拾色器"对话框，在该对话框中，将 C、M、Y、K 值设置为（32、39、100、0），如图 11-149 所示。

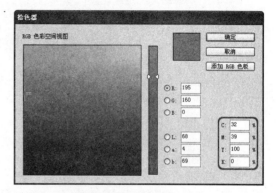

图11-148　绘制矩形　　　　　　　　　　　　　　图11-149　设置颜色

STEP 27 单击"确定"按钮，即可为绘制的矩形填充颜色，如图 11-150 所示。

STEP 28 继续使用"矩形工具" 绘制矩形，并为绘制的矩形填充颜色，如图 11-151 所示。

图11-150　填充颜色　　　　　　　　　　　　　　图11-151　绘制矩形

STEP 29 在右侧页面中按住 Shift 键选择如图 11-152 所示的文字对象，并按 Ctrl+C 键进行复制。

STEP 30 按 Ctrl+V 键进行粘贴，并调整复制后的对象的位置，效果如图 11-153 所示。

图11-152　选择并复制对象　　　　　　　　　　　图11-153　移动复制对象

11.2.3 导出与保存

至此，鲜奶吧菜单就制作完成了，下面介绍导出文档和保存文档的方法，具体操作步骤如下。

STEP 01 在菜单栏中选择"文件"→"导出"命令，如图 11-154 所示。

STEP 02 弹出"导出"对话框，在该对话框中指定导出路径，为其命名并将"保存类型"设置为 JPEG 格式，如图 11-155 所示。

图11-154　选择"导出"命令

图11-155　"导出"对话框

STEP 03 单击"保存"按钮，弹出"导出 JPEG"对话框，在该对话框中勾选"跨页"单选按钮，如图 11-156 所示。

STEP 04 单击"导出"按钮，即可将文档导出。在菜单栏中选择"文件"→"存储为"命令，弹出"存储为"对话框，在该对话框中选择保存路径，为其命名并将"保存类型"设置为"InDesign CS6 文档"，单击"保存"按钮，如图 11-157 所示。

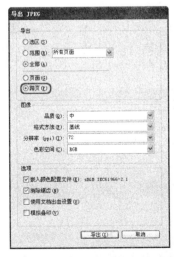

图11-156　"导出JPEG"对话框

图11-157　储存文件

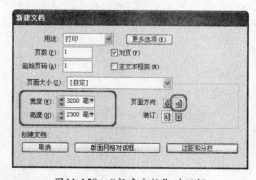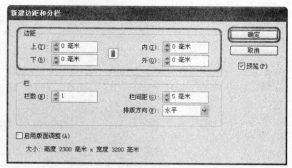

11.3　产品包装设计

本例设计制作一个产品的包装，在制作过程中，主要使用置入素材、文字工具，对素材进行相应调整，对文字进行相应的设置和调整，效果如图 11-158 所示，操作步骤如下。

图11-158　产品包装设计效果

11.3.1　新建文档、创建参考线

新建一个文档，在场景中创建参考线，以便在场景中进行区域划分，使后面的工作更加方便，新建文档、创建参考线的步骤如下。

01 在菜单栏中选择"文件"→"新建"→"文档"命令，弹出"新建文档"对话框，将"宽度"设置为 3200 毫米，"高度"设置为 2300 毫米，单击"页面方向"后的"横向" 按钮，将页面方向设置为横向，如图 11-159 所示。

02 单击"边距和分栏"按钮，弹出"边距和分栏"对话框，将"边距"选项卡下的上、下、内、外均设置为 0 毫米，单击"确定"按钮，新建一个空白的 InDesign 文档，如图 11-160 所示。

图11-159　"新建文档"对话框　　　　图11-160　"新建边距和分栏"对话框

STEP 03 创建新的文档后，在纵向标尺栏上按住鼠标左键不放，向页面内拖拽，在控制面板中将"X"设置为100毫米，利用同样的方法在设置1条纵向参考线，"X"设置为3100毫米，如图11-161所示。

STEP 04 在横向标尺栏上按住鼠标左键不放向叶面内拖拽，拖拽出一条水平参考线，在控制面板中，将"Y"设置为100毫米，利用同样的方法再设置一条横向水平线，"Y"设置为2200毫米，如图11-162所示。

图11-161　制作纵向参考线　　　　　　　　图11-162　制作横向参考线

11.3.2　置入、调整素材

盒面需要放置客户提供的产品图，在场景中需要置入图片素材，并对素材进行调整，其制作步骤如下。

STEP 01 在工具箱中选择"矩形工具" ▣，在页面中单击鼠标左键。弹出"矩形"对话框，将矩形的"宽度"、"高度"分别设置为3000毫米、2100毫米，如图11-163所示。

STEP 02 单击"确定"按钮，制作一个矩形，在控制面板中，在"参考点"图标的左上点处单击鼠标左键，将"X"、"Y"分别设置为100毫米、100毫米，如图11-164所示。

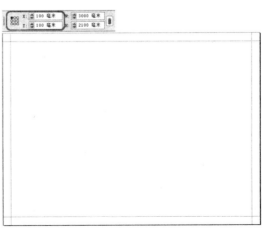

图11-163　设置矩形　　　　　　　　　图11-164　设置矩形坐标

STEP **03** 确认矩形处于选中状态，在菜单栏中选择"文件"→"置入"命令，弹出"置入"对话框，选择附带光盘中的素材\第 11 章\beijing.pdf 文件，勾选"显示导入选项"复选框，如图 11-165 所示。

STEP **04** 单击"打开"按钮，弹出"置入 PDF"对话框，在"常规"选项卡下，勾选"页面"选项组下的"范围"复选框，将"选项"卡下的"裁切到"设置为"定界框（所有图层）"，将"图层"选项组下的"更新链接的时间"设置为"使用 PDF 的图层可视性"，如图 11-166 所示。

图 11-165 选择素材文件

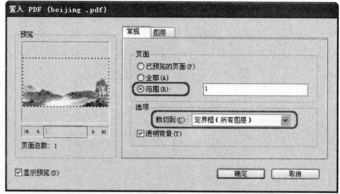

图 11-166 "置入 PDF"对话框

STEP **05** 单击"打开"按钮，素材置入场景后，在工具箱中选择"直接选择工具"，选择置入的素材，当光标变为 时，按住 Shift 键将文件进行等比放大，调整至合适的大小，如图 11-167 所示。

STEP **06** 在工具箱中选择"选择工具"，选择矩形，按 F6 键打开"颜色"面板，将填充颜色设置为 C=3、M=0、Y=3、K=15，如图 11-168 所示。

图 11-167 调整素材位置与大小

图 11-168 设置填充颜色

STEP **07** 素材调整完成后，为了后面的操作更加方便，在页面中单击鼠标右键，在弹出的快捷菜单中，选择"锁定"命令，如图 11-169 所示。

STEP **08** 在工具箱中选择"矩形工具"，在页面中单击鼠标左键。弹出"矩形"对话框，将矩形的"宽度"、"高度"分别设置为 3000 毫米、2100 毫米,单击"确定"按钮,选中该矩形,在控制面板中,在"参考点"图标的左上点处单击鼠标左键,将"X"、"Y"分别设置为100 毫米、100 毫米,如图 11-170 所示。

图11-169 锁定素材文件

图11-170 绘制并调整矩形

提示
选中素材文件后,在菜单栏中选择"对象"→"锁定"命令,或者按 Ctrl+L 组合键,都可以实现对素材文件的锁定。在菜单栏中选择"对象"→"解锁跨页上的所有内容"命令,或者按 Alt+Ctrl+L 组合键可以对素材文件解锁。

09 确认矩形处于选中状态,在菜单栏中选择"文件"→"置入"命令,弹出"置入"对话框,选择随书附带光盘中的素材 \ 第 11 章 \02.psd 文件,并勾选"显示导入选项"复选框,如图 11-171 所示。

10 单击"打开"按钮,弹出"图像导入选项"对话框,将"更新链接选项"组下的"更新链接的时间"设置为"使用 Photoshop 的图层可视性",单击"确定"按钮,如图 11-172所示。

图11-171 选择素材文件

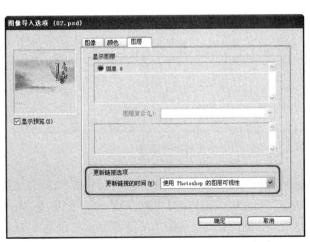

图11-172 "图像导入选项"对话框

STEP 11 单击"确定"按钮，在工具箱中选择"直接选择工具" ↳，选择置入的素材，当光标变为 时，按住 Shift 键，将文件进行等比放大，调整至合适的大小与位置，如图 11-173 所示。

STEP 12 在工具箱中选择"选择工具" ↖，在页面中选择图形框，单击鼠标右键，在弹出的快捷菜单中选择"锁定"命令，如图 11-174 所示。

图 11-173　调整素材的位置与大小　　　　图 11-174　锁定素材文件

STEP 13 按 Ctrl+D 组合键，弹出"置入"对话框，选择随书附带光盘中的素材 \ 第 11 章 \01.pdf 文件，如图 11-175。

STEP 14 单击"打开"按钮，弹出"置入 PDF"对话框，勾选"页面"选项组下的"范围"复选框，将"选项"卡下的"裁切到"设置为"定界框（所有图层）"，将"图层"选项组下的"更新链接的时间"设置为"使用 PDF 的图层可视性"，如图 11-176 所示。

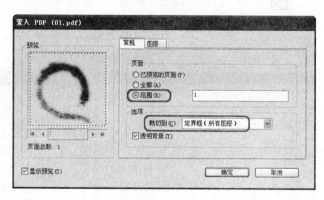

图 11-175　选择素材文件　　　　　　图 11-176　"置入 PDF"对话框

STEP 15 单击"确定"按钮，在页面中单击鼠标，将图片置入页面中，将光标放在素材的图形框上，当光标变为 时，按住 Ctrl+Shift 组合键，将文件等比放大，调整至合适的大小，然后调整至合适的位置，如图 11-177 所示。

STEP 16 在工具箱中，使用"直接选择工具" ↳ 选择素材，在控制面板中，在"参考点"图

图11-177　调整素材大小与位置　　　　图11-178　设置旋转角度

标的中心点处单击鼠标左键，将"旋转角度" ⊿ 的数值设置为13°，如图11-178所示。

17 在工具箱中选择"选择工具" ▶，在页面中选择图形框，单击鼠标右键，在弹出的快捷菜单中选择"锁定"命令，如图11-179所示。

18 在页面空白处单击鼠标左键，按Ctrl+D组合键，打开"置入"对话框，选择随书附带光盘中的素材\第11章\logo.pdf文件，如图11-180所示。

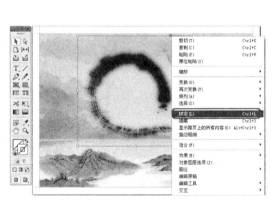

图11-179　锁定素材文件　　　　　图11-180　选择素材文件

19 单击"打开"按钮，弹出"置入PDF"对话框，在"常规"选项卡下，勾选"页面"选项组下的"范围"；在"图层"选项卡下，将"更新链接的时间"设置为"使用PDF的图层可视性"，如图11-181所示。

20 在页面中单击鼠标，将素材置入页面中，在工具箱中选择"选择工具" ▶，当光标变为 ▓ 时，按住Ctrl+Shift组合键拖动鼠标，调整文件的大小和位置，如图11-182所示。

图11-181　"置入PDF"对话框

图11-182　调整素材的大小与位置

11.3.3　创建文本

在盒面上，需要文字的表现和说明，创建文本的步骤如下。

01 在页面空白处单击鼠标左键，在工具箱中选择"文字工具" ，在页面中按住鼠标拖动，绘制出一个文本框，在绘制时按住空格键，可以使文本框随鼠标一起移动，移动至合适的位置，如图 11-183 所示。

02 输入文字"茶"，选中文字，在控制面板中，将字体设置为"方正新舒体简体"，将"字体大小" 设置为 1200 点，如图 11-184 所示。

图11-183　绘制文本框

图11-184　设置文字

03 在工具箱中选择"选择工具" ，在菜单栏中选择"文字"→"创建轮廓"命令，将文字转换为路径，如图 11-185 所示。

04 确认文字路径处于选中状态，当鼠标光标变为 时，按住鼠标左键拖动，调整至合适的大小，然后调整至合适的位置，如图 11-186 所示。

05 确认路径处于选中状态，在控制面板中，双击"描边" 缩略图，打开"拾色器"对话框，将 C、M、Y、K 均设置为 0，单击"确定"按钮，如图 11-187 所示。

06 确认路径处于选中状态，按 F10 键打开"描边"面板，将"粗细"设置为 40 点，如

图11-185　创建轮廓命令

图11-186　调整路径大小和位置

图11-187　设置描边颜色

图11-188　设置描边粗细

图 11-188 所示。

STEP 07 使用相同的方法，在场景中创建文字"道"，并将其转换为路径，为其添加描边，效果如图 11-189 所示。

STEP 08 在工具箱中选择"文字工具" T，在页面中按住鼠标左键拖动，绘制出一个文本框，按住空格键使文本框随鼠标移动，移动至合适的位置，如图 11-190 所示。

图11-189　创建新的文字路径

图11-190　绘制文本框

STEP 09 在菜单栏中选择"文字"→"排版方向"→"垂直"命令，如图 11-191 所示。

STEP 10 在文本框中输入文字"普洱茶"，选中文字，在控制面板中，将字体设置为"方大黑简体"，将"字体大小" T 设置为 360 点，如图 11-192 所示。

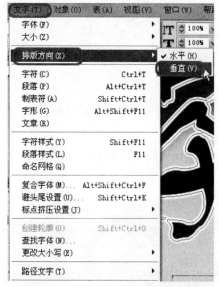

图11-191 设置文字排版方向

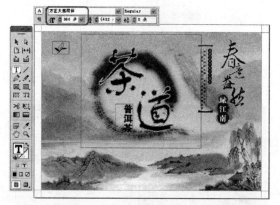

图11-192 设置字体和大小

STEP 11 在工具箱中选择"矩形工具" ，在页面中按住鼠标左键进行拖动，绘制一个矩形，如图 11-193 所示。

STEP 12 按 F6 键打开"颜色"面板，将填充颜色设置为"C=45、M=100、Y=93、K=14"，为矩形填充颜色，如图 11-194 所示。

图11-193 绘制矩形

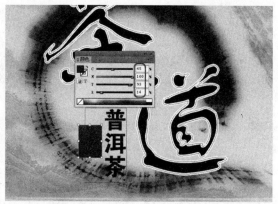

图11-194 设置填充颜色

STEP 13 确认矩形处于选中状态，在菜单栏中选择"窗口"→"对象"→"路径查找器"命令，打开"路径查找器"面板，单击"圆角矩形" 按钮，如图 11-195 所示。

STEP 14 此时设计师会发现，矩形的圆角并不明显，继续选择该矩形，在菜单栏中选择"对

图11-195 "路径查找器"面板   图11-196 设置"角选项"

毫米，单击"确定"按钮，如图11-196所示。

15 继续选择该矩形，调整好位置和大小，如图11-197所示。

16 取消对矩形的选择，在工具面板中选择"文字工具" T，按住鼠标左键在页面中进行拖动，绘制一个文本框，如图11-198所示。

图11-197 调整矩形位置和大小   图11-198 绘制文本框

17 在文本框内输入文字"茶"并选中文字，按Ctrl+T组合键，打开"字符"面板，将字体设置为"方正平和简体"，将"字体大小" T 设置为300点，如图11-199所示。

18 继续选择该文字，按F5键打开"色板"对话框，选择"纸色"，将文字颜色设置为白色，如图11-200所示。

19 文字设置完成后，在工具箱中选择"选择工具" ▶，选择文本框后调整其在文档中的位置，如图11-201所示。

20 使用相同的方式，在页面中创建文字"品元茶业"，将字体设置为"方正舒体简体"，字体大小设置为220点，并调整其在文档中的位置，如图11-202所示。

21 在工具箱选择"矩形工具" ▢，在页面中按住鼠标左键拖动，绘制一个矩形，如图11-203所示。

图11-199　设置文字字体大小

图11-200　设置文字颜色

图11-201　调整文本位置

图11-202　设置文字

图11-203　绘制矩形

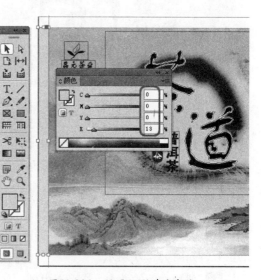

图11-204　设置矩形填充颜色

STEP 22 按F6键打开"颜色"面板，设置填充颜色为"C=0、M=0、Y=0、K=13"，如图11-204所示。

23 使用相同的方法在场景中绘制矩形，如图 11-205 所示。

24 场景制作完成，按 W 键预览最终效果，如图 11-206 所示。

图11-205 绘制矩形

图11-206 效果预览

11.3.4 导出、保存场景

场景制作完成后，需要保存场景和导出效果，导出、保存场景的步骤如下。

01 在菜单栏中选择"文件"→"导出"命令，如图 11-207 所示。

02 弹出"导出"对话框，将"文件名"设置为"产品包装设计"，"保存类型"设置为"JPEG"，如图 11-208 所示。

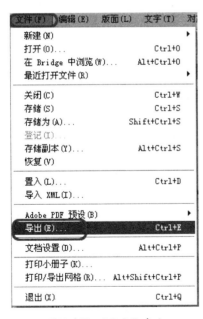

图11-207 "导出"命令

图11-208 "导出"对话框

03 单击"保存"按钮，弹出"导出 JPEG"对话框，将"图像"选项组下的"色彩空间"设置为 CMYK，单击"导出"按钮，如图 11-209 所示。

STEP 04 文件导出后，在菜单栏中选择"文件"→"存储"命令，打开"存储为"对话框，将"文件名"设置为"产品包装设计 .indd"，"保存类型"设置为"InDesign CS6 文档"，单击"保存"按钮，场景保存完成，如图 11-210 所示。

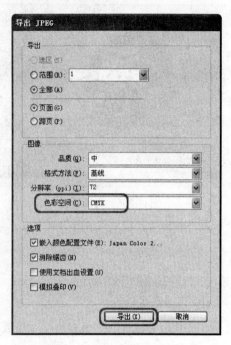

图11-209 "导出 JPEG"对话框

图11-210 保存场景

习 题 答 案

第 1 章

一、填空题

（1）文档窗口、工具箱、各种面板、菜单栏、控制面板和状态栏

（2）层叠、平铺

二、简答题

（1）在"页面"面板中可以看到左右对称显示的一组页面，该页面称为跨页。

（2）模板是一个用于创建同一出版物的多个副本的 InDesign 文件。

第 2 章

一、填空题

（1）粘贴命令、置入命令、和定位对象命令

（2）图形、框架 透明度、投影、内阴影和外发光

二、简答题

（1）16 种，分别是"正常"、"正片叠底"、"滤色"、"叠加"、"柔光"、"强光"、"颜色减淡"、"颜色加深"、"变暗"、"变亮"、"差值"、"排除"、"色相"、"饱和度"、"颜色"和"亮度"。

（2）

1. 使用"选择工具"选择需要复制的对象，然后再按住 Alt 键的同时拖动选择的对象，拖动至适当位置处松开鼠标即可复制对象。

2. 在"控制"面板中的 X 或 Y 文本框中输入数值，然后按 Alt+Enter 组合键，也可以复制对象。

3. 使用"选择工具"选择需要复制的对象，然后在菜单栏中选择"编辑"→"复制"命令（或按 Ctrl+C 组合键），再在菜单栏中选择"编辑"→"粘贴"命令（或按 Ctrl+V 组合键），也可以复制对象。

4. 使用"选择工具"选择需要复制的对象，然后在菜单栏中选择"编辑"→"直接复制"命令，或按 Alt+Shift+Ctrl+D 组合键，可以直接复制选择的对象。

5. 在菜单栏中选择"窗口"→"对象和版面"→"变换"命令，打开"变换"面板。在"变换"面板中的 X 或 Y 文本框中输入数值，然后按 Alt+Enter 组合键也可以复制对象。

第 3 章

一、填空题

(1) 添加文本、粘贴文本、拖入文本、导入和导出文本
(2) 查找、更改

二、简答题

(1) 在菜单栏中选择"编辑"→"还原"命令就可以了。
(2) 不仅可以修改文本框架的大小，还可以修改文本框架的栏数等。

第 4 章

一、填空题

(1) 段落、控制、段后间距
(2) 较大的字号、粗体字样

二、简答题

(1) 将鼠标移至文本框架的任意一个角上，当鼠标变成↰样式后，单击并向任意方向拖动鼠标，即可旋转文本。
(2) 使用文字工具选中文本，在"字符样式"面板中单击名为"目录样式"的字符样式，这时页面中的文本发生变化。

第 5 章

一、填空题

(1) TIFF、JPEG、EPS、AI、PSD
(2) RGB、CMYK、灰度、位图，CMYK

二、简答题

(1) AI 是一种矢量图格式，可用于矢量图形及文本，如在 IIIustrator 中编辑可以存储为 AI 格式。它的优点是占用硬盘空间小，打开速度快，方便格式转换。
(2) PSD 格式包括图层、通道等，它的缺点是增加文件量，打开文件速度缓慢。

第 6 章

一、填空题

(1) 简单路径、复合路径、复合形状路径
(2) 开放路径、封闭路径、文本